普通高等教育“十三五”规划教材

有机化学实验

第二版

徐雅琴　姜建辉　王　春　主编

马敬中　主审

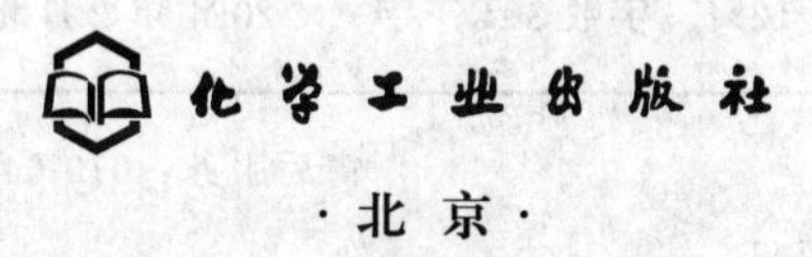

·北京·

《有机化学实验（第二版）》为普通高等教育“十三五”规划教材。全书由八部分组成：有机化学实验的一般知识，有机化学实验基本操作，有机化合物的制备，天然有机化合物的提取，有机化合物的性质实验，微型有机化学实验，文献设计性实验及附录，共包括74个典型实验。书中对实验的难点和关键点有较详细的注解，每个实验后均有思考题。本教材编写过程中注重教材的立体化建设，制作了网络版课件并在纸质教材中给出了相关链接网址；同时，注重双语教学，一级标题和实验题目均给出了英文标注。书后附录列出了有机化学实验常用英汉词汇。

本书内容丰富、全面，可作为应用化学、化工、药学及相关专业不同层次学生的教材，也可供相关科技人员参考。

图书在版编目（CIP）数据

有机化学实验/徐雅琴，姜建辉，王春主编. —2版. —北京：化学工业出版社，2016.6（2024.2重印）
普通高等教育“十三五”规划教材
ISBN 978-7-122-26985-0

Ⅰ.①有…　Ⅱ.①徐…②姜…③王…　Ⅲ.①有机化学-化学实验-高等学校-教材　Ⅳ.①O62-33

中国版本图书馆CIP数据核字（2016）第094261号

责任编辑：宋林青　　装帧设计：史利平
责任校对：边　涛

出版发行：化学工业出版社（北京市东城区青年湖南街13号　邮政编码100011）
印　　装：三河市延风印装有限公司
787mm×1092mm　1/16　印张12¾　字数304千字　2024年2月北京第2版第8次印刷

购书咨询：010-64518888　　售后服务：010-64518899
网　　址：http://www.cip.com.cn
凡购买本书，如有缺损质量问题，本社销售中心负责调换。

定　　价：25.00元

《有机化学实验（第二版）》编写人员

主　编　徐雅琴　姜建辉　王　春

副主编　杨建奎　梁慧光　樊素芳　徐胜臻　黄长干

参加编写人员（按姓氏笔画排序）

万郑凯　马小燕　王　春　王　晶　王丽波

王俊涛　刘书静　刘军安　刘海燕　杨　帆

杨建奎　姜建辉　秦少伟　徐胜臻　徐雅琴

黄长干　梁慧光　樊素芳

主　审　马敬中

前 言

《有机化学实验（第二版）》在保留第一版原有特色及不增加过多篇幅的基础上，进行了修改、增加和调整，体现了知识的更新，以便更加符合教学规律，适合教师教学和学生学习，反映时代特色和学科发展方向。

本次修订立足于现代教育理念，充分利用现代信息技术网络平台，将信息化教学资源与纸质教材有机整合并合理运用，建立了有机化学实验多媒体课件网络平台。通过图片、动画、视频等手段将有机化学实验全方位直观表现出来。在教材相关部分提供了链接（带有标注的网址），学生可通过鼠标进行模拟操作，完成虚拟化实验，使实验操作形象化，增加了教学的直观性，实现了“助教”和“助学”的目的。

本次修订增加了一级标题及实验题目的英文标注，以提高学生的专业英语水平，为学生查阅英文文献和双语教学奠定基础。

本书由东北农业大学徐雅琴、王丽波、王晶、杨帆，塔里木大学姜建辉、马小燕、秦少伟，河北农业大学王春、刘书静、刘海燕，湖南农业大学杨建奎，甘肃农业大学梁慧光，华中农业大学徐胜臻、刘军安，江西农业大学黄长干，河南农业大学樊素芳、万郑凯，八一农垦大学王俊涛等九所高等院校的18位教师共同编写。教材初稿经主编、副主编审阅、修改，华中农业大学马敬中教授仔细审阅了全稿。

本书编写过程中得到了各编者所在学校的大力支持，东北农业大学教务处对本书的编写给予了资助。在编写过程中编者参考了国内外教材并引用了其中的一些图、表和数据等，在此谨向他们表示衷心的感谢。

本教材的编写我们尽了自己的最大努力，但限于水平，疏漏之处在所难免，衷心希望使用本书的同行和读者予以批评和指正。

编　者

2016年3月

第一版前言

近年来，国内出版的《有机化学实验》教材种类繁多，每种教材各有其特色和针对性，但适合高等农业院校化学类专业的教材非常少。基于这一点，化学工业出版社组织了一些农业院校长期从事有机化学实验的教师，共同编写了这本高等学校“十一五”规划教材——《有机化学实验》。

全书由有机化学实验的一般知识、有机化学实验基本操作、有机化合物的制备、天然有机化合物的提取、有机化合物的性质实验、微型有机化学实验、文献设计性实验及附录八部分组成，共选编了69个典型实验。在保留经典的重要实验内容并吸收同类教材优点的同时，本教材具有以下突出特色。

1. 注重基础。全书立足于加强基本实验技术操作及基础训练，对重要的基本操作单独安排训练，并在后续实验中加以运用和巩固。

2. 增加教材的实用性。设计了一些具有知识性、趣味性、实用性的实验内容。使实验内容贴近生产、生活和科研实际。剔除陈旧、过时、重复性差和一般实验室难以进行的实验内容。

3. 教材中编排了微量、半微量实验。鉴于微型化学实验的明显优越性及其在近十几年来的迅速发展，本书特别列出微型有机化学实验一章，重点介绍微型有机化学实验的常用装置和基本操作。根据实验的类型、反应难易、步骤多少等编排了可供选做的微量、半微量实验。

4. 增加了文献设计性实验。文献设计性实验能够锻炼学生将已有的知识运用到实际中，为学生探索式学习提供了有效的舞台，有利于培养学生的科研素质和创新精神。

5. 为了启迪学生的发散思维，书中有些实验还列出多种方法，供学生和各校使用。

本书由东北农业大学徐雅琴、王丽波、曲斌，塔里木大学杨玲、李治龙、周忠波，河北农业大学王春、刘书静、刘海燕，湖南农业大学杨建奎，甘肃农业大学梁慧光，华中农业大学徐胜臻、刘军安，江西农业大学黄长干、吴苏琴，河南农业大学樊素芳、万郑凯，内蒙古农业大学张晓涛，海南大学刘坚，安徽科技学院陈忠平等十所高等院校的20位教师共同编写。教材的初稿经主编、副主编审阅、修改，华中农业大学马敬中教授仔细审校了全稿，大纲、统稿和定稿工作由徐雅琴教授负责完成。

本书在编写过程中得到了化学工业出版社和各编委所在学校的大力支持，东北农业大学教务处对本书的编写给予了资助。在编写过程中编者参考了国内外教材（见书后参考文献），并引用了其中的一些图、表和数据等，在此谨向他们表示衷心的感谢。

本教材的编写我们尽了自己的最大努力，但限于水平，疏漏之处在所难免，衷心希望使用本书的同行和读者予以批评和指正。

编者

2010 年 5 月

目　录

第1章 有机化学实验的一般知识
(General Knowledge of Organic Chemistry Experiments)

有机化学实验是有机化学学科的基础，是有机化学学习的一个重要部分。有机化学实验的目的是适应当前高等教育人才培养的要求，进行科学素质、知识能力和创新精神的培养。有机化学实验教学的基本任务如下。

(1) 通过基本实验的严格训练，使学生掌握有机化学实验的基本技术、基本操作和基本技能，正确地进行有机物的制备、分离、表征及天然有机物的提取、分离和鉴定，培养学生严肃认真、实事求是的科学态度和良好的实验作风与习惯。

(2) 通过综合性、设计性和研究性实验，培养学生查阅文献的能力、分析问题和解决问题的能力，为相关后续课程的科研实践打下良好的基础。

本章主要介绍有机化学实验的一般知识，包括实验室规则、实验室安全知识、实验室常用的仪器和装置、有机化学实验网络资源介绍以及如何做好实验预习、实验记录和写好实验报告等。这些内容是学生必须掌握的有机化学实验的基本知识，在进行有机化学实验之前，要认真学习和深入领会这部分内容。

1.1 有机化学实验室规则 (Rules for Organic Chemistry Lab)

为了保证有机化学实验课正常、有效、安全地进行，保证实验课的教学质量，学生必须遵守下列规则。

(1) 实验前，认真预习有关实验内容及相关参考资料，写好预习报告，方可进行实验。

(2) 进入实验室应穿实验服，不允许穿拖鞋、短裤等裸露皮肤的服装进入实验室，严禁在实验室内吸烟和进食。

(3) 进入实验室时，要熟悉实验室环境，知道水、电、气总阀的位置，灭火器材、急救药箱的放置地点和使用方法。发生意外事故时要镇静，及时采取正确的应急措施并立即报告教师。

(4) 在实验过程中，保持实验室安静，不得擅自离开实验岗位。遵从教师的指导，严格按照操作规程和实验步骤进行实验。若要更改实验步骤必须经指导老师同意。实验中要认真、仔细地观察实验现象，如实做好记录。

(5) 保持实验室的整洁。公用仪器用完后，放回原处；废纸和废液等应放在指定地点，严禁随地乱扔或倒入水池中，以免堵塞或腐蚀下水道。

(6) 实验结束后，将仪器洗净，做好实验室卫生，然后检查水、电、气瓶是否关好，请指导老师检查、签字后方可离开实验室。

1.2 有机化学实验室的安全知识（Safety of Organic Chemistry Lab）

有机实验所用药品一般都是易燃、易爆、有毒的，如果使用不当，可能发生着火、烧伤、爆炸和中毒等事故。此外所用仪器多为玻璃仪器，如不注意，不但会损坏仪器，还会造成割伤。因此进行有机实验必须注意安全。

各种事故的发生通常是由于不熟悉仪器、药品的性能，未按操作规程进行实验或思想麻痹大意引起的。因此只要重视安全问题，严格操作规范，加强安全措施，事故是可以避免的。为了防止事故的发生和发生事故后及时进行有效处理，学生应了解实验室安全知识，并切实遵守。

1.2.1 实验室安全守则

(1) 实验开始前应检查仪器是否完整无损，装置是否正确，在征得指导教师同意之后方可进行实验。

(2) 实验进行时，要随时注意反应进行的情况和装置有无漏气和破裂等现象。

(3) 当进行有可能发生危险的实验时，要根据实验情况采取必要的安全措施，如戴防护眼镜、面罩或橡皮手套等，但不能戴隐形眼镜。

(4) 使用易燃、易爆药品时，应远离火源。实验试剂不得入口。实验结束后要认真洗手。

(5) 熟悉安全用具如灭火器材、砂箱以及急救药箱的放置地点和使用方法，并妥善保管。安全用具和急救药品不准移作他用。

1.2.2 有机化学实验室的安全知识

1.2.2.1 防火

引起着火的原因很多，如用敞口容器加热低沸点的溶剂、加热方法不正确等，均可引起着火。为了防止着火，实验中应注意以下几点。

(1) 不能用敞口容器放置和加热易燃、易挥发的化学药品，应根据实验要求和物质的特性，选择正确的加热方法。如对沸点低于80℃的液体，在蒸馏时，应采用水浴，不能直接加热。

(2) 尽量防止或减少易燃物气体的外逸。处理和使用易燃物时，应远离明火，注意室内通风，及时将蒸气排出。

(3) 易燃、易挥发的废物，不得倒入废液缸和垃圾桶中。量大时，应专门回收处理；量小时，可倒入水池用水冲走，但与水发生剧烈反应的除外。

(4) 实验室不得存放大量易燃、易挥发性物质。

(5) 有煤气的实验室，应经常检查管道和阀门是否漏气。

(6) 一旦发生着火，应沉着镇静地及时采取正确措施，控制事故的发展。首先，立即切断电源，移走易燃物。然后，根据易燃物的性质和火势采取适当的方法进行扑救。有机物着火通常不用水进行扑救，因为一般有机物不溶于水或遇水可发生更强烈的反应而引起更大的事故。小火可用湿布或棉布盖熄，火势较大时，应用灭火器扑救。

常用灭火器有二氧化碳、四氯化碳、干粉及泡沫等灭火器。

目前实验室中常用的是干粉灭火器。使用时，拔出销钉，将出口对准着火点，将上手柄压下，干粉即可喷出。

二氧化碳灭火器也是有机实验室常用的灭火器。灭火器内存放着压缩的二氧化碳气体，

适用于油脂、电器及较贵重的仪器着火时使用。

虽然四氯化碳和泡沫灭火器都具有较好的灭火性能，但四氯化碳在高温下能生成剧毒的光气，而且与金属钠接触会发生爆炸。泡沫灭火器会喷出大量的泡沫而造成严重污染，给后处理带来麻烦。因此，这两种灭火器一般不用。不管采用哪一种灭火器，都是从火的周围开始向中心扑灭。

地面或桌面着火时，还可用砂子扑救，但容器内着火不宜使用砂子扑救。身上着火时，应就近在地上打滚（速率不要太快）将火焰扑灭。千万不要在实验室内乱跑，以免造成更大的火灾。

1.2.2.2　防爆

在有机化学实验室中，发生爆炸事故一般有以下两种情况。

(1) 某些化合物容易发生爆炸，如过氧化物、芳香族多硝基化合物等，在受热或受到碰撞时，均会发生爆炸。含过氧化物的乙醚在蒸馏时，也有爆炸的危险。乙醇和浓硝酸混合在一起，会引起极强烈的爆炸。

(2) 仪器安装不正确或操作不当时，也可引起爆炸。如蒸馏或反应时实验装置被堵塞，减压蒸馏时使用不耐压的仪器等。

为了防止爆炸事故的发生，应注意以下几点。

(1) 使用易燃、易爆物品时，应严格按操作规程操作，要特别小心。

(2) 反应过于剧烈时，应适当控制加料速率和反应温度，必要时采取冷却措施。

(3) 在用玻璃仪器组装实验装置之前，要先检查玻璃仪器是否有破损。

(4) 常压操作时，不能在密闭体系内进行加热或反应，要经常检查反应装置是否被堵塞。如发现堵塞应停止加热或反应，将堵塞排除后再继续进行实验。

(5) 减压蒸馏时，不能用平底烧瓶、锥形瓶、薄壁试管等不耐压容器作为接受瓶或反应瓶。

(6) 无论是常压蒸馏还是减压蒸馏，均不能将液体蒸干，以免局部过热或产生过氧化物而发生爆炸。

1.2.2.3　防中毒

大多数化学药品都具有一定的毒性。中毒主要是通过呼吸道和皮肤接触有毒物品而对人体造成危害。因此预防中毒应做到以下几点。

(1) 称量药品时应使用工具，不得直接用手接触，尤其是有毒药品。做完实验后，应洗手后再吃东西。任何药品不能用嘴尝。

(2) 使用和处理有毒或腐蚀性物质时，应在通风橱中进行或加气体吸收装置，并戴好防护用品。尽可能避免蒸气外逸，以防造成污染。

(3) 如果有毒物质溅入口中，要立即吐出，再用大量水冲洗口腔。如已吞下，根据具体情况给以解毒剂，并送医院治疗。如果吸入有毒物发生中毒现象，应让中毒者及时离开现场，移到空气新鲜的地方，解开衣领及纽扣，严重者应及时送往医院。

1.2.2.4　防灼伤

皮肤接触高温、低温或腐蚀性物质后均可能被灼伤。为避免灼伤，在接触这些物质时，最好戴橡胶手套和防护眼镜。发生灼伤时应按下列要求处理。

(1) 被碱灼伤时，先用大量的水冲洗，再用 1%～2%的乙酸或硼酸溶液冲洗，然后再用水冲洗，最后涂上烫伤膏。

(2) 被酸灼伤时，先用大量的水冲洗，然后用 1%的碳酸氢钠溶液清洗，最后涂上烫伤膏。

(3) 被溴灼伤时，应立即用大量的水冲洗，再用酒精擦洗或用 2%的硫代硫酸钠溶液洗至灼伤处呈白色，然后涂上甘油或鱼肝油软膏加以按摩。

(4) 被热水烫伤后一般在患处涂上红花油，然后擦烫伤膏。

(5) 以上这些物质一旦溅入眼睛中，应立即用大量的水冲洗，并及时去医院治疗。

1.2.2.5 防割伤

有机实验中主要使用玻璃仪器。使用时，最基本的原则是：不能对玻璃仪器的任何部位施加过度的压力。

(1) 需要用玻璃管和塞子连接装置时，用力处不要离塞子太远，正确操作如图 1-1(a) 和 (b) 所示。图 1-1(c) 和 (d) 的操作是不正确的。尤其是插入温度计时，要特别小心。

(2) 新割断的玻璃管断口处特别锋利，使用时，要将断口处用火烧至熔化，使其呈圆滑状。

发生割伤后，应将伤口处的玻璃碎片取出，再用生理盐水将伤口洗净，涂上红药水，用纱布包好伤口。若割破静（动）脉血管，流血不止时，应先止血。具体方法是：在伤口上方约 5～10cm 处用绷带扎紧或用双手掐住，然后再进行处理或送往医院。

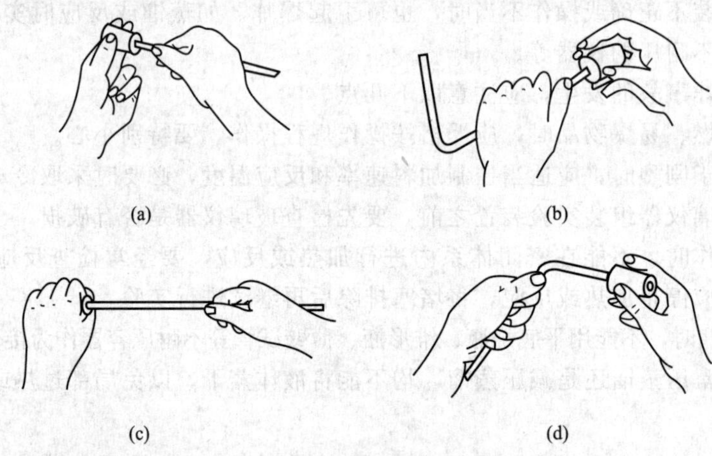

图 1-1 玻璃管与塞子连接时的操作方法

为处理事故需要，实验室应备有急救箱，内置有以下一些物品：

(1) 镊子、剪刀、纱布、药棉、绷带、橡皮膏等；

(2) 凡士林、创可贴、烫伤膏、玉树油、硼酸软膏等；

(3) 1%～2%的乙酸或硼酸溶液、1%的碳酸氢钠溶液、2%硫代硫酸钠溶液、甘油、止血粉、医用酒精、红药水、龙胆紫等。

1.2.2.6 用电安全

使用电器前，应检查线路连接是否正确，电器内外要保持干燥，不能有水或其他溶剂。使用电器时，应防止人体与电器导电部分直接接触，不能用湿手或手握湿物去插或拔插头。为了防止触电，装置和设备的外壳等都应连接地线，实验结束后，应先切断电源，再将连接电源插头拔下。

1.2.3 有机化学实验废物的处置

在有机化学实验中和实验结束后往往会产生各种固体、液体等废物，为保护环境，遵守国家的环保法规，减少对环境的危害，可采用如下处理方法。

(1) 所有实验废物应按固体、液体，有害、无害等分类收集于不同的容器中，对一些难处理的有害废物可送环保部门专门处理。

（2）少量的酸（如盐酸、硫酸、硝酸等）或碱（如氢氧化钠、氢氧化钾等）在倒入下水道之前必须被中和，并用水稀释。

（3）有机溶剂必须倒入带有标签的废物回收容器中，并存放在通风处。

（4）对无害的固体废物，如：滤纸、碎玻璃、软木塞、氧化铝、硅胶、硫酸镁、氯化钙等可以直接倒入普通的废物箱中，不应与其他有害固体废物相混；对有害固体废物应放入带有标签的广口瓶中。

（5）对能与水发生剧烈反应的化学品，处置之前要用适当的方法在通风橱内进行分解。

（6）对可能致癌的物质，处理起来应格外小心，避免与皮肤接触。

1.3　有机化学实验常用仪器和装置（Equipment and Apparatus of Organic Chemistry Lab）

1.3.1　有机化学实验常用普通玻璃仪器

图 1-2 是有机化学实验常用的普通玻璃仪器。在无机化学实验中用过的烧杯、试管等均从略。使用时要注意以下几点：

（1）除少数玻璃仪器（如试管等）外，都不能直接用火加热，一般要垫石棉网；

（2）厚壁玻璃仪器（如抽滤瓶等）不耐热，不能加热；锥形瓶不能减压用；广口容器（如烧杯）不能存放有机溶剂；计量容器（如量筒）不能高温烘烤；

（3）带活塞的玻璃器皿用过洗涤后，在活塞与磨口间垫上纸片，防止粘住；

（4）温度计不能用作搅拌棒，使用后要缓慢冷却，不可立即用冷水冷却。

1.3.2　有机化学实验常用标准磨口玻璃仪器

1.3.2.1　标准磨口玻璃仪器

目前有机化学实验中广泛使用标准磨口玻璃仪器。这种玻璃仪器可以和相同编号的标准磨口相互连接，组装成各种配套仪器。使用标准磨口玻璃仪器不仅可省去配塞子和钻孔的时间，避免反应物或产物被塞子沾污的危险，而且装配容易，拆卸方便，并可用于蒸馏、减压蒸馏等操作，使工作效率大大提高。

标准磨口玻璃仪器口径的大小，常用数字编号表示，通常标准磨口有 10、12、14、16、19、24、29、34、40 等多种型号，这些数字指磨口最大端的直径的尺寸（单位：mm）。有的标准磨口玻璃仪器也常用两个数字表示磨口的大小，例如 10/30，10 表示磨口最大端的直径为 10mm，30 表示磨口的高度为 30mm。

编号不同的仪器可借助不同编号的磨口接头（变径）使之连接，通常用两个数字表示变径的大小，如接头 14×19，表示该接头的一段为 14 号磨口，另一段为 19 号磨口。半微量仪器一般为 10 号和 14 号，常量仪器磨口为 19 号以上。图 1-3 为有机化学实验制备用的标准磨口玻璃仪器。

1.3.2.2　使用标准磨口玻璃仪器注意事项

（1）磨口处必须保持清洁，若沾有固体物质，会使磨口对接不严密，导致漏气，甚至损坏磨口。

（2）一般使用时，磨口不需涂润滑剂，以免沾污反应物和产物。如反应中有强碱，则应涂润滑剂，以免磨口连接处因碱腐蚀而黏结，无法拆开。对于减压蒸馏，所有磨口都要涂真空脂，以免漏气。

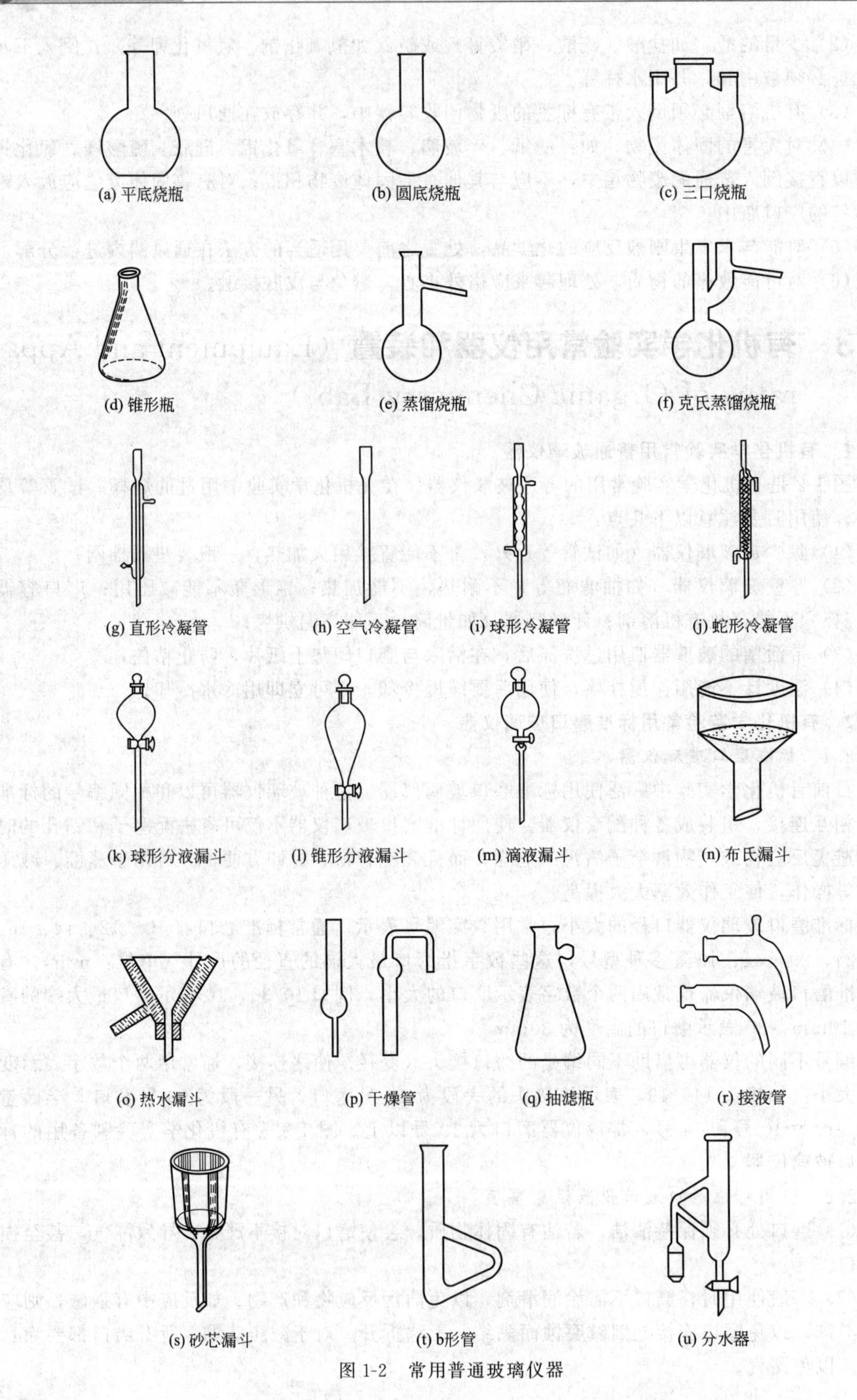

图 1-2　常用普通玻璃仪器

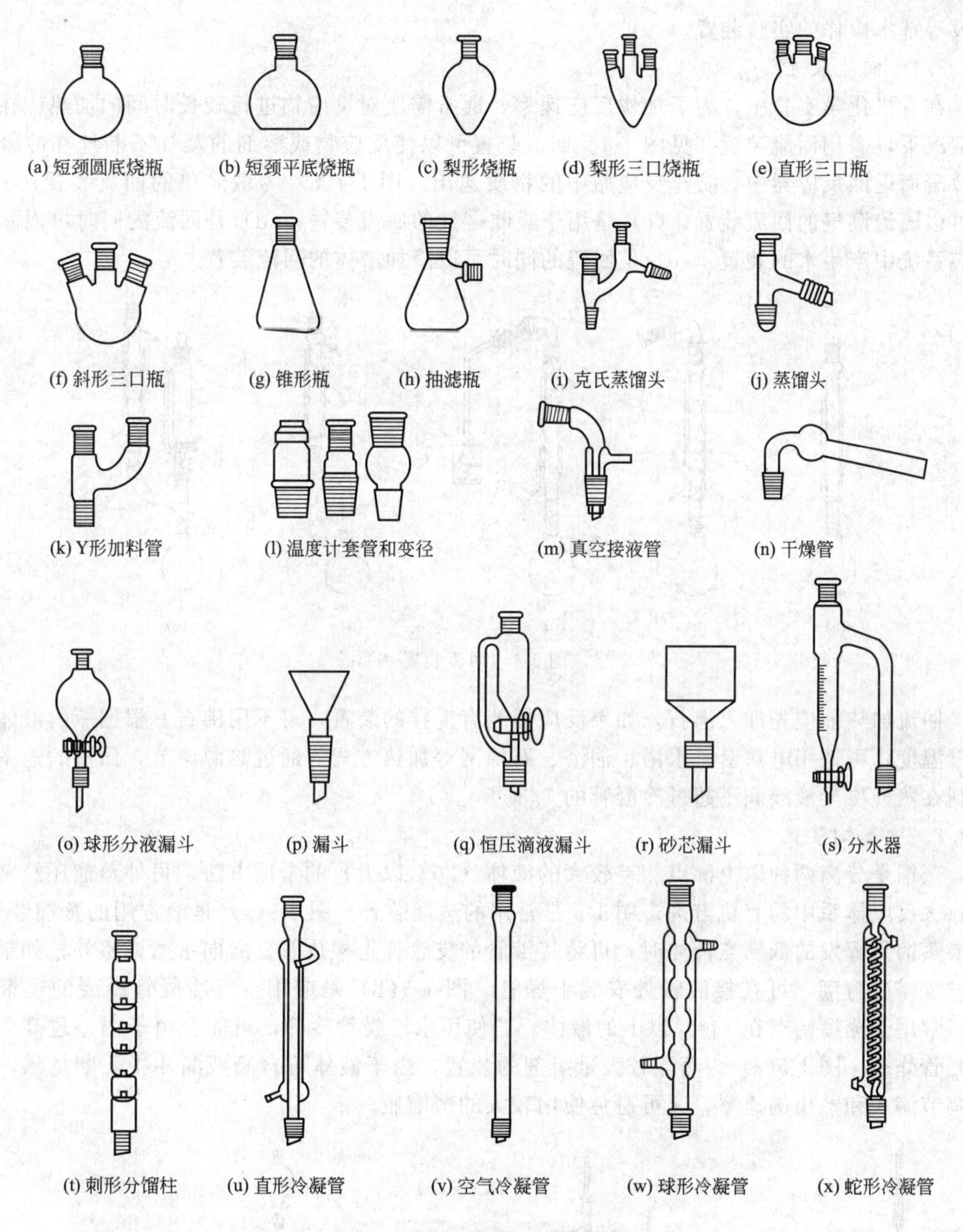

图 1-3　常用标准磨口玻璃仪器

(3) 安装磨口仪器时，注意整齐、工确，使磨口连接处不受歪斜的应力，否则仪器易破裂。

(4) 用后应立即拆卸洗净。否则，对接处常会粘牢，以致拆卸困难。

(5) 洗涤磨口时，应避免用去污粉擦洗，以免损坏磨口。

1.3.3　有机化学实验常用装置

有机化学反应的完成常常需要特定的实验装置和条件，设计科学合理的实验装置可以克服有机反应中的不利因素，加快反应速率，提高产率。了解并掌握常用有机实验装置的安装和使用方法是对实验者的基本要求。现分别介绍有机实验中常用的回流、蒸馏、搅拌及气体吸收等基本操作的实验装置。

1.3.3.1　回流装置

在有机化学实验中，为了加快反应速率，通常需要对反应物进行较长时间的加热。在这种情况下，需用回流装置，见图 1-4。回流装置可以使反应物或溶剂的蒸气不断地在冷凝管内冷凝而返回反应器中，防止反应瓶中的物质逸出。图 1-4(a) 为最简单的回流装置；(b) 是可以隔绝潮气的回流装置；(c) 是用于吸收尾气的回流装置；(d) 是回流的同时可以除去反应系统中产生水的装置；(e) 是回流的同时可以滴加液体的回流装置。

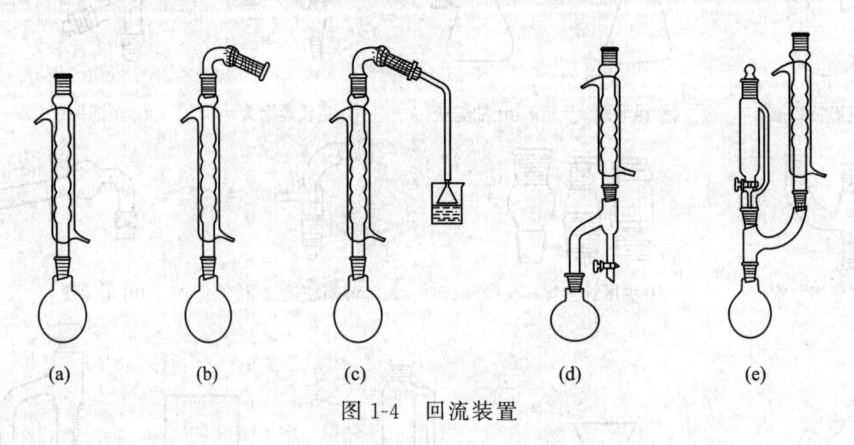

图 1-4　回流装置

回流加热前应先加入沸石，如果反应器装有搅拌的装置，可不用沸石。根据瓶内液体的沸腾温度，可选用电热套、水浴、油浴、石棉网等加热方式。通过热源调节，回流的速率应控制在蒸气冷凝液浸润不超过冷凝管的 1/3。

1.3.3.2　蒸馏装置

蒸馏是分离两种以上沸点相差较大的液体（30℃以上）的常用方法，另外蒸馏还经常用于除去反应体系中的有机溶剂。图 1-5 是常用的蒸馏装置。图 1-5(a) 是最常用的蒸馏装置。如果蒸馏易挥发的低沸点液体时，可将接液管的支管连上橡皮管，通向水槽或室外；如果蒸馏过程需要防潮，可在接液管处安装干燥管。图 1-5(b) 是应用空气冷凝管冷凝的蒸馏装置，常用于蒸馏沸点在 140℃以上的液体。若使用水冷凝管冷却，可能会由于温差过高而使冷凝管炸裂。图 1-5(c) 为蒸除较大量溶剂的装置，由于液体可自滴液漏斗中不断加入，既可调节滴入和蒸出的速率，又可避免使用较大的蒸馏瓶。

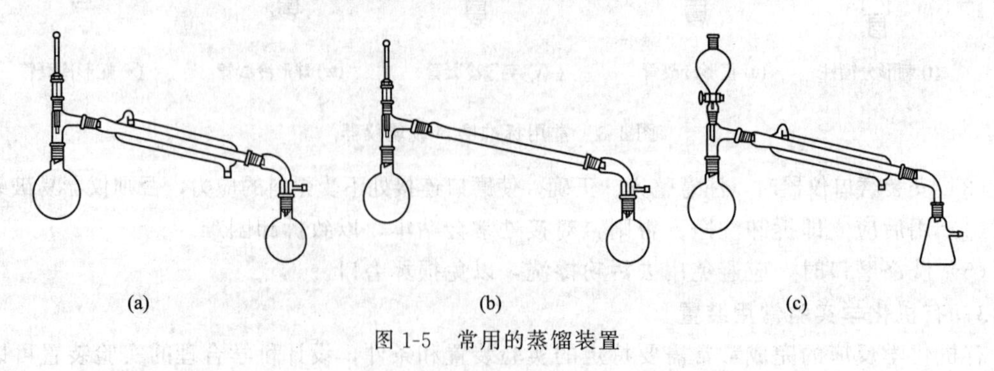

图 1-5　常用的蒸馏装置

1.3.3.3　气体吸收装置

气体吸收装置用于吸收反应过程中生成的有刺激性和有毒的气体（如氯化氢、二氧化硫

等），见图 1-6。图 1-6 中的（a）和（b）可用于少量气体的吸收装置。图 1-6(a) 中的玻璃漏斗应略微倾斜，使漏斗口一半在水中，一半在水面上。这样，既能防止气体逸出，也可防止出现倒吸现象。当反应过程中有大量气体生成或气体逸出很快时，可使用图 1-6(c) 所示装置，水自上端流入（可利用冷凝管流出的水）抽滤瓶中，在恒定的平面上溢出，粗的玻璃管恰好深入水面，被水封住，以防气体进入大气。

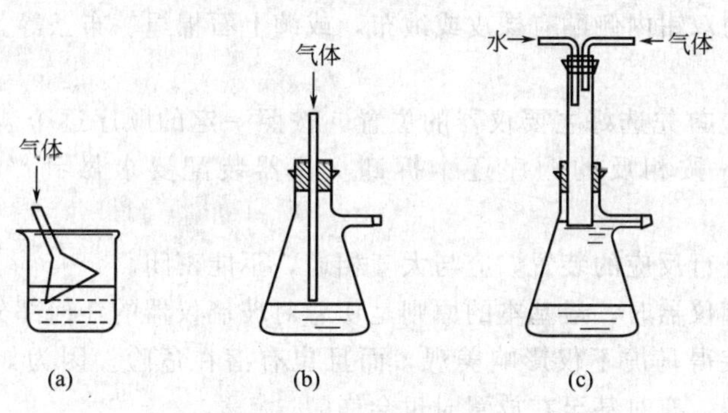

图 1-6　气体吸收装置

1.3.3.4　搅拌装置

搅拌是有机实验中常见的基本操作之一。反应在均相溶液中进行时，一般可以不用搅拌，但若在非均相反应或某些反应物需不断加入时，为了尽可能迅速均匀地混合，避免因局部过热而导致其他副反应发生，则需进行搅拌。另外，当反应物是固体时，有时不搅拌可能会影响反应的顺利进行，也需要进行搅拌。

搅拌的方法有三种：人工搅拌、电动搅拌和磁力搅拌。简单的、反应时间较短的，而且反应体系中放出的气体是无毒的制备实验可以用人工搅拌。比较复杂的、反应时间比较长的，而且反应体系中放出的气体是有毒的制备实验则要用电动搅拌或磁力搅拌。

图 1-7 是常用的电动搅拌回流装置。图 1-7(a) 是搅拌和回流装置；图 1-7(b) 是搅拌、回流和滴加装置；图 1-7(c) 是搅拌、回流、滴加和监测反应温度的装置。图 1-8 是常用磁力搅拌回流装置。磁力搅拌装置是在反应瓶中加入一个长度合适的电磁搅拌子，在反应瓶下面放置磁力搅拌器，调节磁铁转动速率，就可以控制反应瓶中搅拌子的转动速率。

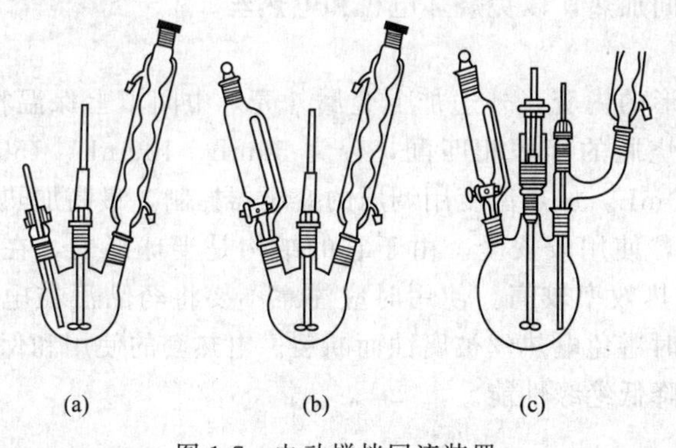

图 1-7　电动搅拌回流装置

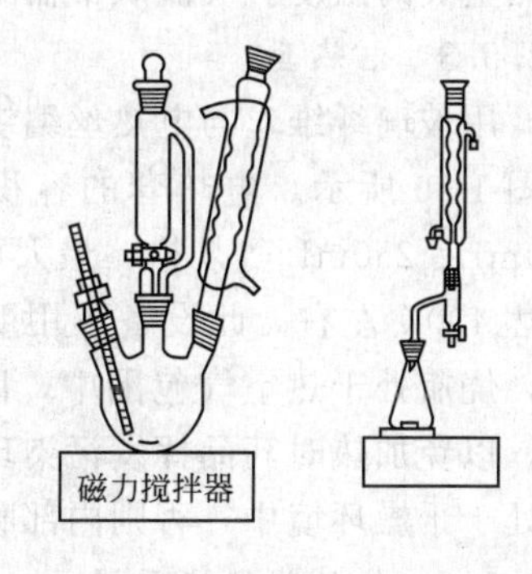

图 1-8　磁力搅拌回流装置

1.3.4　仪器的装配

仪器装配的正确与否，对实验的成败有很大关系。对于不同的实验，其实验装置的装配是不同的，将在有关章节中介绍。在这里只介绍装配仪器时应当遵循的一般要求。

(1) 选用的玻璃仪器和配件都要干净，否则，往往会影响产物的产量和质量。

(2) 选用的仪器大小要恰当，如选用圆底烧瓶时，其大小应使反应物总量占反应瓶容量的1/3～2/3。

(3) 尽可能使每件仪器都用铁夹固定在同一个铁架台上，以防止各种仪器因振动频率不协调而破损。铁夹的双钳内侧贴有橡皮或绒布，或缠上石棉绳、布条等。否则，容易将仪器损坏。

(4) 装配时，应首先选好主要仪器的位置，按照一定的顺序逐个装配，先下后上，从左至右。在拆卸时，按相反的顺序逐个拆卸。仪器装配要求做到严密、正确、整齐和稳妥。

(5) 在常压下进行反应的装置，应与大气相通，不能密闭。

总之，使用玻璃仪器时，最基本的原则是切忌对玻璃仪器的任何部分施加过度的压力或扭歪。实验装置安装得马虎不仅影响美观，而且也有潜在危险。因为如果玻璃仪器装配不当，在加热时会破裂，有时甚至在放置时也会崩裂。

1.3.5 电器设备

实验室有很多电器设备，使用时应注意安全，并保持这些设备的清洁，尽量避免将药品洒到设备上。

1.3.5.1 烘箱

实验室一般使用的是恒温鼓风干燥箱，主要用于干燥玻璃仪器或无腐蚀性、热稳定性好的药品。使用时应先调好温度（烘玻璃仪器一般控制在100～110℃）。刚洗好的仪器应将水控干后再放入烘箱中。烘仪器时，将烘热干燥的仪器放在上边，湿仪器放在下边，以防湿仪器上的水滴到热仪器上造成仪器炸裂。热仪器取出后，不要马上接触冷的物体，如冷水、金属用具等，以免炸裂。带旋塞的仪器，应取下塞子后再放入烘箱中烘干。

1.3.5.2 气流烘干器

气流烘干器是一种用于快速烘干玻璃仪器的小型干燥设备，如图1-9所示。使用时，将仪器洗干净后，甩掉仪器壁上的水分，然后将仪器套在烘干器的多孔金属管上。注意随时调节热空气的温度。气流烘干器不宜长时间加热，以免烧坏电机和电热丝。

1.3.5.3 电热套

用玻璃纤维丝与电热丝编织成半球形的内套，外边加上金属外壳，中间填上保温材料，如图1-10所示。电热套的容积一般与烧瓶的容积相匹配，分为50mL、100mL、150mL、200mL、250mL等规格，最大可到3000mL。加热温度用调压的变压器控制，最高加热温度可达400℃左右。此设备不用明火加热，使用较安全。由于它的结构是半球形的，在加热时，烧瓶处于热空气包围中，因此，加热效率较高。使用时应注意不要将药品洒在电热套中，以免加热时药品挥发污染环境，同时避免电热丝被腐蚀而断裂。电热套的使用和保存都应处于干燥环境中，否则内部吸潮后会降低绝缘性能。

1.3.5.4 红外线快速干燥箱

用于烘干固体样品的小型烘干设备，如图1-11所示。箱内装有产生热量的红外灯泡，通常与变压器联用以调节温度。使用时切忌将水溅到热灯泡上，否则会导致灯泡炸裂。

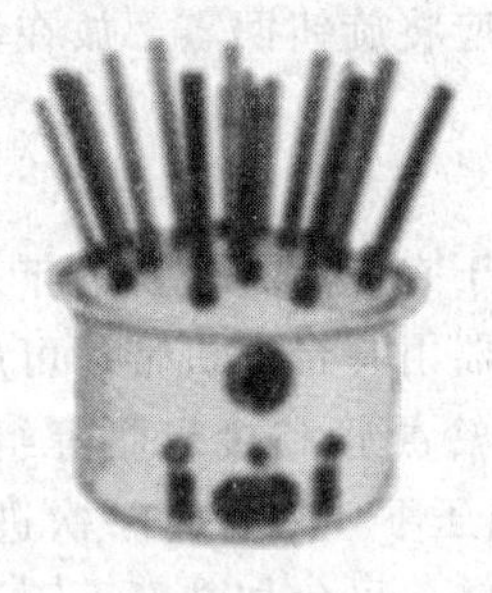

图1-9 气流烘干器

图1-10 电热套

图1-11 红外线快速干燥箱

1.3.5.5 调压变压器

调节电源电压的一种装置，常用来调节电炉、电加热套的加热温度或电动搅拌器的转动速率等。使用时应注意以下几点。

(1) 使用旧式调压器时，应注意安全，要接好地线，以防外壳带电。注意输出端与输入端不要接错。

(2) 先将调压器调至零点，再接通电源。然后根据加热温度或搅拌速率调节旋钮到所需的位置，调节变换时，应缓慢进行。

(3) 不能超负荷运行，最大使用量为满负荷的2/3。

(4) 用完后将旋钮调至零点，关上开关，拔掉电源插头，放在干燥通风处，保持清洁，以防腐蚀。

1.3.5.6 电动搅拌器

电动搅拌器由机座、小型电动马达和变压调速器几部分组成，如图1-12所示。在有机化学实验中用得比较多，一般适用于非均相反应，不适用于过黏的胶状反应体系。

使用电动搅拌器时，应先将搅拌棒（常用玻璃棒和聚四氟乙烯制成，见图1-13）与电动搅拌器连接好，再将搅拌棒用套管或塞子与反应瓶连接固定好，搅拌棒与套管的固定一般用乳胶管，乳胶管的长度不要太长也不要太短，以免由于摩擦而使搅拌棒转动不灵活或密封不严。在开动搅拌器前，应用手先空试搅拌器转动是否灵活，如不灵活应找出摩擦点，进行调整，直至转动灵活，如果是电机问题，应向电机的加油孔中加一些机油，以保证电机转动灵活或更换新电机。

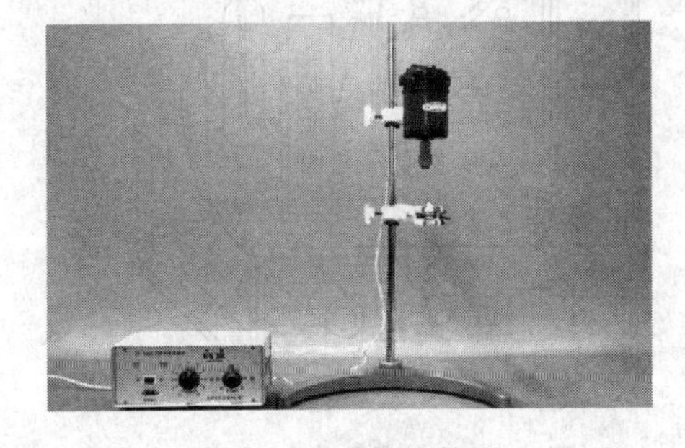

图1-12 电动搅拌器

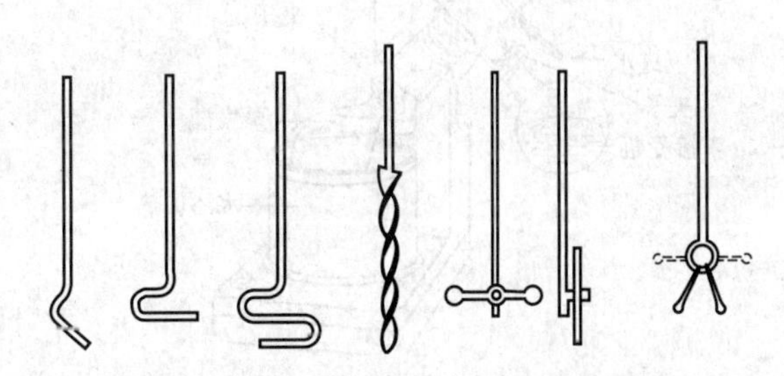

图1-13 常用的各种搅拌棒

1.3.5.7 电磁搅拌器

由一个可旋转的磁铁和用玻璃或聚四氟乙烯密封的磁转子组成，通过磁场的不断旋转变化来带动容器内磁转子随之旋转，从而达到搅拌的目的，如图1-14所示。电磁搅拌器一般都带有温度和速率控制旋钮。高温加热不宜使用时间过长，以免烧断电阻丝；搅拌速率不要

图 1-14　电磁搅拌器

过快，以免搅拌子打破烧瓶。使用后应将旋钮回零，放在清洁和干燥的地方。

1.3.5.8　旋转蒸发器

可用来回收、蒸发有机溶剂。由于它使用方便，近年来在有机实验室中被广泛使用。旋转蒸发器由一台电机带动可旋转的蒸发器（一般用圆底烧瓶）与高效冷凝管和接受瓶等组成，如图 1-15 所示。此装置可在常压或减压下使用，可一次进料，也可分批进料。由于蒸发器在不断旋转，可免加沸石而不会暴沸。同时，液体附于壁上形成了一层液膜，加大了蒸发面积，使蒸发速率加快。使用时应注意以下两点。

（1）减压蒸馏时，当温度高、真空度低时，瓶内液体可能会暴沸。此时，及时转动插管开关，通入冷空气降低真空度即可。对于不同的物料，应找出合适的温度与真空度，以平稳地进行蒸馏。

（2）停止蒸发时，先停止加热，再切断电源，最后停止抽真空。若烧瓶取不下来，可趁热用木槌轻轻敲打，以便取下。

1.3.5.9　循环水多用真空泵

循环水多用真空泵是以循环水作为流体，利用射流产生负压的原理而设计的一种新型多用真空泵，广泛用于蒸发、蒸馏、结晶、过滤、减压、升华等操作中。由于水可以循环使用，避免了直排水的现象，节水效果明显，因此是实验室理想的减压设备。水泵一般用于对真空度要求不高的减压体系中。使用时应注意以下三点。

（1）真空泵抽气口最好接一个安全瓶，以免停泵时，水被倒吸入反应瓶中，使操作失败。

（2）开泵前，应检查是否与体系接好，然后，打开安全瓶上的旋塞。开泵后，用旋塞调至所需要的真空度。关泵时，先打开安全瓶上的旋塞，再关泵。切忌相反操作。

（3）应经常补充和更换水泵中的水，以保持水泵的清洁和真空度。

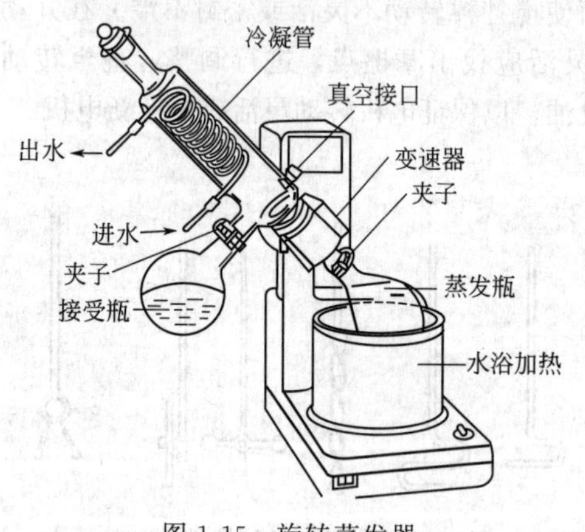

图 1-15　旋转蒸发器

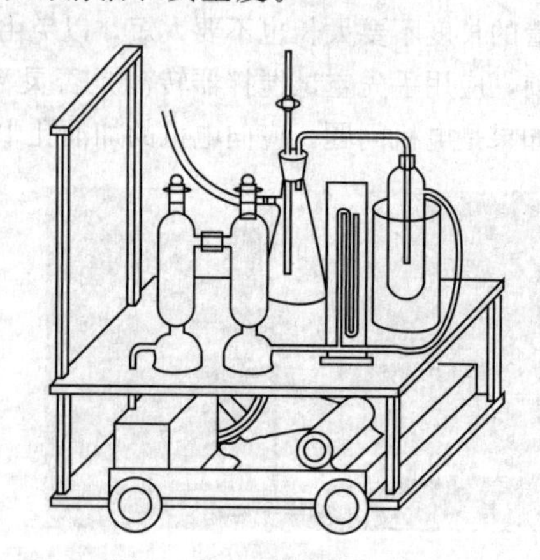
图 1-16　油泵及保护系统

1.3.5.10　油泵

油泵也是实验室常用的减压设备，见图 1-16。油泵常在对真空度要求较高的实验中使用。油泵的效能取决于泵的结构及油的好坏（油的蒸气压越低越好）。油泵的结构比较精密，工作条件要求严格。在用油泵进行减压蒸馏时，溶剂、水和酸性气体会对油造成污染，使油

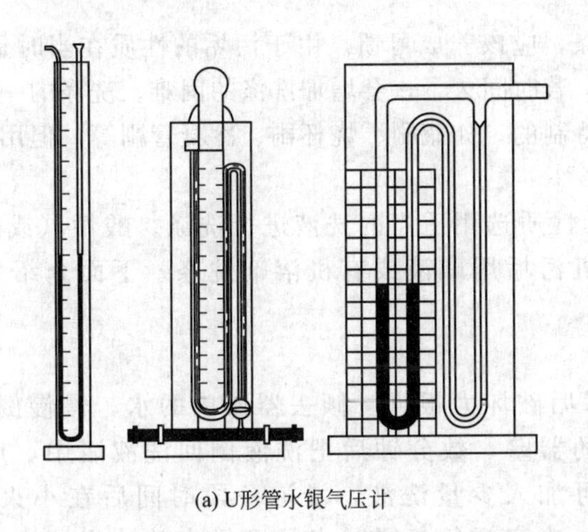

(a) U形管水银气压计

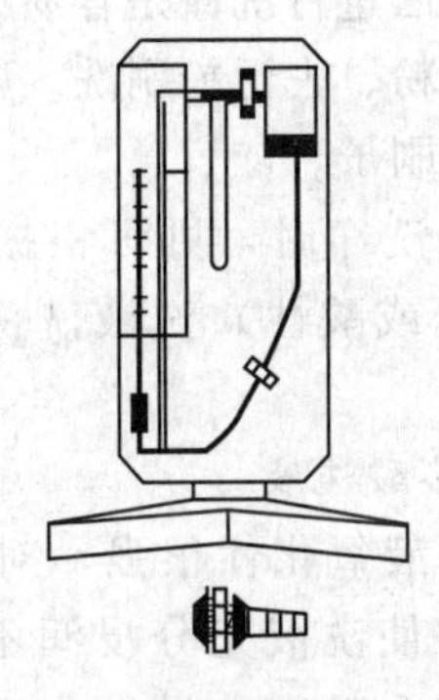

(b) 莫氏真空规

图1-17　压力计

的蒸气压增加，降低真空度，同时这些气体可以引起泵体的腐蚀。为了保护泵和油，需要在蒸馏系统和油泵之间安装冷阱、安全防护、污染防护装置，另外还需连接测压装置，以测试蒸馏体系的压力。

1.3.5.11　真空压力表

真空压力表常与水泵或油泵连接在一起使用，用来测量体系内的真空度。常用的压力表有水银压力计、莫氏真空规、真空压力表，见图1-17。在使用水银压力计时应注意：停泵时，先慢慢打开缓冲瓶上的放空阀，再关泵。否则，由于汞的密度较大（13.9×10^3kg/m^3），在快速流动时，会冲破玻璃管，使汞喷出，造成污染。

1.3.5.12 电子天平

电子天平是实验室常用的称量设备，尤其在微量、半微量实验中经常使用。不需使用砝码，被称物品放在秤盘上，电子显示器将质量显示出来。根据用途的不同，精度有0.1g、0.01g、0.001g、0.0001g几种规格。电子天平采用前凹板控制，具有简单易懂的菜单，称量迅速、准确、方便。

电子天平是一种比较精密的仪器，因此，使用时应注意维护和保养，具体如下所示。

(1) 天平应放在清洁、稳定的环境中，以保证测量的准确性。勿放在通风、有磁场或产生磁场的设备附近，勿在温度变化大、有振动或存在腐蚀性气体的环境中使用。校准砝码应存放在安全干燥的场所。

(2) 请保持机壳和称量台的清洁，以保证天平的准确性，可用蘸有柔性洗涤剂的湿布擦洗。

(3) 天平在不使用时关闭开关，拔掉变压器。

(4) 使用时，请不要超过天平的最大量程。

1.4 常用玻璃器皿的洗涤和干燥（Washing and Drying of Glassware）

1.4.1　玻璃器皿的洗涤

进行化学实验必须使用清洁的玻璃仪器。

实验用过的玻璃器皿必须立即洗涤，应该养成习惯。由于污垢的性质在当时是清楚的，用适当的方法进行洗涤是容易办到的。若时间久了，会增加洗涤的困难。洗涤的一般方法是用水、洗衣粉、去污粉刷洗。刷子是特制的，如瓶刷、烧杯刷、冷凝管刷等，但用腐蚀性洗液时则不用刷子。

若难以洗净时，则可根据污垢的性质选用适当的洗液进行洗涤。酸性（或碱性）污垢用碱性（或酸性）洗液洗涤；有机污垢用碱液或有机溶剂洗涤。下面介绍几种常用洗液。

1.4.1.1　铬酸洗液

这种洗液氧化性很强，对有机污垢破坏力很强。倾去器皿内的水，慢慢倒入洗液，转动器皿，使洗液充分浸润不干净的器壁，数分钟后把洗液倒回洗液瓶中，用自来水冲洗。若壁上粘有少量炭化残渣，可加入少量洗液，浸泡一段时间后在小火上加热，直至冒出气泡，炭化残渣可被除去。洗液颜色变绿时表示已经失效，应该弃去，不能倒回洗液瓶中。

1.4.1.2　盐酸

用浓盐酸可以洗去附着在器壁上的二氧化锰或碳酸盐等污垢。

1.4.1.3　碱液和合成洗涤剂配成浓溶液

用以洗涤油脂和一些有机物（如有机酸）。

1.4.1.4　有机溶剂洗涤液

当胶状或焦油状有机污垢如用上述方法不能洗去时，可选用丙酮、乙醚、苯浸泡，要加盖以免溶剂挥发，使用后可回收重复使用。若用于有机分析用的器皿，除用上述方法处理外，还须用蒸馏水冲洗。

器皿是否清洁的标志是：加水倒置，水顺着器壁流下，内壁被水均匀润湿，有一层既薄又均匀的水膜，不挂水珠。

1.4.2　玻璃器皿的干燥

有机化学实验经常都要使用干燥的玻璃仪器，故要养成在每次实验后马上把玻璃仪器洗净和倒置使之干燥的习惯，以便下次实验时使用。干燥玻璃仪器的方法有下列几种。

（1）自然风干　自然风干是指把已洗净的仪器在干燥架上自然风干，这是常用和简单的方法。但必须注意，若玻璃仪器洗得不够干净时，水珠便不易流下，干燥就会较为缓慢。

（2）烘干　把玻璃器皿按照从上层到下层的顺序放入烘箱烘干，放入烘箱中干燥的玻璃仪器，一般要求不带有水珠。器皿口向上，带有磨砂口玻璃塞的仪器，必须取出活塞后，才能烘干。烘箱内的温度保持100～105℃，约0.5h，待烘箱内的温度降至室温时才能取出。切不可把很热的玻璃仪器取出，以免破裂。当烘箱已工作时不能往上层放入湿的器皿，以免水滴下落，使热的器皿骤冷而破裂。

（3）吹干　有时仪器洗涤后需立即使用，可使用吹干，即用气流干燥器或电吹风把仪器吹干。首先将水尽量沥干后，加入少量丙酮或乙醇摇洗并倾出，先通入冷风吹1～2min，待大部分溶剂挥发后，再吹入热风至完全干燥为止，最后吹入冷风使仪器逐渐冷却。

带有刻度的容器不能用加热的方法进行干燥，一般采用晾干或有机溶剂干燥的方法，吹

风时使用冷风。

1.5 实验预习、实验记录和实验报告的基本要求（Requirements of Preview，Record and Reports of Experiments）

学生在本课程开始时，必须认真地阅读本书第1章。在进行每个实验时，必须做好预习、实验记录和实验报告。

1.5.1 预习

为了使实验能够达到预期的效果，在实验之前要做好充分的预习和准备，预习时除了要求反复阅读实验内容，领会实验原理，了解有关实验步骤和注意事项外，还需在实验记录本上写好预习提纲。以制备实验为例，预习提纲包括以下内容：

(1) 实验目的；

(2) 主反应和重要副反应的反应方程式；

(3) 原料、产物和副产物的物理常数；原料用量（单位：g，mL，mol），计算理论产量；

(4) 正确而清楚地画出装置图；

(5) 本次实验所涉及相关基本操作内容、实验的关键步骤、难点及实验过程的安全问题；

(6) 用图表形式表示实验步骤。

例：环己烯制备的步骤（粗产物纯化过程）

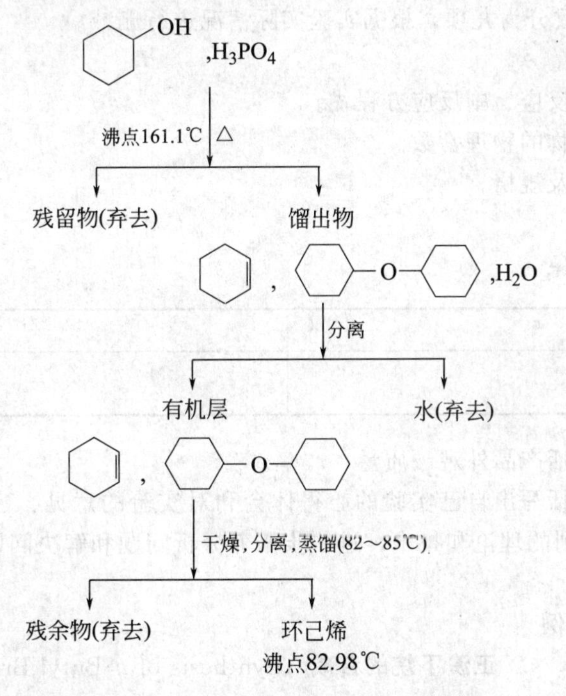

1.5.2 实验记录

实验记录本应是一装订本，不得用活页纸或散纸。记录本按照下列格式做实验记录：

(1) 空出记录本头几页，留作编目录用；

（2）把记录本编好页码；

（3）每做一个实验，应从新的一页开始；

（4）若实验操作没有变动时，不必再把操作细节记上。但应记录试剂的规格和用量，仪器的名称、规格、牌号，实验的日期，实验所用的时间，实验现象和数据。对于观察的现象应真实详细的记录，不能虚假，养成边做实验边记录的好习惯。记录本内容要标准，记录要完整且简单明了，字迹清楚，不仅自己现在能看懂，甚至几年后也能看懂，而且他人也能看得明白。实验完毕，必须将实验记录交给指导教师签字后，才可离开实验室。实验记录的格式见下表：

日期　　　　年　　　月　　日

时　间	步　骤	现　象	备　注

1.5.3　实验报告的基本要求

在实验操作完成后，必须对实验进行总结，即讨论观察到的现象，分析出现的问题，对实验数据进行归纳处理等，这是完成整个实验的一个重要环节，也是把各种实验现象提高到理性认识的重要步骤。实验报告就是对这项能力进行培养和训练。

实验报告应包括实验的目的要求、反应式、主要试剂的规格、用量（指合成实验）、实验步骤和现象、产率计算、讨论等。要如实记录填写报告，文字精练，图要准确，讨论要认真。关于实验步骤的描述，不应照抄书上的实验步骤，应该对所做的实验内容作概要的描述。在实验报告中还应完成指定的思考题或提出改进本实验的意见等。

实验报告内容大致分为九项，根据实验实际情况进行删减。

1. 实验目的。

2. 实验原理，主反应、副反应方程式。

3. 主要试剂及产物的物理常数。

4. 主要试剂用量及规格。

5. 实验装置图。

6. 实验步骤及现象。

步　骤	现　象
(1) (2)	

7. 实验结果：包括产品外观、质量、产率。

8. 讨论：内容包括写出自己实验的心得体会和对实验的意见、建议。通过讨论来总结和巩固在实验中所学到的理论和技术，进一步培养分析问题和解决问题的能力。

9. 思考题解答。

1.5.4　实验报告的样例

实验××　正溴丁烷的合成（Synthesis of *n*-Butyl Brimide）

1. 实验目的

（1）了解由醇制备正溴丁烷的原理及方法；

（2）初步掌握回流、气体吸收装置和分液漏斗的使用。

2. 实验原理

主反应：

$$NaBr + H_2SO_4 \longrightarrow HBr + NaHSO_4$$

$$n\text{-}C_4H_9OH + HBr \longrightarrow n\text{-}C_4H_9Br + H_2O$$

副反应：

$$CH_3CH_2CH_2CH_2OH \xrightarrow[\triangle]{\text{浓 } H_2SO_4} CH_3CH_2CH{=}CH_2 + CH_3CH{=}CHCH_3 + H_2O$$

$$2CH_3CH_2CH_2CH_2OH \xrightarrow[\triangle]{\text{浓 } H_2SO_4} CH_3CH_2CH_2CH_2OCH_2CH_2CH_2CH_3$$

$$2NaBr + 3H_2SO_4 \longrightarrow Br_2 + SO_2 + 2H_2O + 2NaHSO_4$$

3. 主要试剂及产物的物理常数

名称	相对分子质量	性 状	折射率	熔点/℃	沸点/℃	溶解度/(g/100mL 溶剂)		
						水	醇	醚
正丁醇	74.12	无色透明液体	1.3993	−89.5	117.3	7.920	∞	∞
正溴丁烷	137.03	无色透明液体	1.4401	−112.4	101.6	不溶	∞	∞

4. 主要试剂用量及规格

正丁醇：化学纯，15g(18.5mL，0.20mol)。

浓硫酸：工业品，53.40g(29mL，0.54mol)。

溴化钠：化学纯，25g(0.24mol)。

正溴丁烷：理论产量 27.4g。

5. 实验装置图（略）

6. 实验步骤及现象

步 骤	现 象
(1)于 150mL 单口圆底烧瓶中放置 20mL 水、29mL 浓硫酸，振摇冷却	放热，烧瓶烫手
(2)加 18.5mL n-C_4H_9OH 及 25g NaBr，振摇，加沸石	不分层，有许多 NaBr 未溶。瓶中已出现白雾状 HBr
(3)装冷凝管，HBr 吸收装置，石棉网小火加热 1h	沸腾，瓶中白雾状 HBr 增多，并从冷凝管上升，为气体吸收装置吸收。瓶中液体由一层变成三层，上层开始极薄，越来越厚，颜色由淡黄色转变为橙黄色；中层为橙黄色，中层越来越薄，最后消失
(4)稍冷，改成蒸馏装置，加沸石，蒸出正溴丁烷	馏出液浑浊，分层，瓶中上层越来越少，最后消失，消失后过片刻停止蒸馏。蒸馏瓶冷却析出无色透明结晶(硫酸氢钠)
(5)粗产物用 15mL 水洗。在干燥分液漏斗中用：	产物在下层
10mL 硫酸洗	加一滴浓硫酸沉至下层，证明产物在上层
15mL 水洗	两层交界处有絮状物
15mL 饱和碳酸氢钠洗	产生二氧化碳气体
15mL 水洗	产物在下层，浑浊
(6)粗产物置于 50mL 锥形瓶中，加 2g 无水氯化钙干燥	粗产物有些浑浊，稍摇后透明
(7)产物滤入 50mL 蒸馏瓶中，加沸石蒸馏，收集99～103℃馏分	99℃以前馏出液很少，长时间稳定于 101～102℃。后升至 103℃，温度下降，瓶中液体很少，停止蒸馏
产物外观，质量	无色液体，瓶的质量 15.5g，产物的质量 18g，总质量 33.5g

7. 实验结果

得到无色液体正溴丁烷 18g。因其他试剂过量，理论产量应按正丁醇计算。0.2mol 正丁醇能产生 0.2mol(即 0.2×137=27.4g) 正溴丁烷。

$$产率=\frac{18}{27.4}\times100\%=66\%$$

8. 讨论

(1) 醇能与硫酸生成𬭩盐，而卤代烷不溶于硫酸，故随着正丁醇转化为正溴丁烷，烧瓶中分成三层。上层为正溴丁烷，中层可能为硫酸氢正丁酯，中层消失即表示大部分正丁醇已转化为正溴丁烷。上、中两层液体呈橙黄色，可能是由于副反应产生的溴所致。从实验可知溴在正溴丁烷中的溶解度较硫酸中的溶解度大。

(2) 蒸去正溴丁烷后，烧瓶冷却析出的结晶是硫酸氢钠。

(3) 由于操作时疏忽大意，反应开始前忘加沸石，使回流不正常。停止加热稍冷后，再加沸石继续回流，致使操作时间延长。这一点今后要引起注意。

9. 思考题解答

实验中浓硫酸的作用是和溴化钠反应生成溴化氢，同时过量的浓硫酸可以吸收反应中生成的水来提高反应产率。

1.6 有机化学实验多媒体网络课件及化学文献网络资源 (Multimedia Network Courseware, Chemical Literature and Network Resource)

1.6.1 有机化学实验多媒体网络课件介绍

随着社会发展，人类已经步入了“信息化”时代，传统的单一纸介教材已经不能很好地适应信息化时代的要求，必须建立开放式、立体化教材。有机化学实验多媒体网络课件是东北农业大学实验教学改革的成果之一，并获得全国多媒体课件大赛二等奖。该网络课件与本教材相配套，使用文本、图像、动画、视频等多媒体手段，用网页的形式展示实验内容，作为实验教学的辅助手段，指导学生实验前的预习，实验后的答疑，也可作为教师的教学参考。

图 1-18 网络课件界面

本课件采用 Flash、3DMax、Visual、C^{++}、Virtools、dev3.0 等软件，在遵循教学原则的前提下，按影视作品的专业水准制作而成，包括 7 部分、16 个基本单元操作，每个单元操作由实验原理、实验装置、实验步骤、实验演示、模拟实验、注意事项、习题解答等构成完整的一体。课件具有简便、灵活以及人性化的操作界面，特别注重了人机交互功能——即“模拟实验”功能设计，充分体现了多媒体教学省课时、可视性强、交互性好的特点。课件界面见图 1-18。

该网络课件有的部分含有多个实验操作，比如回流就分为简单回流、回流滴加、回流分

水、空气冷凝回流等实验。图 1-19 为回流操作部分中回流分水操作界面图。实验演示是以视屏的形式向观看者演示实验的基本操作过程。模拟实验动画的制作是使用 virtools、dev 3.0 把有关素材整合到一起通过 Visual C⁺⁺ 程序编辑完成，包括仪器的组装、实验现象的动画演示和仪器的拆卸三部分。学生可用鼠标完成仪器的搭建、拆卸过程，还可以观察到惟妙惟肖的实验现象。整个过程都有文字和声音提示，搭错、拆错装置都会提示错误并显示纠正方法。实验中的现象（如火焰、烟雾、液体沸腾效果、液滴回落等）逼真生动，而且可以放大和缩小，并可实现 360°旋转观察，给人以强烈的动感（图 1-20）。

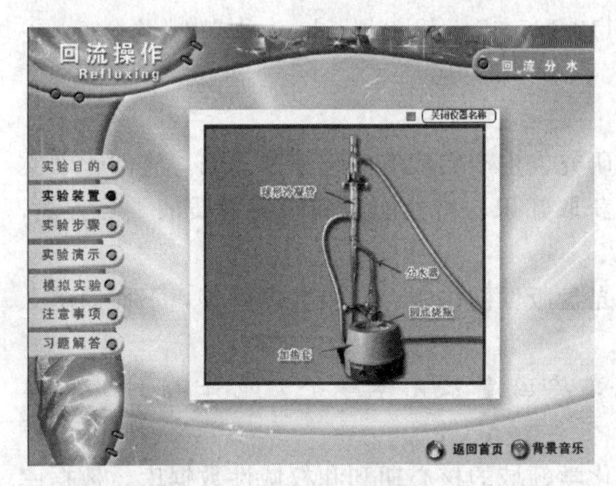

图 1-19　回流分水操作界面

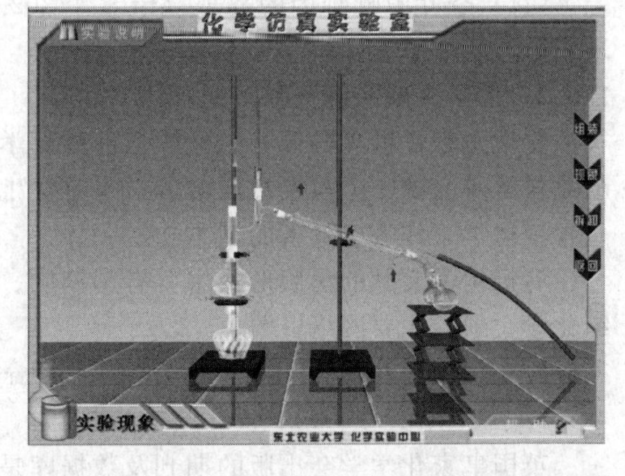

图 1-20　模拟实验界面

首次使用课件，会提示安装 Adobe Shockwave Player 和 Virtools Web Player 等插件，点击安装按钮后，插件会自动安装。

学生在上课之前可以访问本书中相应实验中提供的网址（带有标注的网址），预习实验相关的原理、操作步骤、方法等，建议最好采用 360 浏览器。本教材提供的实验课件内容及网址如下。

（1）分液漏斗（http://202.118.167.67/jpkdata/video/yjhx22/yjhxsy/fenyie06.htm）

（2）熔点测定（http://202.118.167.67/jpkdata/video/yjhx22/yjhxsy/rongdian.htm）

（3）升华（http://202.118.167.67/jpkdata/video/yjhx22/yjhxsy/shenghua.htm）

（4）电动搅拌（http://202.118.167.67/jpkdata/video/yjhx22/yjhxsy/jiaoban-1.htm）

（5）电磁搅拌（http://202.118.167.67/jpkdata/video/yjhx22/yjhxsy/jiaoban-2.htm）

（6）简单回流（http://202.118.167.67/jpkdata/video/yjhx22/yjhxsy/hueiliu-1.htm）

（7）回流分水（http://202.118.167.67/jpkdata/video/yjhx22/yjhxsy/hueiliu-2.htm）

（8）回流滴加（http://202.118.167.67/jpkdata/video/yjhx22/yjhxsy/hueiliu-3.htm）

（9）空气冷凝回流（http://202.118.167.67/jpkdata/video/yjhx22/yjhxsy/hueiliu-4.htm）

（10）常压蒸馏（http://202.118.167.67/jpkdata/video/yjhx22/yjhxsy/zhengliu-1.htm）

（11）分馏（http://202.118.167.67/jpkdata/video/yjhx22/yjhxsy/zhengliu-2.htm）

（12）水蒸气蒸馏（http://202.118.167.67/jpkdata/video/yjhx22/yjhxsy/zhengliu-3.htm）

（13）减压蒸馏（http://202.118.167.67/jpkdata/video/yjhx22/yjhxsy/zhengliu-4.htm）

（14）液固萃取（http://202.118.167.67/jpkdata/video/yjhx22/yjhxsy/yiegucuipu.htm

（15）柱色谱（http://202.118.167.67/jpkdata/video/yjhx22/yjhxsy/sepufa-1.htm）

（16）纸色谱（http://202.118.167.67/jpkdata/video/yjhx22/yjhxsy/sepufa-2.htm）

（17）薄层色谱（http://202.118.167.67/jpkdata/video/yjhx22/yjhxsy/sepufa-3.htm）

（18）热过滤（http://202.118.167.67/jpkdata/video/yjhx22/yjhxsy/da_guolu02.htm）

（19）减压过滤（http://202.118.167.67/jpkdata/video/yjhx22/yjhxsy/da_guolu03.htm）

（20）乙酸丁酯的制备（http://202.118.167.67/jpkdata/video/yjhx22/yjhxsy/yisuan15.htm）

（21）茶叶中咖啡因的提取（http://202.118.167.67/jpkdata/video/yjhx22/yjhxsy/cayie16.htm）

1.6.2 化学文献网络资源

化学文献是世界各国有关化学方面的科学研究、生产实践等的记录和总结，查阅化学文献是科学研究的一个重要组成部分，也是学生获取知识、培养能力和提高素质的重要方面，是每个化学工作者应具备的基本功之一。

有机化学文献的出版形式主要有印刷版、光盘版、网络版、联机数据库等，下面简单介绍化学文献的主要网络资源。

1.6.2.1 RSC（Royal Society of Chemistry，英国皇家化学学会）电子期刊数据库（http://www.rsc.org）

英国皇家化学学会出版的期刊及数据库是化学领域的核心期刊和权威性数据库。数据库Methods in Organic Synthesis（MOS）提供有机合成方面最重要进展的通告服务，提供反应图解，涵盖新反应、新方法，包括新反应和试剂、官能团转化、酶和生物转化等内容，只收录在有机合成方法上具新颖性特征的条目。数据库Natural Product Updates（NPU）是有关天然产物化学方面最新发展的文摘，内容选自100多种主要期刊，包括分离研究、生物合成、新天然产物以及新来源的已知化合物、结构测定、新特性和生物活性等。

1.6.2.2 ACS（American Chemical Society，美国化学学会）电子期刊数据库（http://pubs.acs.org）

美国化学学会成立于1876年，现已成为世界上最大的科技协会之一，其会员数超过16万。多年以来，ACS一直致力于为全球化学研究机构、企业及个人提供高品质的文献资讯及服务，在科学、教育、政策等领域提供了多方位的专业支持，成为享誉全球的科技出版机构。ACS的期刊被ISI［在中国，ISI的“Science Citation Index”（科学引文索引，简称SCI）］的Journal Citation Report（JCR）评为：化学领域中被引用次数最多的化学期刊。

ACS出版34种期刊，内容涵盖普通化学、分析化学、有机化学、物理化学、应用化学、药物化学、分子生物化学、无机与原子能化学、工程化学、聚合物、环境科学、材料学、植物学、毒物学、食品科学、资料系统计算机科学、燃料与能源、药理与制药学、微生物应用生物科技、农业学等领域。

网站除具有索引与全文浏览功能外，还具有强大的搜索功能，查阅文献非常方便。

1.6.2.3 SDOS(Science Direct On Site) 期刊全文数据库（http://www.sciencedirect.com）

Elsevier Science公司出版的期刊是世界上公认的高品位学术期刊。SDOS数据库是最全面的全文文献数据库，收录了1995年以来Elsevier、Academic press等著名出版社的1800种全文期刊440多万篇在线文章，几乎涉及所有的研究领域。

清华大学与荷兰Elsevier Science公司合作在清华图书馆已设立镜像服务器，访问网址：

http://elsevier.lib.tsinghua.edu.cn。

1.6.2.4　Springer Link 全文期刊数据库（清华国内镜像　http://link.springer.com)

德国（Springer-Verlag）是世界上著名的科技出版集团，通过 Springer Link 系统提供学术期刊及电子图书的在线服务，是科研工作者的重要信息来源。目前该数据库包含了 1200 多种全文学术期刊，包括的学科有数学、化学、物理学、环境科学、生命科学、医学、地理学、天文学、计算机科学、工程学、法学、经济学等。

1.6.2.5　EI Compendex 数据库（国内检索镜像　http://www.engineeringvillage.com)

EI 公司始建于 1884 年，作为世界领先的应用科学和工程学在线服务提供者，一直致力于为科研人员提供专业化、实用化的在线数据信息服务。EI Compendex 是目前全球最全面的工程领域的二次文献数据库，主要提供应用科学和工程领域的文摘索引信息，涉及核技术、生物工程、交通运输、化学和工业工程、农业工程、食品技术、应用物理、材料工程、汽车工程等领域及这些领域的子学科。可在网上检索 1969 年至今的文献。数据来源于 5100 种工程类期刊、会议论文集和技术报告，含 700 多万条记录，每年新增 25 万条记录，且数据每周更新。

1.6.2.6　John Wiley 电子期刊（http://www.interscience.wiley.com)

目前 John Wiley 出版的电子期刊有 363 种，其学科范围以科学、技术与医学为主。该出版社期刊的学术质量很高，是相关学科的核心资料，其中被 SCI 收录的核心期刊近 200 种。学科范围包括生命科学与医学、数学统计学、物理、化学、地球科学、计算机科学、工程学等，其中化学类期刊 110 种。

1.6.2.7　美国专利商标局网站数据库（http://www.uspto.gov)

该数据库用于检索美国授权专利和专利申请，免费提供 1970 年至今的图像格式的美国专利说明书全文，1976 年以来的专利还可以看到 HTML 格式的说明书全文。专利类型包括发明专利、外观设计专利、再公告专利、植物专利等。该系统检索功能强大，可以免费获得美国专利全文。

1.6.2.8　中国期刊全文数据库 CNKI（http://www.cnki.net)

收录资源包括期刊、博硕士论文、会议论文、报纸等学术与专业资料，涵盖理工、社会科学、电子信息技术、农业、医学等学科领域。其中中国期刊全文数据库（1979 年至 2012 年，部分回溯至创刊）收录 7900 多种期刊的全文文献，全文达 3400 多万篇，日更新 1 万多篇。中国博硕士学位论文全文数据库是目前国内相关资源最完备、高质量、连续动态更新的中国博硕士学位论文数据库，1984 年到 2012 年，收录全国 404 家博士培养单位的博士学位论文，621 家硕士培养单位的优秀硕士论文，累计博士论文 17 万多篇，硕士论文 146 万多篇。

1.6.2.9　中国化学、有机化学、化学学报联合网站（http://sioc-journal.cn/index.htm)

提供《中国化学》(Chinese Journal Of Chemistry)、《有机化学》、《化学学报》2000 年至今发表的论文全文和相关检索服务。

第 2 章　有机化学实验基本操作

(Techniques of Organic Chemistry Experiments)

2.1　加热和冷却（Heating and Cooling）

2.1.1　加热

由于大部分有机反应在常温下很难进行或反应速率很慢，因此常需要加热来使反应加速，一般反应温度每提高 10℃，反应速率就相应增加一倍。实验中通常采用的加热方法有直接加热和热浴加热。

（1）直接加热　在玻璃仪器下垫石棉网进行加热时，灯焰要对着石棉块，不要偏向铁丝网，否则造成局部受热，仪器受热不均匀，甚至发生仪器破损。这种加热方式只适用于沸点高而且不易燃烧的物质。

（2）水浴加热　加热温度在 80℃以下可用水浴。加热时，将容器下部浸入热水中（热浴的液面应略高于容器中的液面），切勿使容器接触水浴锅底。小心加热以保持所需的温度。若需要加热到接近 100℃，可用沸水浴或水蒸气浴。由于水会不断蒸发，应注意及时补加热水。

（3）油浴加热　如果加热温度在 80～250℃之间，可用油浴。油浴的优点在于温度容易控制在一定范围内，反应物受热均匀。常用的油浴见表 2-1。

使用油浴加热时要特别小心，防止着火，当油浴受热冒烟情况严重时，应立即停止加热。油浴中应悬挂温度计，以便随时调节控制温度；同时应采取措施，不要让水溅入油中，否则在油浴温度升高时会产生泡沫或飞溅。避免直接用明火加热油浴，这样容易导致油燃烧。实验中经常在油浴中安置一根电热棒，电热棒通过电热丝与调压变压器相连，可以方便控制油浴的温度。注意油浴温度不要超过所能达到的最高温度。植物油中加 1％对苯二酚，可增加其热稳定性。

表 2-1　常用的油浴

油　类	液体石蜡	豆油和棉籽油	硬化油	甘油和邻苯二甲酸二丁酯
可加热的最高温度/℃	220	200	250	140～180

（4）空气浴　空气浴就是让热源把局部空气加热，空气再把热能传导给反应容器。电热套加热就是简单的空气浴加热。安装电热套时，要使反应瓶外壁与电热套内壁保持 2cm 左右的距离，以便利用热空气传热和防止局部过热。此设备不用明火加热，使用较安全。

（5）砂浴加热　加热温度在 250～350℃之间可用砂浴。一般用铁盘装砂，将容器下部埋在砂中，并保持底部有薄砂层，四周的砂稍厚些。因为砂的导热效果较差，温度分布不均匀，温度计水银球要紧靠容器。由于砂浴温度上升较慢，且不易控制，因而使用不广泛。

除了以上介绍的几种加热方法外，还可用熔盐浴、金属浴（合金浴）、电热法等加热方法，满足实验的需要。无论用何种方法加热，都要求加热均匀而稳定，尽量减少热损失。

2.1.2　冷却

有些有机反应会产生大量的热，使反应体系的温度迅速升高，如果控制不当，可能引起副反应。高温还会使反应物或溶剂大量蒸发，甚至会发生反应物冲出反应容器和爆炸事故。要把这些反应的温度控制在一定范围内，就要采取适当的冷却措施。有时为了降低溶质在溶剂中的溶解度或加速结晶析出，也要采用冷却的方法。

(1) 冰与水冷却　一般可用冷水在容器外壁流动或把反应器浸在冷水中，以便热量交换。

也可用水和碎冰的混合物作冷却剂，其冷却效果比单用冰块好。如果水分不妨碍反应的进行，也可把碎冰直接投入反应器中，可以更有效地保持低温。

(2) 冰盐冷却　要在 0℃以下进行操作时，常用按不同比例混合的碎冰和无机盐作为冷却剂。可把盐研细，把冰砸碎成小块后混合搅拌，使盐均匀包在冰块上，实际操作中能冷却到－5～－18℃的低温。在使用过程中应随时加以搅拌。

(3) 干冰或干冰与有机溶剂混合冷却　干冰（固体二氧化碳）和乙醇、异丙醇、丙酮、乙醚或氯仿混合，可冷却到－50～－78℃。一般将这种冷却剂放在杜瓦瓶（广口保温瓶）中或其他绝热效果好的容器中，以保持其冷却效果。

(4) 低温循环泵　采用机械制冷的低温循环设备，具有提供低温液体、低温水浴的作用，使用时根据要求调节到所需冷却温度。

各种冷却剂的组成及其可达最低温度见表 2-2。应当注意，如果冷却温度低于－38℃时，水银会凝固，因此不能用水银温度计，应采用添加少许颜料的有机溶剂（酒精、甲苯、戊烷等）温度计。

表 2-2　各种冷却剂的组成及其可达最低温度

冷却剂组成	混合比(质量比)	温度/℃	冷却剂组成	混合比(质量比)	温度/℃
碎冰或冰-水	—	0～5	碎冰＋$CaCl_2 \cdot 6H_2O$	10∶14.3	－55
碎冰＋NH_4Cl	4∶1	－15	干冰＋乙醇	—	－72
碎冰＋NaCl	3∶1	－20	干冰＋异丙醇	—	－72
碎冰＋$CaCl_2 \cdot 6H_2O$	10∶3	－11	干冰＋丙酮	—	－78
碎冰＋$CaCl_2 \cdot 6H_2O$	10∶8∶2	－20	干冰＋乙醚	—	－78～－100
碎冰＋$CaCl_2 \cdot 6H_2O$	10∶12∶5	－40	液氮	—	－196

2.2　干燥（Drying）

干燥是常用的除去固体、液体或气体中少量水分或少量有机溶剂的方法，是常用的分离和提纯有机化合物的基本操作之一。在进行有机物定性、定量分析以及物理常数测定时，都必须进行干燥处理才能得到准确的实验结果。液体有机物在蒸馏前也需干燥，否则前馏分较多，产物损失，甚至沸点也不准。此外，许多有机反应需要在无水条件下进行，溶剂、原料和仪器等均要干燥。

2.2.1　干燥的方法

根据除水原理，干燥方法可分为物理方法和化学方法两种。

物理方法中有分馏、吸附、晾干、烘干和冷冻等。近年来，还常用离子交换树脂和分子筛等方法来进行干燥。离子交换树脂和分子筛均属多孔性吸水固体，受热后会释放出水分子，可反复使用。

化学方法是利用干燥剂与水分子反应进行除水。根据干燥剂除水作用的不同，可分为两类：一类与水可逆地结合，生成水合物的干燥剂，如无水氯化钙、无水硫酸镁等；另一类是与水发生不可逆的化学反应，生成新的化合物的干燥剂，如金属钠、五氧化二磷等。目前第一类干燥剂广泛使用。

2.2.2 液体有机化合物的干燥

（1）干燥剂的选择　液体有机物的干燥，通常是将干燥剂直接加到被干燥的液体有机物中进行干燥。选择合适的干燥剂非常重要。选择干燥剂时应注意以下几点。

① 干燥剂应与被干燥的液体有机化合物不发生化学反应、配位和催化等作用，也不溶解于要干燥的液体中。例如酸性化合物不能用碱性干燥剂，碱性化合物不能用酸性干燥剂等。

② 使用干燥剂时要考虑干燥剂的吸水容量和干燥效能。吸水容量指单位质量的干燥剂的吸水量。干燥效能是指达到平衡时液体被干燥的程度。对于形成水合物的无机盐干燥剂，常用吸水后结晶水的蒸气压来表示干燥剂效能。如硫酸钠形成10个结晶水，吸水容量为1.25，蒸气压为260Pa；氯化钙最多能形成6个水的水合物，其吸水容量为0.97，蒸气压为39Pa(25℃)。因此硫酸钠的吸水容量较大，但干燥效能弱；而氯化钙吸水容量较小，但干燥效能强。在干燥含水量较大而又不易干燥的化合物时，常先用吸水容量较大的干燥剂除去大部分水分，再用干燥效能强的干燥剂进行干燥。常用干燥剂的性能与应用范围见表2-3。

表2-3　各类有机化合物常用的干燥剂

干燥剂	吸水作用	吸水容量	干燥效能	干燥速率	应用范围	禁用范围
氯化钙	$CaCl_2 \cdot nH_2O$ $n=1、2、4、6$	0.97按n为6计算	中等	较快	烷烃、烯烃、某些酮、醚及中性气体	醇、酚、胺、酰胺及某些醛、酮和酸等
硫酸镁	$MgSO_4 \cdot nH_2O$ $n=1,2,4,5,6,7$	1.05按n为7计算	较弱	较快	中性，应用范围广，可干燥酯、醛、酮、腈、酰胺等不能用氯化钙干燥的化合物	
硫酸钠	$Na_2SO_4 \cdot 10H_2O$	1.25	弱	缓慢	中性，一般用于有机液体的初步干燥	
硫酸钙	$CaSO_4 \cdot 1/2H_2O$	0.06	强	快	中性，常与硫酸钠（镁）配合，作最后干燥之用	
碳酸钾	$K_2CO_3 \cdot 1/2H_2O$	0.2	较弱	慢	弱碱性，用于干燥醇、酮、酯、胺及杂环等碱性化合物	不能干燥酸、酚等酸性化合物
金属钠	$Na+H_2O \longrightarrow NaOH+H_2$		强	快	干燥醚、烃、叔胺中痕量的水分	
氧化钙	$CaO+H_2O \longrightarrow Ca(OH)_2$	—	强	较快	干燥中性和碱性气体、胺、低级醇、醚	不能干燥酸类和酯类物质
五氧化二磷	$P_2O_5+3H_2O \longrightarrow 2H_3PO_4$	—	强	快	干燥中性和酸性气体、烃、卤代烃及腈中痕量水	不能干燥碱性物质、醇、醚、胺和酮等
钠铝硅型和钙铝硅型分子筛	物理吸附	约0.25	强	快	可干燥各类有机物	

（2）干燥剂的用量　掌握好干燥剂的用量非常重要。若用量不足，则达不到干燥的目

的；若用量太多，则由于干燥剂的吸附而造成被干燥物的损失。干燥剂最低用量一般可根据水在液体中溶解度和干燥剂的吸水量估算得到。但是由于液体中的水分不同、干燥剂的性能差别、干燥时间、干燥剂颗粒大小以及温度等因素影响，很难规定干燥剂的具体用量。一般情况下，干燥剂的实际用量是大大超过计算量的。

实际操作中，主要是通过现场观察判断。某些有机物干燥前浑浊，如果加入干燥剂吸水之后，呈清澈透明状，这时即表明干燥合格；如果干燥剂吸水变黏，粘在器壁上，应适量补加干燥剂，直到新加的干燥剂不结块，不粘壁，干燥剂棱角分明，摇动时旋转并悬浮（尤其 $MgSO_4$ 等小晶粒干燥剂），表示所加干燥剂用量合适。

一般每 100mL 样品约需加入 0.5～1g 干燥剂。

（3）干燥时的温度　对于生成水合物的干燥剂，加热虽可加快干燥速率，但远远不如水合物放出水的速率快，因此，干燥通常在室温下进行，蒸馏前应将干燥剂滤出。

（4）操作步骤

① 首先把被干燥液中的水分尽可能除净，不应有任何可见的水层或悬浮水珠。

② 把待干燥的液体放入预先干燥过的锥形瓶中，取颗粒大小合适（如无水氯化钙，应为黄豆粒大小并不夹带粉末）的干燥剂放入液体中，用塞子盖住瓶口，轻轻振摇，经常观察，判断干燥剂是否足量，静置半小时，最好过夜。

③ 把干燥好的液体倾析到蒸馏瓶中，然后进行蒸馏。

2.2.3　固体有机化合物的干燥

干燥固体有机化合物，主要是为除去残留在固体中的少量低沸点溶剂，如水、乙醚、乙醇、丙酮、苯等。由于固体有机物的挥发性比溶剂小，所以采取蒸发和吸附的方法来达到干燥的目的，常用干燥法如下。

（1）自然干燥　把被干燥固体放在滤纸、表面皿或敞开容器中，并摊开为一薄层，在室温下放置。一般需要过夜或数天才能彻底干燥。此法适用于对空气稳定、不吸潮的有机物。注意防止灰尘落入。

（2）加热干燥　对于熔点较高、遇热不分解、对空气稳定的固体有机化合物，可使用烘箱或红外灯干燥。加热温度应低于固体有机物的熔点（放置温度计），随时翻动，防止结块。

（3）冷冻干燥　待干燥的物质在高真空的容器中冷冻至固体状态，而后升华脱水。多用于热不稳定或易潮解物质的干燥。如生物活性物质的脱水，微生物菌种的保存等通常采用冷冻干燥法。

（4）干燥器干燥　对于易潮解或在高温下干燥会分解、变色的固体有机物，可用干燥器干燥。实验室常见的有普通干燥器和真空干燥器。

干燥器下部装有干燥剂，上面是一块瓷板，以盛放被干燥的样品，磨口处涂有一层很薄的凡士林，使之密封。普通干燥器一般适用于保存易潮解物质，干燥时间较长，干燥效率不高。真空干燥器（见图 2-1）与普通干燥器大体相似，只是顶部装有带活塞的导气管，可接真空泵抽真空，使干燥器内的压力降低，提高干燥效率。

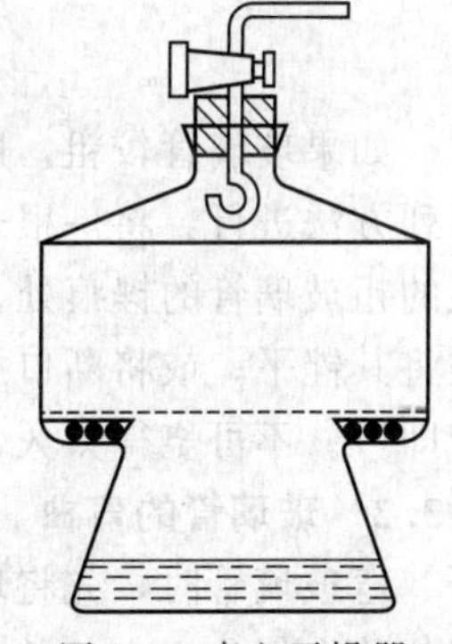
图 2-1　真空干燥器

（5）真空干燥箱干燥　对于受热时易分解或易升华的固体有机物，可采用真空干燥箱进行干燥。优点是样品在一定温度和真空度下进行干燥，效率高。

2.2.4 气体的干燥

在有机实验中常用气体有 N_2、O_2、H_2、Cl_2、NH_3、CO_2，有时要求气体中含很少或几乎不含 CO_2、H_2O 等，因此就需要对上述气体进行干燥。

干燥气体常用仪器有干燥管、干燥塔、U 形管、各种洗气瓶（用来盛液体干燥剂）等。干燥气体常用的干燥剂列于表 2-4 中。

表 2-4 用于气体干燥的常用干燥剂

干燥剂	可干燥的气体
CaO、碱石灰、NaOH、KOH	NH_3、胺等
无水 $CaCl_2$	H_2、HCl、CO_2、CO、SO_2、N_2、O_2、低级烷烃、醚、烯烃、卤代烃
P_2O_5	H_2、O_2、CO_2、SO_2、N_2、烷烃、烯烃
浓 H_2SO_4	H_2、N_2、CO_2、Cl_2、HCl、烷烃
分子筛	H_2、N_2、CO_2、H_2S、烯烃

2.3 简单玻璃工操作（Glass Processing）

在化学实验中，经常遇到对玻璃管进行加工的问题，如自己动手用玻璃管制作弯管、滴管、毛细管等。因而熟悉简单的玻璃工操作，是必备的基本实验技术之一。

2.3.1 玻璃管的切割

选择干净、粗细合适的玻璃管，平放在台面上，一手捏紧玻璃管，一手持锉刀，用锋利的边沿压在玻璃管截断处［见图 2-2(a)］，从与玻璃管垂直的方向用力向内（或向外）划出一锉痕（只能按单一方向划），然后用两手握住玻璃管，锉痕向外，两拇指压于痕口背面，轻轻用力推压，同时两手向外拉，玻璃管即在锉痕处断开［见图 2-2(b)］。

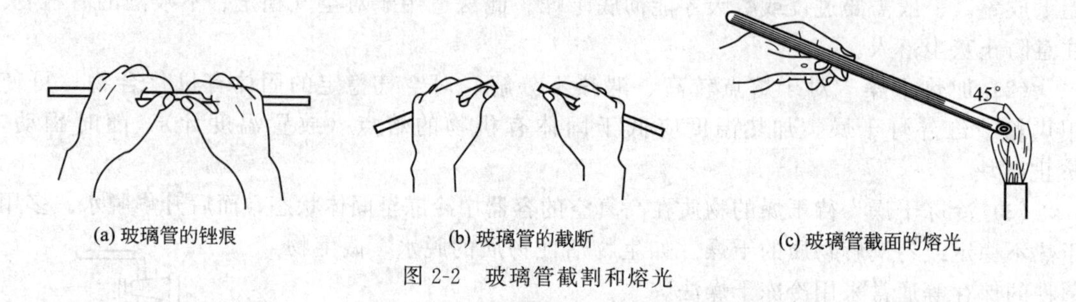

(a) 玻璃管的锉痕　(b) 玻璃管的截断　(c) 玻璃管截面的熔光

图 2-2 玻璃管截割和熔光

如果玻璃管较粗，用上述方法截断较困难，可利用玻璃管骤热、骤冷易裂的性质，采用下列方法进行：将一根末端拉细的玻璃管在灯焰上加热至白炽，使成熔球，立即触及用水滴湿的粗玻璃管的锉痕处，锉痕处骤然受强热而断裂。为了使玻璃管截断面平滑，可用锉刀轻轻将其锉平，或将断口放在火焰氧化焰的边缘，不断转动玻璃管，烧到管口微红使其变得光滑即可。不可烧得太久，以免管口变形、缩小，如图 2-2(c) 所示。

2.3.2 玻璃管的弯曲

弯玻璃管时，先将玻璃管于弱火焰中左右移动预热。除去管中的水汽，然后将欲弯曲的部位放在氧化焰中加热，并不断缓慢地移动玻璃管，使之受热均匀，为加宽玻璃管的受热面，可在鱼尾灯头上加热，如图 2-3(a) 所示，当玻璃管加热到适当软化但又不会自动变形时，迅速离开火焰，然后轻轻地顺势弯成所需角度，如图 2-3(b) 所示，玻璃管弯曲部位的

厚度和粗细必须保持均匀，如图 2-3(c) 所示。

吹气法弯管：用棉球堵住一端，掌握火候，取离火焰，迅速弯管，如图 2-4 所示。120°以上的角度，可以一次弯成。较小的锐角可以分几次弯成，先弯成一个较大的角度，然后在第一次受热部位的偏左、偏右处进行第二次加热和弯曲、第三次加热和弯曲，直到弯成所需的角度为止。

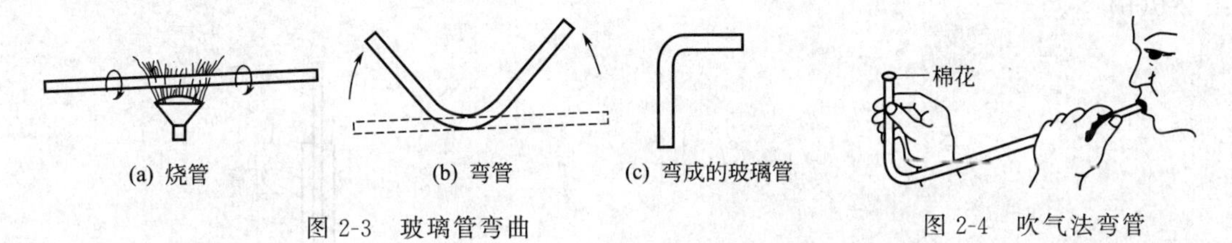

图 2-3　玻璃管弯曲　　图 2-4　吹气法弯管

弯好的玻璃管可再次对弯管处进行加热修正，使弯管两侧处于同一平面中。若遇到弯管内侧凹陷时，可将凹进去的部位在火焰中烧软，用手或塞子封住弯管的一端，用嘴从另一端向管内吹气，直至凹进去的部位变得平滑为止。弯玻璃管的操作中应注意以下两点：

① 两手旋转玻璃管的速率必须均匀一致，否则会出现歪扭；

② 玻璃管受热程度应掌握好，受热不够则不易弯曲，容易出现纠结和瘪陷，受热过度则在弯曲处的管壁出现厚薄不均匀和瘪陷。

加工后的玻璃管应及时地进行退火处理，方法是将经高温熔烧的玻璃管，趁热在弱火焰中加热或烘烤片刻，然后慢慢地移出火焰，再放在石棉网上冷却至室温。不经退火的玻璃管质脆易碎。

2.3.3　滴管的拉制

选取粗细、长度适当的干净玻璃管，两手持玻璃管的两端，将中间部位放入喷灯火焰中加热，并不断地朝一个方向慢慢转动，使之受热均匀，如图 2-5(a) 所示。避免玻璃管熔化后，由于重力作用而造成的下垂，等玻璃管烧至发黄变软时，立即离开火焰。两手以同样速率转动玻璃管，同时慢慢向两边拉伸，直到其粗细程度符合要求时为止。

拉出的细管应与原来的玻璃管在同一轴线上，不能歪斜，如图 2-5(b) 所示。待冷却后，从拉细部分中间切断，得到两根玻璃滴管，将尖嘴在弱火焰中烧圆，将粗的一端烧熔，在石棉网上垂直下压，使端头直径稍微变大，配上橡皮乳头，即得两根滴管。

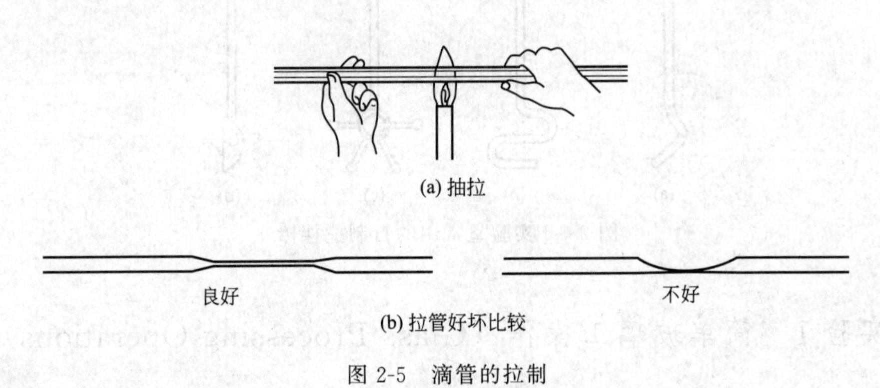

图 2-5　滴管的拉制

2.3.4　毛细管的拉制

取一直径约为 1cm、壁厚约为 1mm 的干净玻璃管，放在喷灯上加热，火焰由小到大，两手不断转动玻璃管，使玻璃管受热均匀，当玻璃管被烧到发黄软化时，立即离开火焰，两手以同样速率转动玻璃管，同时趁热拉伸，开始拉时稍慢，然后较快地拉长，直到拉成直径约为 1mm 左右的毛细管［见图 2-6(a)］，把拉好的毛细管截成 15cm 长，两端用小火封闭，以免灰尘和湿气的进入，使用时从中间截断，即可得到熔点管或沸点管的内管。若拉成直径为 4～5mm 的小玻璃管，截成 7～8cm 长，将一端封闭，以此可作为沸点管的外管［见图 2-6(b)］。

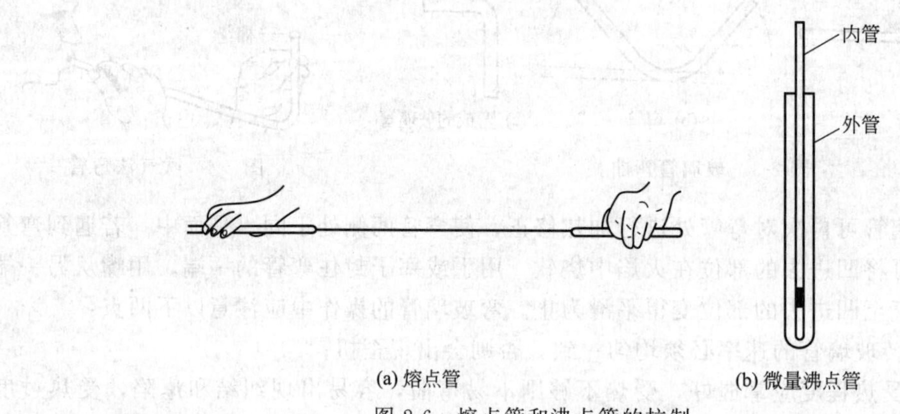

图 2-6　熔点管和沸点管的拉制

2.3.5　玻璃钉的制作

取一段合适的玻璃棒，将其一端在酒精喷灯火焰上加热至发黄变软，然后在石棉网上垂直按一下，即可成玻璃钉。

2.3.6　弯制电动搅拌棒

选取粗细合适的玻璃棒，在煤气灯的强火焰处灼烧，不断地来回转动，使之受热均匀，当烧到一定程度（不可太软，以至于变形）时，从火焰中取出，用镊子弯成所需要的形状。弯好后再在弱火焰上烘烤，称为退火，否则，冷却后搅拌器易碎裂。实验室常用的自制搅拌棒见图 2-7。

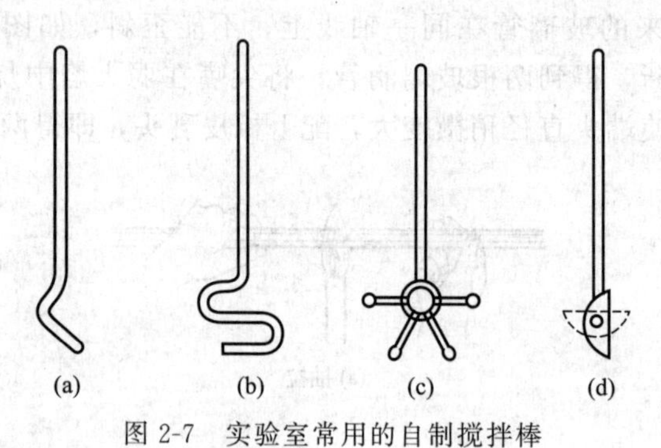

图 2-7　实验室常用的自制搅拌棒

实验 1　简单玻璃工操作（Glass Processing Operations）

【实验目的】

（1）学习简单玻璃工操作技术；

(2) 制作几种简单的玻璃器具。

【实验仪器】

煤气灯或酒精喷灯，扁锉，镊子，石棉网，玻璃管和玻璃棒。

【实验步骤】

领取直径 7mm、长 1.4m 的玻璃管 3 根，直径 5mm，长 0.5m 的玻璃棒 1 根，长 40～50cm 的薄壁玻璃管 2 根，完成下列工作。

(1) 按操作要求练习切割玻璃管，将之截成数等份。

(2) 用直径 7mm 的玻璃管制作总长度为 150mm 的滴管，其粗端长为 120mm，细端内径为 1.5～2.0mm，长 30～40mm。粗端烧软后在石棉网上按一下，外缘凸出，便于装乳头胶帽。

(3) 用直径 10mm 的薄壁管拉制成长 150mm、直径 1mm 两端封口的毛细管 50 根。

(4) 制作一头为搅拌棒，一头为玻璃钉的玻璃棒 5 根。

(5) 用 3 根直径为 7mm 的玻璃管制作 30°、75°和 90°角的玻璃弯管各一支。

【思考题】

(1) 切割、弯曲玻璃管和拉制毛细管时应注意哪些问题？

(2) 玻璃管加工完毕为什么要退火？

2.4 有机化合物物理常数的测定（Physical Constant Determination of Organic Compounds）

2.4.1 有机化合物熔点的测定及温度计的校正

(http://202.118.167.67/jpkdata/video/yjhx22/yjhxsy/rongdian.htm)

每一个纯的固体有机化合物都具有一定的熔点，熔点是固体有机化合物最重要的物理常数之一，不仅可以用来鉴定固体有机化合物，同时可鉴别未知物，或判断其纯度。

2.4.1.1 基本原理

物质的熔点为固液两态在大气压下达成平衡时的温度。一个纯化合物从开始熔化（始熔）至完全熔化（全熔）的温度范围称为熔点距，也称熔点范围或熔程，一般为 0.5～1℃。当含有杂质时，会使其熔点下降，且熔程也较长。

如何理解这种性质呢？可以从分析物质的蒸气压与温度的关系曲线入手。在图 2-8 中，曲线 SM 表示一种物质固相的蒸气压和温度的关系，曲线 ML 表示液相的蒸气压与温度的关系，由于 SM 的变化大于 ML，两条曲线相交于 M，在交叉点 M 处，这时的温度 T_M 为该物质的熔点。只有在此温度时，固液两相蒸气压一致，固液两相平衡共存，这就是为何纯物质有固定熔点的原因。一旦温度超过 T_M，即使很小的变化，只要有足够的时间，固体就可以全部变为液体。所以要精确测定熔点，在接近熔点时升温的速率不能快，以每分钟上升 1℃左右为宜。只有这样，才能使熔化过

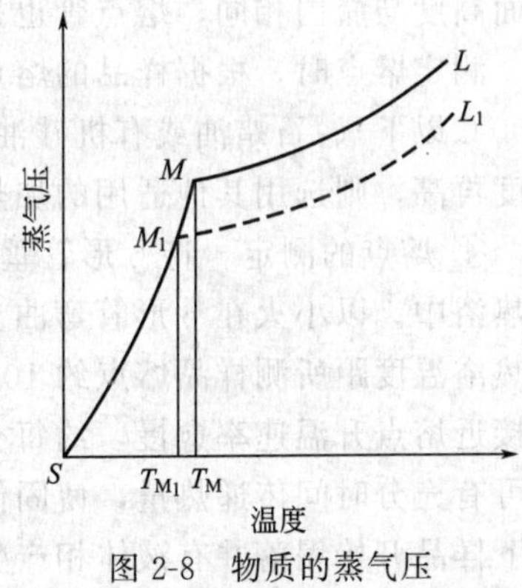

图 2-8　物质的蒸气压和温度的关系

程尽可能接近于两相平衡状态。

当含杂质时（假定两者不形成固熔体），根据拉乌尔定律可知，在一定的压力和温度条件下，在溶剂中增加溶质，导致溶剂蒸气分压降低（见图2-8中M_1L_1），固液两相交点M_1即代表含有杂质化合物达到熔点时的固液相平衡共存点，T_{M_1}为含杂质时的熔点，显然，此时的熔点较纯物质低。应当指出，如有杂质存在，在熔化过程中固相和液相平衡时的相对量在不断改变，因此两相平衡不是一个温度点T_{M_1}，而是从最低共熔点（与杂质能共同结晶成共熔混合物，其熔化的温度称为最低共熔点）到T_{M_1}一段。这说明杂质的存在不但使初熔温度降低，而且使熔程变长，因此测熔点一定要记录初熔和全熔的温度。

2.4.1.2 测定熔点的方法

(1) 毛细管测定熔点

① 熔点管的制作　取长60～70mm、直径1～1.5mm的毛细管，用小火将一端封口，作为熔点管。

② 样品的装入　放少许（约0.1g）待测熔点的干燥样品于干净的表面皿上，研成粉末并集成一堆，将熔点管开口端向下插入粉末中，然后将熔点管开口端朝上轻轻在实验台面上敲击，或取一支长约30～40cm的干净玻璃管，直立于表面皿上，将熔点管从玻璃管上端自由落下，使粉末样品紧密装填在熔点管下端，如此反复数次直到熔点管内样品高度约2～3mm，每种样品装2～3根。装入样品如有空隙，则传热不均匀，影响测定结果。沾于管外的粉末须拭去，以免沾污加热液体。

③ 加热装置　加热装置的设计关键是要使其受热均匀，便于控制和观察温度。实验室常用的是提勒管和双浴式两种。

a. 提勒管　又称b形管，如图2-9(a) 所示。管口装有开口软木塞，温度计插入其中，刻度面向木塞开口，其水银球位于b形管上下两叉管口之间，装好样品的熔点管借少许溶液黏附于（或用橡皮圈固定）温度计下端，使装有样品的部分置于水银球侧面中部。b形管中装入加热液体（浴液），高度高于上叉管口即可。

b. 双浴式　如图2-9(b) 所示。将试管经开口软木塞插入250mL平底或圆底烧瓶内，直至离瓶底约1cm处，试管口也配一个软木塞插入温度计，其水银球距试管底0.5cm。瓶内装入约占烧瓶2/3体积的加热液体，试管内也放入一些加热液体，使其在插入温度计后，液面高度与瓶内相同，熔点管也按图2-9(a) 黏附于温度计上。

测定熔点时，根据样品的熔点选择加热介质。220℃以下可采用浓硫酸，亦可采用磷酸(300℃以下)、石蜡油或有机硅油等。220～320℃范围内可采用7∶3的浓硫酸和硫酸钾。若温度再高，则选用其他适用的加热介质或加热方式。

④ 熔点的测定　将b形管垂直夹在铁架台上，然后将固定有熔点管的温度计小心地插入热浴中。以小火在b形管弯曲支管的底部加热［见图2-9(a)］。开始时升温速率可稍快，当热浴温度距所测样品熔点约10～15℃时，放慢加热速率，大约保持在每分钟升高1～2℃，愈接近熔点升温速率愈慢，约每分钟0.2～0.3℃，升温速率是测得准确结果的关键。这样才可有充分时间传递热量，使固体熔化又可准确及时观察到样品的变化和温度计所示读数。记下样品开始塌落并有液体相产生（初熔）和固体完全消失时（全熔）的温度计读数，即为该化合物的熔程，熔化过程如图2-10所示。加热过程应注意观察是否有萎缩、软化、放出气体以及分解现象。

熔点测定至少应有两次重复数据。第二次测定时，必须待浴液温度降低至熔点以下

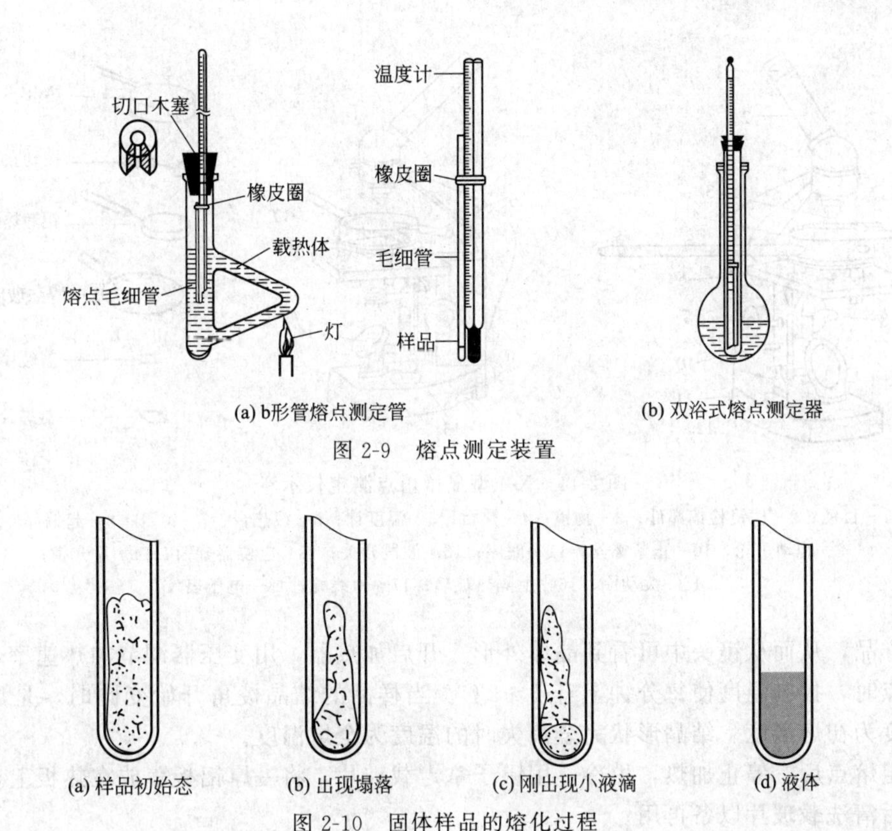

(a) b形管熔点测定管　　(b) 双浴式熔点测定器

图 2-9　熔点测定装置

(a) 样品初始态　　(b) 出现塌落　　(c) 刚出现小液滴　　(d) 液体

图 2-10　固体样品的熔化过程

20℃左右。每次测定必须用新的熔点管重新装样，不得将已测过的熔点管冷却，使样品固化后再作第二次测定。因为有时某些化合物部分分解，有些经加热会转变为具有不同熔点的其他结晶形式。

如果测定未知物的熔点，应先对样品粗测一次，加热可稍快，测得样品大致的熔程后，第二次再作准确的测定。

熔点测定后，温度计的读数须对照校正图进行校正。

要等熔点浴冷却后，方可将加热液倒回瓶中。温度计冷却后，用纸擦去热液方可用水冲洗，以免温度计水银球破裂。

对于易升华的化合物，可将装有样品的熔点管上端封闭后，全部浸入加热液中进行测定。

对于易吸潮的化合物，应尽快装样，并立即将熔点管上端封闭，以免测定过程中吸潮影响结果。

(2) 显微熔点测定仪测定熔点

毛细管法测定熔点，优点是简单、方便，但不能观察晶体在加热过程中的变化。为了克服这一缺点，可采用显微熔点测定仪。

显微熔点测定仪可测量微量样品（2～3 颗小粒晶体），测量熔点为室温～300℃的样品，可观察晶体在加热过程中的变化情况，如升华、分解等。这类仪器型号较多，图 2-11 为其中一种，具体操作如下。

将研细微量样品放在两片洁净的载片玻璃之间，放在加热台上。调节镜头，使显微镜焦

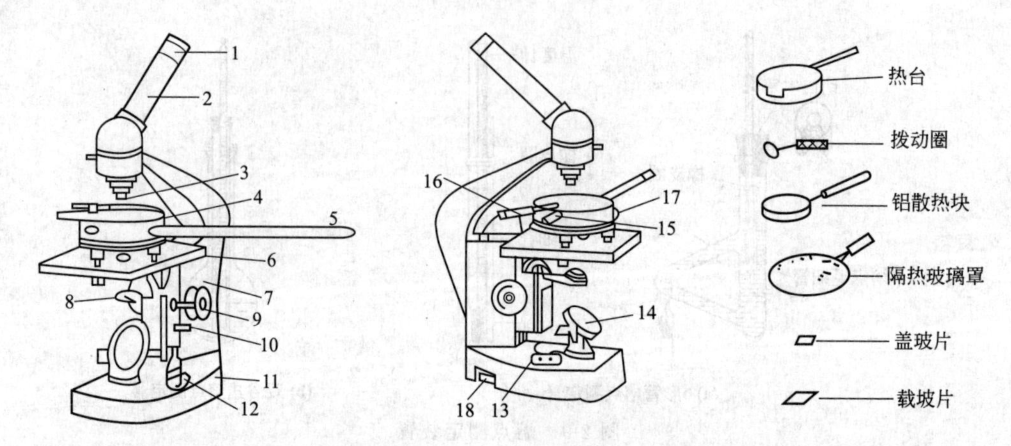

图 2-11 X-4 型显微熔点测定仪示意

1—目镜；2—棱镜检偏部件；3—物镜；4—热台；5—温度计；6—载热台；7—镜身；8—起偏部件；9—粗动手轮；10—止紧螺丝；11—底座；12—波段开关；13—电位器旋钮；14—反光镜；15—拨动圈；16—上隔热玻璃；17—地线柱；18—电压表

点对准样品，从而从镜头中可看到晶体外形。开启加热器，用变压器调节加热速率，当接近样品熔点时，控制温度使每分钟上升 1～2℃。当样品的结晶棱角开始变圆时，是熔化的开始，温度为初熔温度。结晶形状完全消失时的温度为全熔温度。

测定熔点后，停止加热，稍冷，用镊子拿走载玻片，将一厚铝板盖放在热板上，加快冷却，然后清洗载玻片以备再用。

2.4.1.3 温度计的校正

用上述方法测定熔点时，熔点的读数与实际熔点之间常有一定的差距，原因是多方面的，温度计的影响是一个重要因素。温度计刻度划分为全浸式和半浸式两种，全浸式温度计的刻度是在温度计的汞线全部均匀受热的情况下刻出来的，而在测熔点时仅有部分汞线受热，因而露出来的汞线温度当然较全部受热者为低。另外长期使用的温度计，玻璃也可能发生形变使刻度不准。为了校正温度计，可选一套标准温度计与之比较。通常也可采用纯有机化合物的熔点作为校正的标准。通过此法校正的温度计，上述误差可以消除。校正时只要选择数种已知熔点的纯有机化合物作为标准，以实测的熔点为纵坐标，实测的熔点与标准熔点（文献值）的差值为横坐标作图，可得校正曲线。利用该曲线可直接读出任一温度的校正值。

用熔点方法校正温度计的标准化合物的熔点如表 2-5 所示，校正时可具体选择其中几种。

表 2-5 校正温度计用的标准样品

化 合 物	熔点/℃	化 合 物	熔点/℃
冰	0	苯甲酸	122.4
α-萘胺	50	尿素	132.7
二苯胺	53～54	二苯基乙醇酸	151～152
对二氯苯	53	水杨酸	159
苯甲酸苯酯	70	对苯二酚	170～171
萘	80.5	2,4-二硝基苯甲酸	182～183
间二硝基苯	89～90	蒽	217
二苯乙二酮	95～96	酚酞	262～263
乙酰苯胺	114.3		

零点的确定最好用蒸馏水和纯冰的混合物，在一个15cm×2.5cm的试管中放入蒸馏水20mL，将试管浸在冰盐浴中，至蒸馏水部分结冰，用玻璃棒搅动使之成冰-水混合物，将试管从冰盐浴中移出，然后将温度计插入冰-水中，用玻璃棒轻轻搅动混合物，到温度恒定2~3min后再读数。

实验2　熔点的测定（Determination of Melting Points）

【实验目的】

学习熔点的测定原理及操作方法。

【实验原理】

见2.4.1.1节。

【试剂与仪器】

仪器：提勒管（b形管），毛细管。

药品：乙酰苯胺（熔点114~115℃），苯甲酸（熔点121~122℃），水杨酸（熔点158~159℃），肉桂酸（熔点132~133℃），萘（熔点80~80.5℃），未知物。

用浓硫酸或液体石蜡作加热介质。

【基本操作预习】

熔点的测定(http://202.118.167.67/jpkdata/video/yjhx22/yjhxsy/rongdian.htm)

【实验要求】

首先测定已知物的熔点，每个样品至少有两次平行结果。然后取未知物测定其熔点。

【思考题】

(1) 测熔点时，若有下列情况将产生什么结果？

① 熔点管壁太厚。

② 熔点管底部未完全封闭，尚有一针孔。

③ 熔点管不洁净。

④ 样品未完全干燥或含有杂质。

⑤ 样品研得不细或装得不紧密。

⑥ 加热太快。

(2) 是否可以使用第一次测熔点时已经熔化了的有机样品再作第二次测定？为什么？

(3) 测定熔点有什么意义？

(4) 已测得甲、乙两样品的熔点均为130℃，将它们以任何比例混合后测得的熔点仍为130℃，这说明什么问题？

(5) 加热快慢为何影响熔点？在什么情况下加热可以快一些，在什么情况下加热则要慢一些？

2.4.2　有机化合物沸点的测定

沸点是液体有机化合物重要的物理常数之一，在使用、分离和纯化液体有机化合物的过程中具有重要意义。

2.4.2.1　实验原理

当液态化合物受热时，其蒸气压将随温度的升高而增大。当液体的蒸气压与外界气压相等时，液体开始沸腾，此时的温度称为该液体的沸点。在一定压力下，纯液体的化合物都有一定的沸点，而且沸程也很小，一般为1～2℃。

沸点的测定有常量法和微量法两种。常量法的装置和操作方法与蒸馏操作相同。液体不纯时沸程很长，在这种情况下无法确定液体沸点，应先把液体用其他方法提纯后再进行测定。如果提供的液体不足以作沸点的常规测定（溶液的量在10mL以下），应采用微量法测定沸点。沸点的微量测定法很多，这里介绍最常用的方法。

2.4.2.2 微量法测定沸点

取一根长约10～15cm、直径为4～5mm的细玻璃管，用小火封闭一端作为沸点管的外管，向其中加2～3滴待测液体。把一根测熔点用的毛细管开口向下放入这个外管中，用橡皮圈将沸点管固定在温度计上［见图2-12(a)］，然后放入提勒管中［见图2-12(b)］，做好一切准备后开始加热提勒管。开始时有小气泡从毛细管中逸出。继续以稳定的速率升温，大约每分钟上升4～5℃，直到有连续和迅速的气泡流从毛细管的下口逸出，停止加热，让体系慢慢冷却，产生气泡速率亦随之减慢。当气泡完全停止产生，液体开始流回毛细管的一瞬间（即最后一个气泡刚欲缩回至毛细管中时），毛细管内的蒸气压与外界压力相等，记下温度，即为该液体样品的沸点。待温度下降15～20℃后，可重新加热再测一次（两次所得数值不得相差1℃）。

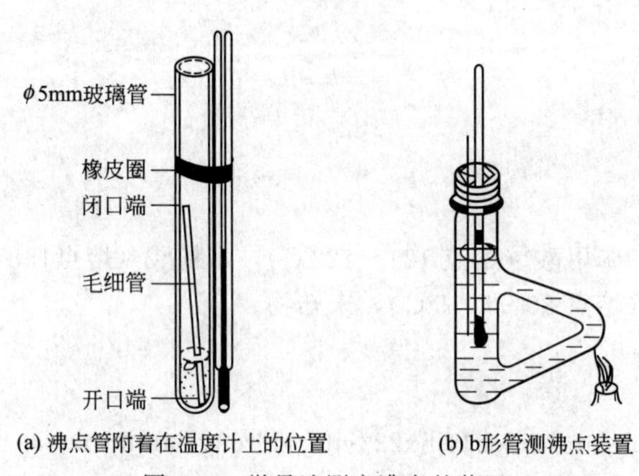

(a) 沸点管附着在温度计上的位置　(b) b形管测沸点装置

图2-12　微量法测定沸点的装置

影响沸点测定的主要因素是温度计的准确性以及大气压的影响。在测定未知样品的沸点时，为了得到可靠的实验结果，需用标准品做对照实验的方法来进行校正。在大多数情况下，准确度可达0.5～0.1℃，而无需复杂的仪器。此法的进行方式如下：按上述的方法测定未知物的沸点，紧接着用同样的方法测定一个标准品（见表2-6）的沸点，此标准样品的结构及沸点都应与待测样品最为接近。将实验条件下所测出的标准样品的沸点与标准样品在标准压力下的沸点之间的差值作为待测样品沸点的校正值。

表2-6　测定沸点用的标准样品

化合物	沸点/℃	化合物	沸点/℃
溴乙烷	38.4	环己醇	161.1
丙酮	56.2	苯胺	184.1
氯仿	61.2	苯甲酸甲酯	199.5
四氯化碳	76.5	硝基苯	210.8
苯	80.1	水杨酸甲酯	223.3
水	100.0	对硝基甲苯	238.5
甲苯	110.8	二苯甲烷	264.4
氯苯	132.2	α-溴萘	281.2
溴苯	156.4	二苯酮	305.9

例如，某一化合物在84.5℃沸腾，在相同实验条件下，与它结构相近、沸点相近的标

准参考样品苯的沸点是 79.5℃。由表 2-6 查知，苯在标准压力下的沸点是 80.1℃，因此该化合物校正到标准压力下的沸点应该是 84.5+0.6=85.1℃。

2.4.3　折射率的测定

折射率是有机化合物最重要的物理常数，它能精确而方便地被测出来。作为液体物质纯度的标准，它比沸点更为可靠，利用折射率，可鉴定未知化合物。

折射率也用于确定混合物的组成。在蒸馏两种或两种以上的液体混合物且当各组分的沸点彼此接近时，则可利用折射率来确定馏分的组成。因为当各组分的结构相似和极性小时，混合物的折射率和组分物质量之间常呈线形关系。

(1) 实验原理　光在两个不同介质中的传播速率是不同的。光从一种介质进入另一介质时，当它的传播方向与两个介质的界面不垂直时，光的传播方向会发生改变，这种现象称为光的折射。根据折射定律，波长一定的单色光线在确定的外界条件（温度、压力等）下，从介质 A 进入到另一介质 B 时，入射角为 α，折射角为 β，如图 2-13 所示。若介质 A 为空气，将其作为标准物质，则折射率：

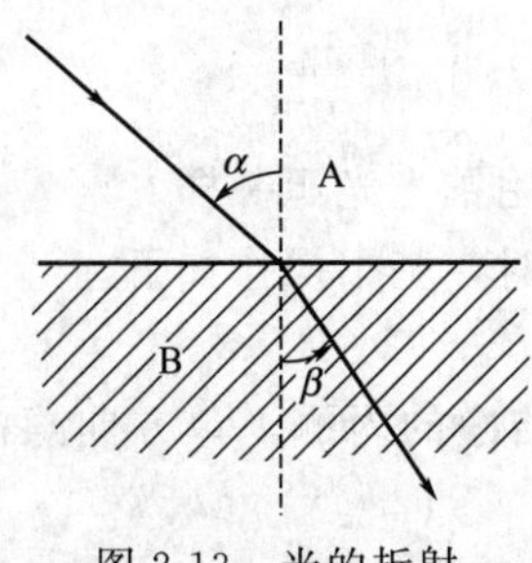

图 2-13　光的折射

$$n=\frac{\sin\alpha}{\sin\beta}$$

物质的折射率与物质的结构和光线的波长有关，而且也受温度和压力等因素的影响。所以表示折射率需注明所用的光线和测定时的温度，常用 n_D^t 表示。D 表示波长为 589nm 的钠光，t 表示测定时的温度。在许多有机物中，当温度升高 1℃，折射率就下降 0.0004；但当温度相差太悬殊时，往往不完全准确。压力对折射率的影响不很明显，所以只有在要求很精密时，才考虑压力的影响。

折射率用折光仪测定。有机化学实验室中所用的标准仪器是阿贝（Abbé）折光仪，有单筒和双筒两种，其构造如图 2-14 所示。

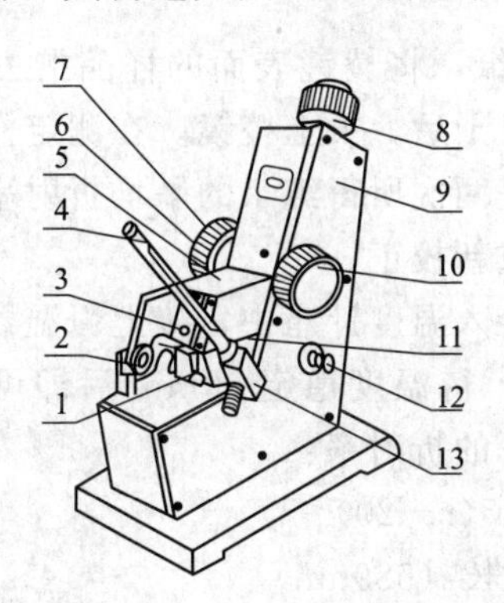

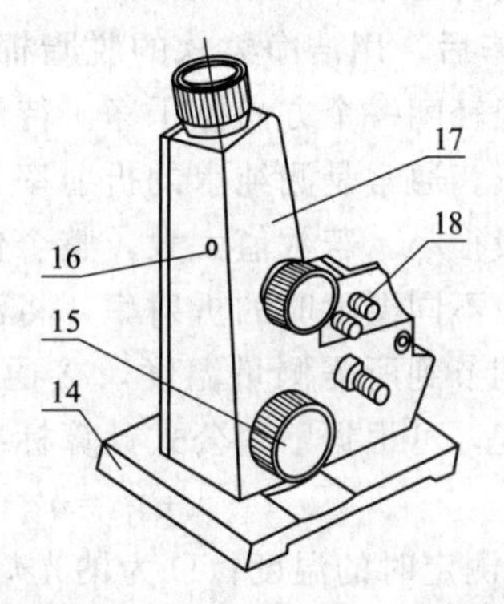

图 2-14　阿贝折光仪结构示意

1—反射镜；2—转轴；3—遮光板；4—温度计；5—进光棱镜座；6—色散调节手轮；7—色散值刻度圈；8—目镜；9—盖板；10—手轮；11—折射棱镜座；12—照明刻度盘聚光镜；13—温度计座；14—底座；15—刻度调节手轮；16—小孔；17—壳体；18—恒温器接头

为测定 β 值，阿贝折光仪采用了“半明半暗”的方法，就是让单色光从 0°～90°的所有角度由介质 A 射入介质 B，这时介质 B 中折射角以内的整个区域都有光线通过，是明亮的；而折射角以外的全部区域都没有光线通过，是黑暗的，明暗两区域的界线清楚。从目镜观察，可以看到界线清晰的半明半暗的现象，如图 2-15(a) 所示。

介质不同，折射角也不同，目镜中明暗两区的界线位置也不一样。在目镜中刻有一个十字交叉线，调整介质 B 与目镜的相对位置，使明暗两区的交界线总是通过十字交叉线的交点［见图 2-15(b)］。通过测定相对位置（角度），经过换算，便可得到折射率。从阿贝折光仪的标尺刻度可直接读出经换算后的折射率。

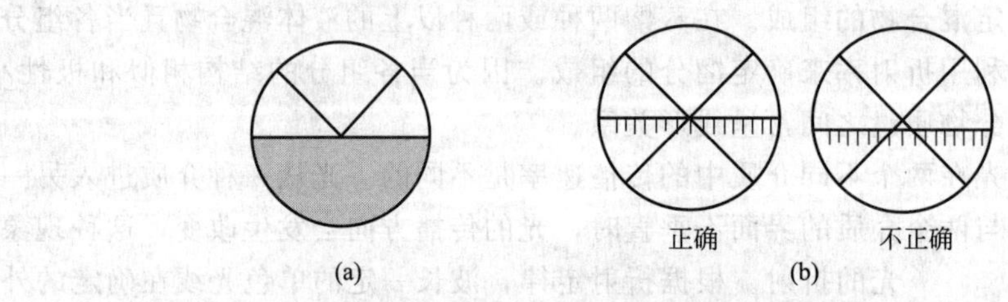

图 2-15　折光仪测定半明半暗现象

阿贝折光仪有消色散系统，可直接使用日光，所测折射率与使用钠光光源一样。

(2) 仪器的操作步骤　用阿贝折光仪测定有机化合物的折射率时，基本操作如下。

① 将折光仪置于光源充足的桌面上，记录温度计所示温度。

② 旋开棱镜的锁紧扳手打开棱镜，用干净的脱脂棉球蘸少许洁净的丙酮，单方向擦洗反射镜和进光棱镜（切勿来回擦）。

③ 待溶剂挥发干后，用滴管将待测液体滴加到进光棱镜的磨砂面上 2～3 滴，关紧棱镜，使液体夹在两棱镜的夹缝中呈一液层，液体要充满视野，无气泡。若被测液体是易挥发物，则在测定过程中，需从棱镜侧面的小孔注加样液，保证样液充满棱镜夹缝。

④ 打开遮光板 3，合上反射镜 1，调节目镜 8 视度，使十字线成像清晰，旋转手轮 15 并在目镜视场中找到明暗分界线的位置，再转动手轮 6 使分界线不带任何色彩，微调手轮 15，使明暗分界线对准十字线的中心［见图 2-15(b)］，再适当转动聚光镜 12，使视场清晰。从镜筒读出折射率。

⑤ 测定完毕后，用洁净柔软的脱脂棉或镜头纸，将棱镜表面的样品揩去，再用蘸有丙酮的脱脂棉球轻轻朝一个方向擦干净。待溶剂挥发干后，关上棱镜。在测定样品之前，对折光仪应进行校正。通常是测纯水的折射率，将重复两次所得纯水的平均折射率与其标准值比较。校正值一般很小，若数值太大，整个仪器应重新校正。

若需测量在不同温度时的折射率，将温度计旋入温度计座中，接上恒温器的通水管，把恒温器的温度调节到所需测量温度，接通循环水，待温度稳定 10min 后即可测量。如果温度不是标准温度，可根据下列公式计算标准温度下的折射率：

$$n_D^{20}=n_D^t-0.00045(t-20)$$

式中，t 为测定时的温度；D 为钠光灯 D 线波长（589nm）。

(3) 注意事项

① 使用折光仪前后都应仔细认真地擦洗棱镜面，并待晾干后再关闭棱镜。

② 折光仪的棱镜必须注意保护，不得被镊子、滴管等用具造成刻痕。不能测定强酸、强碱等有腐蚀性的液体。

③ 仪器在使用和储藏时均不得置于日光照射下或靠近热的地方，用完后必须将金属匣内水倒净，并封闭管口。然后将仪器装入木箱，置于干燥处保存。

④ 大多数有机物液体的折射率在 1.3000～1.7000 之间，若不在此范围内，就看不到明

暗界面，所以不能用阿贝折光仪测定。

(4) 思考题

① 为什么液体的折射率总在 1.3000～1.7000 之间而不会是 1?

② 擦洗棱镜时应注意什么?

③ 阿贝折光仪没有用钠的 D 光作光源，为什么结果却相同?

2.4.4 旋光度的测定

旋光度的测定对于研究具有旋光性的分子构型及确定某些反应机理具有重要的作用。在给定的条件下，测得的旋光度通过换算，可得到旋光性物质的特征物理常数比旋光度，从而计算出旋光性物质的光学纯度。

2.4.4.1 基本原理

有机化合物的分子结构不对称时，它可以使通过的平面偏振光的振动平面偏转一定角度。这种现象称为“旋光”，具有这种性质的化合物称为旋光性物质。偏振光通过旋光性物质后，振动平面所旋转的角度称旋光度，用 α 表示。使偏振光振动平面向右旋转的为右旋物质，用 (+) 表示；使偏振光振动平面向左旋转的为左旋物质，用 (−) 表示。

物质的旋光度大小除与物质的本性有关外，还与待测液的浓度、样品管的长度、测量时的温度、测量所用光的波长以及溶剂的极性等有关，常用比旋光度 $[\alpha]$ 来比较各种旋光性物质的旋光能力。比旋光度是物质的特征常数之一，可以在手册中查到。实测旋光度与比旋光度的关系是：

$$[\alpha]_\lambda^t=\frac{\alpha}{Lc}$$

式中，α 为测得的旋光度；L 为样品管的长度，dm；c 为溶液的浓度，g/mL。

2.4.4.2 旋光仪的构造及测量基本原理

实验室中常用旋光仪来测定旋光度，旋光仪的类型很多，但其主要部件和测量原理基本相同，如图 2-16 所示。

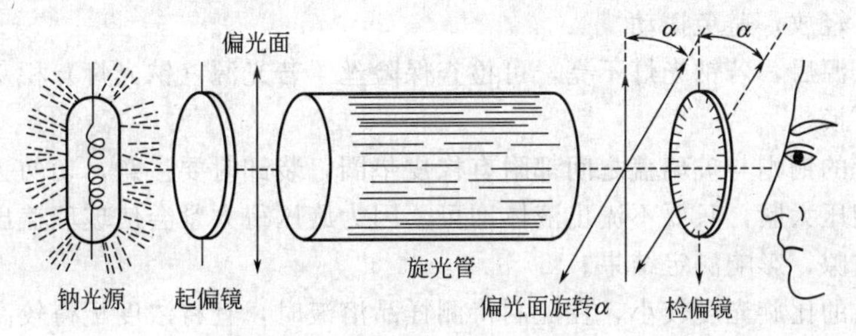

图 2-16　旋光仪结构示意

由光源出发的自然光经起偏镜变为单一方向上振动的偏振光。当此偏振光通过盛有旋光性物质的旋光管时，振动方向旋转一定角度。此时调节附有刻度盘的检偏镜，使最大量的光线通过，检偏镜所旋转的角度和方向显示在刻度盘上，此即为实测的旋光度 α。

2.4.4.3 测定方法

(1) 溶液的配制　准确称取 100～500mg 的样品，然后加入适当溶剂使之溶解，再定容到 25mL 容量瓶中。通常采用的溶剂是水、甲醇或乙醇、氯仿、乙醇与吡啶的混合物等。溶液配成后须透明无不溶性杂质，否则需经过滤。液体样品亦可直接用于旋光度的测定，如果样品旋光度太大，可用较短的旋光管或者用适当溶剂稀释后再测。

（2）预热　接通电源，打开开关，预热5min，使钠光灯发光正常（稳定的黄光）后即可开始工作。

（3）样品管的装填　将旋光管的一头用玻璃盖和铜帽封上，然后将管竖起，口向上，注入溶液至管口，并使溶液因表面张力而形成的凸液面中心高出管顶，然后将旋光管上的玻璃盖贴在管口边上平移过去，使旋光管中不留空气泡，然后旋上铜帽。

（4）旋光仪零点的校正　将充满蒸馏水的旋光管放入旋光仪内，将刻度盘调至零点，观察零度视场三个部分亮度是否一致。若一致，说明仪器零点准确；若不一致，说明零点有偏差。此时应转动刻度盘手轮，使检偏镜旋转一定角度，直至视场内三个部分亮度一致，见图2-17。记下刻度盘上的读数（刻度盘上顺时针旋转为“+”、逆时针为“-”），重复此操作三次，取其平均值，作为零点值。若零点相差太大，则应重新调节。

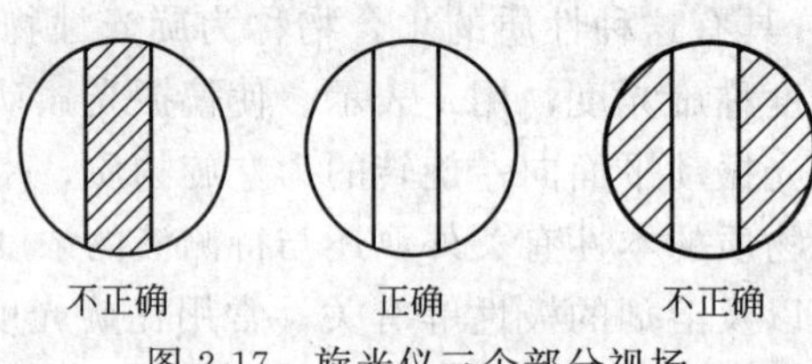

图2-17　旋光仪三个部分视场

（5）样品的测定　每次测量前应先用少量待测液体洗涤旋光管数次，以使浓度保持不变。然后按上述步骤装入待测液体进行测量。转动刻度盘带动检偏镜，当视场亮度一致时记下读数。每个样品的测量应重复三次，取其平均值。该数值与零点值的差值即为该样品的旋光度。记录所用旋光管的长度、测量时的温度，并注明所用的溶剂（如用水作溶剂则可省略）。测量完毕，将旋光管中的液体倒出，洗净吹干，并在橡皮垫上加滑石粉保存。

2.4.4.4　仪器使用注意事项

（1）仪器应放在干燥通风处，防止潮气侵蚀，尽可能在20℃的工作环境中使用仪器，搬动仪器应小心轻放，避免振动。

（2）打开电源后，若钠光灯不亮，可检查保险丝。若光源（钠光灯）积灰或损坏，可打开机壳擦净或更换。

（3）旋光管的铜帽与玻璃盖之间都附有橡皮垫圈，装卸时要注意，切勿丢失。铜帽与玻璃盖之间不可旋压太紧，只要不流出液体即可。因为旋压得太紧会使玻璃盖出现张力，致使旋光管内产生空隙，影响测定结果。

（4）若样品的比旋光度较小，在配制待测样品溶液时，宜将浓度配得较高，并选用长的旋光管。

实验3　葡萄糖旋光度的测定
(Determination of Glucose Optical Rotation)

【实验目的】

（1）了解旋光仪的构造及测定原理；

（2）掌握使用旋光仪测定物质旋光度的方法；

（3）通过测定旋光度计算比旋光度或确定物质的浓度。

【实验原理】

见2.4.4.1节和2.4.4.2节。

【实验药品】

10%的葡萄糖溶液；未知浓度的葡萄糖溶液。

【基本操作预习】

容量瓶和移液管的使用

【实验步骤】

(1) 溶液样品的配制　准确称取10g葡萄糖样品在100mL容量瓶中配成溶液。配制的溶液应透明，否则应过滤。

(2) 校正旋光仪零点（见2.4.4.3节）。

(3) 旋光度的测定　将10%的葡萄糖溶液装入旋光管测定旋光度（方法见2.4.4.3节），记下样品管的长度及溶液的温度，然后按公式计算其比旋光度。

(4) 通过测定未知浓度的葡萄糖溶液旋光度，确定其浓度。

【思考题】

(1) 已知葡萄糖在水中的比旋光度 $[\alpha]_D^{20}$ 为+52.5°，将某葡萄糖水溶液放在1dm长的旋光管中，在20℃测定旋光度为+3.2°，求此葡萄糖水溶液的浓度。

(2) 测定液体旋光度，要注意哪些问题？

2.5　液体有机化合物的分离和提纯（Separation and Purification of Liquids）

对于液体有机化合物的分离和提纯来说，应用最广泛的方法是常压蒸馏、水蒸气蒸馏、减压蒸馏、简单分馏等。这里主要介绍这些常见方法的基本原理和操作，并配有实例。

2.5.1　蒸馏（http://202.118.167.67/jpkdata/video/yjhx22/yjhxsy/zhengliu-1.htm）

将液体加热到沸腾，使其变为蒸气，然后再将蒸气冷凝为液体的操作过程称为蒸馏，也称为简单蒸馏。简单蒸馏是分离和提纯液体有机化合物最常用的方法之一，它不仅可以把易挥发的液体和不易挥发的物质分开，也可以分离两种或两种以上沸点相差较大（至少30℃以上）的液体混合物，同时还可以测定物质的沸点，定性检验物质的纯度，通过蒸馏还可以回收溶剂，或蒸出部分溶剂以浓缩溶液。

2.5.1.1　基本原理

液体分子由于分子运动可从其表面逸出，在液体上部形成蒸气。当分子由液体逸出的速率与分子由蒸气回到液体的速率相等时，液面上的蒸气达到饱和，它对液面所施加的压力称为饱和蒸气压。在一定的温度下，液体化合物具有一定的蒸气压。当液体的温度不断升高时，蒸气压也随之增加，直至液体的蒸气压与外界压力相等时会有大量的气泡从液体内部逸出，即液体开始沸腾，此时的温度定义为液体的沸点。

液体混合物加热沸腾时，液体上面的蒸气组成与液体混合物的组成不同，低沸点的组分易挥发，即沸点低的成分在气相中占的比例大。假如把在沸腾时液体上面的蒸气引出冷凝成液体，就得到低沸点组分含量较高的馏出液。若混合物中两个组分沸点相差30℃以上，当温度相对恒定时，收集到的馏出液将是原来混合物中的一个较纯组分。如果混合物中两个组分沸点相差较近（ΔT<30℃），用蒸馏的方法分离混合物中两种组分是不适用的，由于沸点

接近，各种组分的蒸气同时蒸出，只不过低沸点的组分高一些，难以达到分离和提纯的目的。因此，分离沸点相差较近的混合物就必须进行分馏，在下一节的实验操作中进行介绍。

纯的液体有机化合物在一定的压力下具有一定的沸点，但是具有固定沸点的液体不一定都是纯化合物，某些有机化合物常和其他组分形成二元或三元共沸混合物，它们也有一定的沸点（共沸点）。

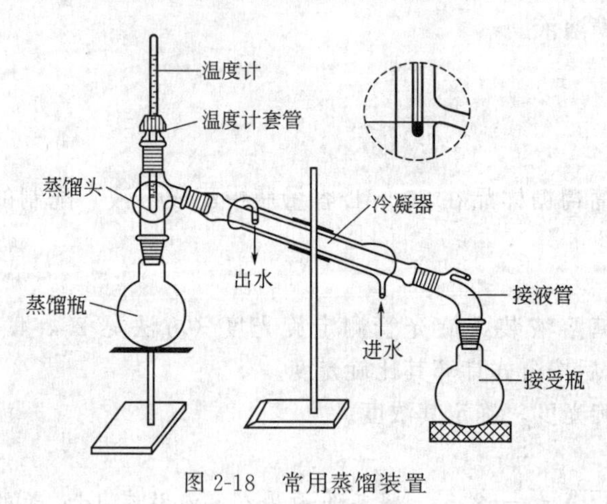

图 2-18　常用蒸馏装置

2.5.1.2　蒸馏装置

常压蒸馏最常用的装置是由蒸馏瓶、温度计、直形冷凝管、接液管和接受瓶组成（见图 2-18）。蒸馏瓶与蒸馏头之间常常借助于大小口接头连接，普通温度计是借助于温度计套管固定在蒸馏头的上口处，磨口温度计可直接插入蒸馏头，温度计水银球上端应与蒸馏头侧管的下限在同一水平线上，冷凝水应从冷凝管的下口流入，上口流出，以保证冷凝管的套管中始终充满水，如果接液管不带支管，则接液管与接受瓶之间不能用塞子连接，应与外界大气相通，以免整个蒸馏体系成封闭体系，使体系压力过大，温度升高，引起液体冲出体系造成火灾或发生爆炸。

2.5.1.3　蒸馏操作

（1）安装装置　安装仪器之前首先要根据所需蒸馏液体的体积确定蒸馏瓶的大小，通常液体的体积占蒸馏瓶容积的 1/2～2/3，安装仪器的顺序一般总是自下而上，从左到右，在铁架台上依次安装三脚架或铁圈（以电热套为热源时不用）、石棉网（水浴或油浴）和圆底烧瓶，圆底烧瓶用铁夹垂直夹好，瓶底距石棉网 1～2mm，用水浴锅时瓶底距锅底 1～2cm，装上蒸馏头和温度计，在另一个铁架台上安装冷凝管，用铁夹夹住中部，移动冷凝管，使其与蒸馏头支管紧密相连，塞紧后再夹好冷凝管，再依次接好接液管和接受瓶（通常使用锥形瓶）。整个装置要准确端正，做到横平竖直，无论从正面或侧面观察，全套仪器的轴线都要在同一平面内，铁架都应整齐地摆放在仪器的背部。

（2）加料　体系加料时，在蒸馏头上口放一长颈漏斗，长颈漏斗的下口处的斜面应超过蒸馏头支管，或直接沿着面对支管口的瓶颈壁小心将蒸馏液倒入蒸馏瓶中，再加入几粒助沸物（沸石），安装好温度计。再一次检查仪器的各部分连接是否紧密和妥善，是否装成了封闭体系。

助沸物常是敲碎成小粒的素瓷片、毛细管、玻璃沸石等多孔性物质，当液体加热沸腾时，助沸物内小气泡成为液体分子的气化中心，保证液体平稳地沸腾，不致因为过热而发生暴沸现象。切记不可将助沸物加入到接近沸腾的液体中，如果加热前忘记加入助沸物，必须移去热源，使液体冷却后再补加。如果沸腾中途停止过，则在重新加热前应加入新的助沸物。

（3）加热　体系加热时，要先接通冷凝水后再开始加热［蒸馏沸点在 140℃以上的液体常用空气冷凝管，见图 1-5(b)］。随着不断加热，瓶内液体逐渐沸腾，蒸气也随之上升，温度计读数也略有上升。当蒸气的顶端到达水银球部位时，温度计读数便直线上升。这时应

适当调节火焰或电压，控制蒸馏速率，通常蒸馏速率约每秒蒸出 1～2 滴为宜。蒸馏过程中，应使温度计水银球上保持有液滴，此时的温度即为液体与蒸气达到平衡的温度，温度计的读数就是馏出液的沸点。注意加热时火焰不能太大，否则会出现过热现象，一部分蒸气直接受到火焰热量，使温度计读得的沸点偏高；若蒸馏进行太慢，则由于温度计的水银球不能被馏出液蒸气充分浸润而使读得的沸点偏低。

（4）收集馏分　进行蒸馏时至少要准备两个接受瓶，在达到需要接收物质的沸点之前，常有沸点较低的液体先被蒸出，这部分馏出液称为“前馏分”或“馏头”。前馏分蒸完，温度趋于稳定后，馏出的便是较纯物质，即“馏分”，这时用另一个洁净干燥的接受瓶接收。记录开始馏出到最后一滴时的温度读数，即是该馏分的沸程（沸点的波动范围），液体的沸程可代表它的纯度，纯液体的沸程一般不超过 1～2℃。收集馏分时，沸程越小馏出物越纯，当温度超过沸程范围时，应停止接收。若混合液中含有高沸点杂质，在需要的馏分蒸出后，要继续加热，温度计读数会升高。若维持原来的加热速率，不再有馏出液蒸出，温度又突然下降后，就应停止蒸馏，即使杂质含量很少也不要蒸干，以免发生意外事故。

（5）停止蒸馏　馏分蒸完后，应先移去热源，待馏出物不再流出时，关掉冷凝水，取下接受瓶，保存好产品，然后按照相反的顺序拆卸仪器，并清洗干净、晾干。

（6）称量所收集馏分的质量，计算产率。

实验 4　工业乙醇的简单蒸馏
(Simple Distillation of Industrial Ethanol)

【实验目的】

（1）掌握蒸馏的原理和应用；

（2）熟练掌握蒸馏装置和蒸馏操作。

【实验原理】

常见的工业乙醇，其主要成分为乙醇和水，此外一般含有少量低沸点杂质和高沸点杂质，还可能溶解有少量固体杂质。利用简单蒸馏的方法可以将低沸物、高沸物及固体杂质除去，但必须注意的是水与乙醇常压下形成恒沸点为 78.1℃的共沸物，故不能将水和乙醇完全分开，蒸馏所得的是含乙醇 95.6%和水 4.4%的混合物，相当于市售的 95%乙醇。

【基本操作预习】

常压蒸馏(http://202.118.167.67/jpkdata/video/yjhx22/yjhxsy/zhengliu-1.htm)

【实验步骤】

按图 2-18 安装实验仪器[(1)]。

选用 100mL 圆底烧瓶作为蒸馏瓶，用长颈漏斗或沿着面对蒸馏瓶支管口的瓶颈壁小心注入 60mL 工业乙醇，加入 2～3 粒沸石，塞好带有温度计的塞子，准备好两个锥形瓶作为接受瓶，检查各磨口接头连接的严密性，开通冷凝水（注意水流方向应自下而上），使水流保持缓缓流动，水浴升温加热[(2)]，注意升温速率不要太快，观察瓶中产生气雾的情况和温度计的读数变化。当气雾升至温度计的水银球时，温度计的读数迅速上升，适当调节火焰使温度略微下降，以水银球上的液滴和蒸气达到平衡为宜。此时记下馏出第一滴液体时的温度。当温度升至 77℃左右时[(3)]，换一个已经称量过的洁净干燥的接受瓶，并调节馏出速率为 1～2 滴/s，收集至 79℃的馏分，温度超过 79℃时停止蒸馏[(4)]。

如果前馏分太少，当温度升至77℃时蒸气仍在冷凝管内流动，未滴入接受瓶，则应将最初接得的3～4滴液体舍弃后再更换接受瓶收集。如果瓶内只剩少量液体（约0.5mL），维持原来的加热速率不再有馏出液蒸出，或温度计的读数突然下降，而温度仍然未升至79℃，都应停止蒸馏，不宜将液体蒸干。

蒸馏完毕，停止加热，关闭冷凝水，取下接受瓶，稍冷后拆卸仪器，顺序与安装时刚好相反，清洗仪器，称质量或量体积，并计算回收率。

【注意事项】

(1) 蒸馏装置要保持气路畅通，仪器安装时铁夹不应夹得太紧或太松，以夹住后稍用力尚能转动为宜，否则装置不稳或损坏仪器。

(2) 蒸馏易挥发和易燃的物质时，不能用明火，会引起火灾，可使用水浴。

(3) 由于存在误差，温度计读数不一定是77℃，当观察到蒸气上升，温度计读数升高而后趋于稳定时，此时读数即是沸点起点。

(4) 应控制好蒸馏速率，不应太快或太慢，在蒸馏过程中，始终保持温度计水银球上有一稳定的液滴，这是气液两相平衡的象征，这时的温度便是液体的沸点。

【思考题】

(1) 蒸馏时加入沸石的作用是什么？若蒸馏进行中发现未加沸石该如何补加？重新蒸馏时用过的沸石可以继续使用吗？

(2) 温度计水银球上端在蒸馏头支管下限的水平线以上或以下，对测得的沸点会产生什么结果？

(3) 测得某种液体有固定沸点，能否认为它是纯的物质？为什么？

(4) 如果蒸馏的物质易受潮分解、易挥发、易燃或有毒，应采取什么措施？

(5) 蒸馏液体的沸点为140℃以上应选用什么冷凝管？为什么？

实验5　无水乙醇的制备（Preparation of Absolute Ethyl Alcohol）

【实验目的】

(1) 学习用95%的工业乙醇制备无水乙醇的原理；

(2) 掌握回流、蒸馏及无水操作；

(3) 掌握微量法测沸点的原理和方法，并测定无水乙醇的沸点。

【实验原理】

一般工业乙醇的纯度大约为95%，如果需要纯度更高的无水乙醇，可在实验室里将工业乙醇与氧化钙（生石灰）一起加热回流，使乙醇中的水与氧化钙作用，生成氢氧化钙来除掉水分。这样可得纯度达99.5%的无水乙醇，反应式为：

$$CH_3CH_2OH + H_2O + CaO \xrightarrow[\triangle]{\text{回流}} Ca(OH)_2 + CH_3CH_2OH$$

【基本操作预习】

回流（http://202.118.167.67/jpkdata/video/yjhx22/yjhxsy/hueiliu-1.htm）

常压蒸馏（http://202.118.167.67/jpkdata/video/yjhx22/yjhxsy/zhengliu-1.htm）

【实验步骤】

(1) 无水乙醇的制备　在50mL圆底烧瓶中加入20mL 95%工业乙醇和4g生石灰，再加2～3粒沸石后，装上回流冷凝管，在冷凝管的上端安装一个氯化钙干燥管，如图1-4(b)[1]。在水浴上回流加热半小时，稍冷却后取下冷凝管，改成蒸馏装置[2]，接液管的支管接一个氯化钙干燥管与大气相通，水浴加热蒸馏[3]。蒸去前馏分后，用干燥的锥形瓶作接受器，蒸馏至无液滴流出为止。称量无水乙醇的质量或量取体积，计算回收率。

(2) 测定无水乙醇的沸点　用微量法测定无水乙醇的沸点（原理及操作见2.4.2）。

【注意事项】

(1) 本实验中所用仪器均需干燥，由于无水乙醇具有强的吸水性，故在操作过程中和存放时应密闭以防止水汽的侵入。

(2) 改成蒸馏装置时，应重新加入几粒沸石。

(3) 由于氯化钙与水作用生成氢氧化钙，在加热时不分解，故可留在瓶中一起蒸馏。

【思考题】

(1) 回流装置为什么用球形冷凝管？

(2) 回流和蒸馏时为什么需加沸石？

(3) 为何用工业乙醇直接蒸馏的方法不能制备无水乙醇？

2.5.2　简单分馏（http://202.118.167.67/jpkdata/video/yjhx22/yjhxsy/zhengliu-2.htm

利用常压蒸馏可以分离两种或两种以上沸点相差较大（至少30℃以上）的液体混合物。对于沸点相差较小或沸点接近的液体混合物，则采用分馏柱进行分离和提纯，这种方法称为分馏。分馏在化学工业和实验室中应用广泛，现代最精密的分馏设备已能将沸点相差仅1～2℃的混合物分开，工程上称为精馏。

2.5.2.1　基本原理

分馏的基本原理与蒸馏相似，实际上分馏就是多次的蒸馏。分馏是应用分馏柱（工业上用分馏塔）将多次蒸馏在一套装置中完成的操作。在分馏实验过程中，把几种具有不同沸点的液体混合物加热沸腾，混合物蒸气进入分馏柱，受柱外空气冷却，沸点较高的组分易被冷凝为液体，冷凝液向下流动过程中又与上升的蒸气相互接触，二者进行热量交换，一方面蒸气中高沸点组分被冷凝下来，低沸点组分仍呈蒸气上升；另一方面冷凝液中的低沸点物质受热气化上升，高沸点组分仍呈液态下降。结果上升蒸气中低沸点组分含量增加，而下降的冷凝液中高沸点组分含量增多。如此在分馏柱内反复进行着气化-冷凝过程，便达到了多次蒸馏的效果。当分馏柱的效率相当高且操作正确时，在分馏柱顶部的蒸气几乎接近于纯低沸点的组分，最终便可将沸点不同的物质分离出来。

为了得到较好的分馏效果，在分馏过程中通常要维持恒定的蒸馏速率，选择合适的回流比。回流比是指在同一时间内返回分馏柱的液体量和馏出液体量之比，如一般控制回流比为4∶1，表示当返回分馏柱的液体量为每秒4滴时，馏出液体量为每秒1滴。增加回流比可提高混合物的分离效率，对于非常精密的分馏，可采用100∶1回流比的高效分馏柱。

在分馏（或蒸馏）过程中，有时可得到与纯化合物相似的混合物，具有固定的沸点和组成。将这种混合物加热至沸腾时，在气液平衡体系中气相组成和液相组成一样，不能使用分馏（蒸馏）法将其分离，只能得到按一定比例组成的混合物，称为共沸混合物（或恒沸混合物），沸点称为共沸点（或恒沸点）。共沸点若低于混合物中任一组分的沸点者称为低共沸混合物，也有高共沸混合物。如果用其他方法破坏了共沸物，再蒸馏（分馏）就可得到纯的化合物。如水可以与多种物质形成共沸混合物，在进行实验前要尽量除去水分。

2.5.2.2　分馏装置

实验室中常用的分馏装置如图 2-19 所示，它是由蒸馏烧瓶、分馏柱、蒸馏头、冷凝管和接受瓶组成，在分馏柱的顶端插一根温度计，温度计的水银球上端应与蒸馏头侧管的下限在同一水平线上。

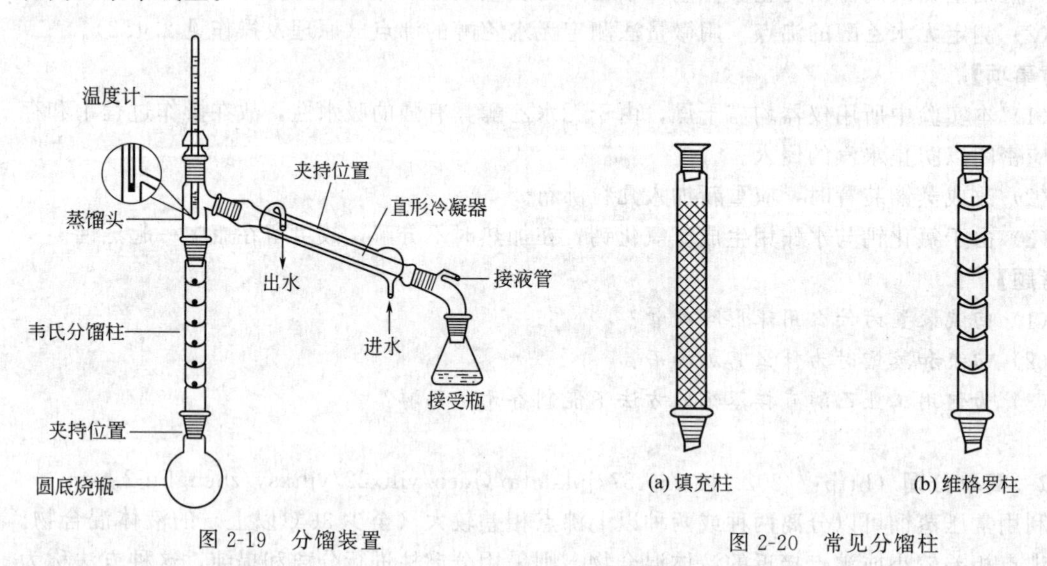

图 2-19　分馏装置　　图 2-20　常见分馏柱

分馏柱的种类很多，但基本特征是一致的，是一根长而垂直、柱身有一定形状的空管，或者在管中填以特制的填料，目的是增大液相和气相的接触面积，从而提高分馏效率。常用的有填充式分馏柱和刺形分馏柱。填充式分馏柱，如图 2-20(a)，是在柱内填上各种惰性材料，以增加表面积。填料包括玻璃珠、玻璃管、陶瓷或各种形状（螺旋形、马鞍形、网状等）的金属小片或金属丝。效率较高，适合于分离一些沸点差距较小的化合物。刺形分馏柱又称韦氏（Vigreux）分馏柱，如图 2-20(b) 所示，它是一根分馏管，中间一段每隔一定距离向内伸入三根向下倾斜的刺状物，在柱中相交，每堆刺形间排列成螺旋状。刺形分馏柱虽然结构简单，较填充式黏附的液体少，但和同样长度的填充柱相比，分馏效率低，适合于分离少量且沸点差距较大的液体。如果分离沸点相距很近的液体混合物，则必须使用精密分馏装置。

在分馏过程中，无论用哪种分馏柱，都要防止回流液体在柱内聚集，否则会减少液体和上升蒸气的接触，或者上升蒸气把液体冲入冷凝管中造成“液泛”，达不到分馏的目的。为了避免这种情况，通常在分馏柱外面包裹石棉绳、石棉布等保温材料，以保证柱内具有一定的温度梯度，防止蒸气在柱内冷凝太快，提高分馏效率。

2.5.2.3　分馏操作

简单分馏操作和蒸馏大致相同。

(1) 安装装置　安装分馏装置时与蒸馏装置的顺序一致，首先要保持烧瓶与分馏柱的中心轴上下对齐，不能倾斜，装好冷凝管，并在合适的位置夹好夹子，不要太紧，再接好接液管和接受瓶（通常使用锥形瓶），在接受瓶底端垫好支撑架，以防意外，装置中所有仪器都要干燥。

(2) 加热分馏　将待分馏的混合物加入圆底烧瓶中，加入 2～3 粒沸石，用石棉绳包裹分馏柱身，尽量减少柱的热量散发。选用合适的热浴进行加热，液体沸腾时调节加热温度，蒸气慢慢进入分馏柱，约 10～15min 后蒸气升至柱顶。在有馏出液流出后，调节浴温，使馏出液体的速率每滴为 2～3s，保证有相当数量的液体自分馏柱流回烧瓶，即保持合适的回流比，可达到比较好的分馏效果。待低沸点组分蒸完后，温度明显下降时更换接受瓶，再逐渐升温，至温度稳定后，再进行收集，如此便可分馏出沸点不同的各组分物质，至大部分馏出液蒸出为止。注意不要蒸干，以免发生危险。如馏出的温度是连续的，没有明显的阶段性，可将得到的馏出液继续进行第二次分馏。停止加热后，先关闭冷凝水，取下接受瓶，按相反的顺序拆卸仪器，进行清洗、晾干。量取各组分的体积，计算回收率。

实验 6　乙醇和水的分馏（Fractionation of Ethanol and Water）

【实验目的】

（1）学习分馏的基本原理及应用；

（2）掌握分馏的实验操作。

【实验原理】

见 2.5.2 节。

【基本操作预习】

分馏（http://202.118.167.67/jpkdata/video/yjhx22/yjhxsy/zhengliu-2.htm）

【实验步骤】

按图 2-19 装好分馏装置[(1)]，在 100mL 圆底烧瓶中加入 60mL 50％乙醇水溶液，加入 2～3 粒沸石，装上蒸馏瓶后检查各仪器接头处是否严密以及温度计水银球的位置和接受瓶的稳定性。开通冷凝水进行水浴加热，蒸馏瓶内液体开始沸腾后，瓶内蒸气慢慢地沿分馏柱上升，此时要控制好加热速率，使温度缓慢上升，以保持分馏柱中有一个均匀的温度梯度[(2)]。当第一滴馏出液流入接受瓶时，要及时记录此刻的温度（初馏点），待温度恒定后，控制馏出液速率，每 2～3s 馏出 1 滴为宜[(3)]。用三个接受瓶分别接收前馏分、77～80℃、80～90℃的馏分。当温度计读数达 95℃以上时停止分馏，冷却后将残液倒入第四个接受瓶中。量取各组分体积和残液体积，计算 77～80℃馏分的回收率。将收集液倒入指定的回收瓶中。

【注意事项】

（1）分馏柱外围也可用石棉包裹，以减少室内空气流动的影响，减少柱内热量的损失和波动，使实验操作平稳进行。

（2）分馏柱中的蒸气在未达到温度计水银球位置时，温度上升得很慢，此时加热的速率不能过猛，一旦蒸气上升到水银球位置时则温度会迅速上升。

（3）在分馏过程中要防止回流液在柱内聚集即液泛，控制好加热温度，以保持柱内均匀的温度梯度及合适的回流比。

【思考题】

（1）分馏和蒸馏在原理和装置上有何异同？

（2）若加热太快，蒸出液每秒钟的滴数超过一般要求量，分馏法分离两种液体的能力会显著下降，这是为什么？

（3）分馏实验时通常用水浴或油浴加热，它比直接用火加热有何优点？

（4）何谓共沸混合物，为何不能用分馏法分离共沸混合物？

(5) 在分离两种沸点相近的液体时，为什么填充柱比刺形分馏柱效果好？

2.5.3 减压蒸馏（http：//202.118.167.67/jpkdata/video/yjhx22/yjhxsy/zhengliu-4.htm）

有些有机化合物热稳定性较差，常常在受热温度还未到达其沸点就已发生分解、氧化或聚合。对这类化合物的纯化或分离就不宜采取常压蒸馏的方法，而应该在减压条件下进行蒸馏。减压蒸馏是分离提纯有机化合物的一种重要基本操作。

2.5.3.1 基本原理

液体的沸点是指它的蒸气压等于外界大气压时的温度，所以液体沸腾的温度是随外界压力的降低而降低的，因而如用真空泵连接盛有液体的容器，使液体表面上的压力降低，即可降低该液体的沸点，化合物可在较低温度下进行蒸馏，这种降低压力进行蒸馏的操作方法称为减压蒸馏（真空蒸馏）。

减压蒸馏时物质的沸点与压力有关，有时在文献中查不到与减压蒸馏选择的压力相应的沸点，则可根据下面的一个经验曲线（图 2-21），找出该物质在此压力下的沸点（近似值）。具体使用方法是用一把尺子将两点连接成一条直线，并与第三条相交，交点就是所要求的数值。

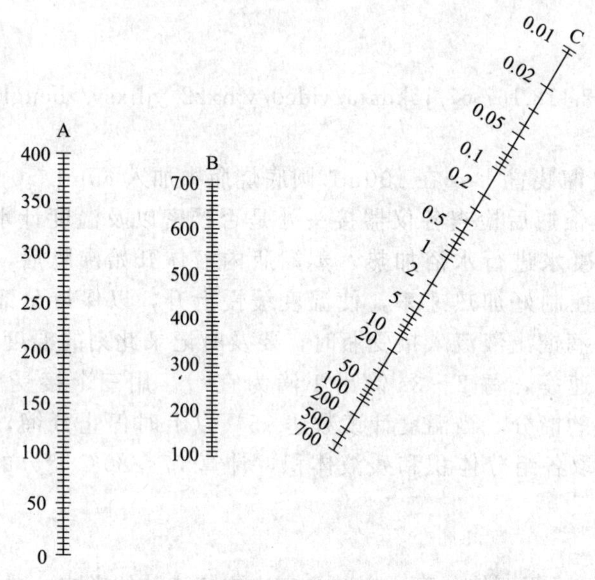

图 2-21 液体沸点、减压沸点与压力间的关系

A—沸点/℃(压力/mmHg 时)；B—沸点/℃(压力 760mmHg 时)；C—压力/mmHg

(按国家标准，压力单位为 Pa，1mmHg=133.322Pa)

如水在常压沸点为 100℃，减压到 2.666kPa(20mmHg) 时，它的沸点多少？

可先在 B 线上找到 100℃这一点，再在 C 线上找到 20mmHg 的点，将两点连成一直线，延长此直线与 A 线相交，交点所示的温度就是 2.666kPa 时水的沸点，约为 22℃。利用此图也可以估计常压下的沸点和减压时要求的压力。

在给定压力下的沸点还可近似地从下列公式求出：

$$\lg p = A + \frac{B}{T}$$

式中，p 为蒸气压；T 为沸点（热力学温度）；A、B 为常数。

如以 $\lg p$ 为纵坐标，$1/T$ 为横坐标作图，可以近似得一直线。因此可以由两组已知的

压力和温度算出 A 和 B 的数值。再将所选择的压力代入上式算出液体的沸点。

2.5.3.2　减压蒸馏装置

图 2-22 是常用的减压蒸馏装置，整个系统由蒸馏、吸收（包括测压）和减压三部分组成。

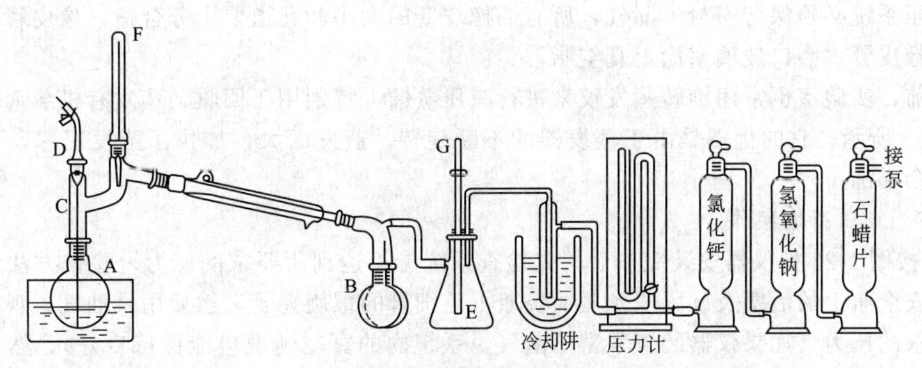

图 2-22　减压蒸馏装置

(1) 蒸馏部分　蒸馏部分常用克氏蒸馏烧瓶 A（双颈蒸馏烧瓶），有两个颈，目的是可以减少或避免液体沸腾时由于暴沸或泡沫的发生而溅入冷凝管中。瓶的一颈中插入温度计 F，另一颈中插入一根末端拉成毛细管的玻璃管 C，毛细管口距离瓶底约 1～2mm。目的是为了平稳地蒸馏，避免液体过热而产生暴沸溅跳现象。毛细管上端连有一段带螺旋夹 D 的橡皮管，用于调节进入瓶中的空气量，呈微小气泡冒出，作为液体沸腾的气化中心，使蒸馏平稳进行。

接受器 B 一般采用多尾接液管和圆底烧瓶连接。转动多尾接液管，就可使不同的馏分进入指定的圆底烧瓶（注意：切不可用平底烧瓶或锥形瓶）。

(2) 保护及测压部分　当用油泵进行减压时，为了防止易挥发的有机溶剂、酸性物质和水汽进入油泵，必须在馏液接受器与油泵之间顺次安装冷却阱和几种吸收塔，以免污染油泵用油、腐蚀机件致使真空度降低。

① 安全瓶　在冷却阱前安装一安全瓶 E。安全瓶一般采用吸滤瓶，壁厚耐压，瓶上配有二通活塞 G 用来调节压力及放气，起缓冲和防止倒吸等作用。

② 冷却阱　用来冷凝水蒸气和一些挥发性物质，冷却瓶外用冰-盐混合物冷却（必要时可用干冰-丙酮冷却）。

③ 水银压力计　测量减压系统的压力。一般采用 U 形管水银压力计（见图 1-17）。开口式水银压力计，两臂汞柱高度之差，即为大气压力与系统中压力之差。因此蒸馏系统内的实际压力（真空度）应是大气压减去这一压力差。封闭式水银压力计，两臂液面高度之差即为蒸馏系统中的真空度。

④ 吸收塔　常用三个。第一个装硅胶（或无水氯化钙），用来吸收水蒸气；第二个装粒状氢氧化钠，用来吸收酸性蒸气；第三个装石蜡片，用来吸收烃类气体。

(3) 减压部分　在有机化学实验室中通常使用水泵和油泵进行减压，若不需要很低的压力时可用水泵，水泵能抽到的最低压力，理论上相当于当时水温下的水蒸气压力。使用循环水多用真空泵，可使真空度达 100Pa 左右。若要较低的压力，就要使用油泵，好的油泵应能抽到 13.3Pa(0.1mmHg) 以下。油泵的好坏，取决于其机械结构和油的质量，因此必须十分注意油泵的保护，使用油泵时必须注意下列几点：

① 在蒸馏系统和油泵之间，必须装有吸收装置；

② 蒸馏前必须先用水泵彻底抽去系统中的有机溶剂的蒸气；

③ 如能用水泵抽气的，则尽量使用水泵；如蒸馏物中含有挥发性杂质，可先用水泵减压抽除，然后改用油泵。

减压系统必须保持密封不漏气，所有的橡皮塞的大小和孔道要十分合适，橡皮管要用真空用的橡皮管。磨口玻璃塞涂上真空脂。

目前，实验室也常用旋转蒸发仪来进行减压蒸馏，特别用于回收、蒸发有机溶剂，装置如图 1-15 所示。它的优点是由于蒸发器的不断旋转，蒸发面大，加快了蒸发速率，不加沸石也不会暴沸。

2.5.3.3 减压蒸馏操作

① 按图 2-22 把仪器安装完毕后，先检查系统能否达到所要求的压力，检查方法为：首先关闭安全瓶上的活塞及旋紧双颈蒸馏烧瓶上毛细管的螺旋夹子，然后用泵抽气。观察能否达到要求的压力（如果仪器装置紧密不漏气，系统内的真空情况应能保持良好)，然后慢慢旋开安全瓶上的活塞，放入空气，直到内外压力相等为止。

② 加入需要蒸馏的液体于双颈蒸馏烧瓶中，不得超过容积的 1/2，关好安全瓶上的活塞，开动抽气泵，调节毛细管导入空气量，以能冒出一连串的小气泡为宜。

③ 当达到所要求的低压时，且压力稳定后，便开始加热，热浴的温度一般较液体的沸点高出 20～30℃。液体沸腾时，应调节热源，经常注意压力计上所示的压力，如果不符，则应进行调节，蒸馏速率以 0.5～1.0 滴/s 为宜。待达到所需的沸点时，更换接受瓶，继续蒸馏。

④ 蒸馏完毕，除去热源，慢慢旋开夹在毛细管上的橡皮管的螺旋夹，并慢慢打开安全瓶上的活塞，平衡内外压力，使压力计的水银柱缓慢地恢复原状，然后关闭抽气泵。此处应注意两点：第一，旋开螺旋夹和打开安全瓶均不能太快，否则水银柱会很快上升，有冲破压力计的可能；第二，必须待内外压力平衡后，才可关闭抽气泵，以免抽气泵中油反吸入干燥塔。最后按安装的反程序拆除仪器。

在减压蒸馏过程中务必戴上护目眼镜。

实验 7 呋喃甲醛的减压蒸馏
(Vacuum Distillation of Furaldehydes)

【实验目的】

(1) 学习减压蒸馏的原理；

(2) 掌握减压蒸馏的实验操作。

【实验原理】

呋喃甲醛，亦名糠醛，无色液体，沸点 161.7℃，久置会被缓慢氧化而变为棕褐色甚至黑色，同时往往含有水分，所以在使用前常需蒸馏纯化。由于它易被氧化，最好采用减压蒸馏以便在较低温度下蒸出。但若蒸出温度太低，其蒸气不易冷凝液化，所以需选择一合适的馏出温度。通常把蒸馏温度选择在 55～80℃之间，不仅水浴加热方便，而且冷凝液化容易。用直尺可以求出呋喃甲醛的减压沸点为 55～80℃时所需的真空度约为 17mmHg(2.27kPa)～60mmHg(8.0kPa)。新蒸的呋喃甲醛为无色或淡黄色液体。

【基本操作预习】

减压蒸馏（http：//202.118.167.67/jpkdata/video/yjhx22/yjhxsy/zhengliu-4.htm）

【实验步骤】

选用 100mL 蒸馏瓶、150℃温度计、双尾接液管，用 25mL 和 50mL 圆底烧瓶分别作为前馏分和主馏分的接受瓶，以水浴为热浴，按照图 2-22 安装装置。为使系统密闭性好，磨口仪器的所有接口部分都必须用真空脂润涂好，检查仪器不漏气后，小心地将克氏蒸馏头上口的橡皮塞连同毛细管一起轻轻拔下（注意不要碰断毛细管），通过漏斗加入待蒸呋喃甲醛 40mL，然后重新装好毛细管。

打开毛细管上螺旋夹和安全瓶上活塞，开启油泵(1)，再缓缓关闭安全瓶上活塞，调节毛细管导入的空气量，以有成串的小气泡逸出为宜。当系统压力稳定后根据压力计的读数，用直尺在图 2-21 中求出该压力下的近似沸点。开启冷却水，水浴加热，缓缓升温蒸馏。当开始有液体馏出时，用 25mL 圆底瓶接收前馏分(2)。待沸点稳定时，旋转双尾接液管用 50mL 圆底烧瓶接收主馏分。蒸馏时馏出速率保持每秒 1～2 滴。减压蒸馏完毕，移去热源，待蒸馏瓶稍冷后，打开毛细管上螺旋夹，再缓缓开启安全瓶上的活塞，平衡内外压力，然后关闭抽气泵(3)。小心取下接受瓶，再按照与安装时相反的顺序依次拆除各件仪器，清洗干净。量取体积，计算呋喃甲醛的回收率。

【注意事项】

(1) 当被蒸馏物中含有低沸点的物质时，必须先用水泵减压蒸去低沸点物质，才可再用油泵减压蒸馏。

(2) 如果刚开始的馏出液的温度即在预期沸点附近且很稳定，也应将最初接收的 1～2 滴液体作为前馏分。

(3) 解除真空后，大量空气进入蒸馏系统，若瓶内温度太高，残留物遇到空气中的氧，可能被氧化分解，甚至发生意外，因此必须待蒸馏瓶内温度降低后，才能解除真空。

【思考题】

(1) 简述减压蒸馏原理、所需仪器设备及安装注意事项。

(2) 在减压蒸馏系统中为什么要有吸收装置？

(3) 为何在减压蒸馏时要用毛细管而不用沸石作为气化中心；如果毛细管堵塞不通，减压蒸馏时会发生什么问题，如何处理？

(4) 减压蒸馏完所要的化合物后，应如何停止减压蒸馏，为什么？

2.5.4 水蒸气蒸馏（http：//202.118.167.67/jpkdata/video/yjhx22/yjhxsy/zhengliu-3.htm）

水蒸气蒸馏操作是将水蒸气通入不溶或难溶于水但有一定挥发性的有机物（近 100℃时其蒸气压至少为 1.33kPa）中，使该有机物在低于 100℃的温度下，随着水蒸气一起蒸馏出来，是纯化分离有机化合物的重要方法之一。此法常用于下列几种情况：

① 用于纯化沸点高、热稳定性差、高温易分解的化合物；

② 混合物中含有大量的树脂杂质或不挥发性杂质；

③ 从固体多的反应混合物中分离被吸附的液体产物。

2.5.4.1 基本原理

根据道尔顿分压定律，当与水不相混溶的物质和水共存时，整个体系蒸气压为各组分蒸气压之和，即：

$$p_{总}=p_A+p_B$$

式中，$p_{总}$ 代表总的蒸气压；p_A 为水的蒸气压；p_B 为与水不相混溶的物质的蒸气压。当各组分蒸气压总和等于外界大气压时，混合物开始沸腾，这时的温度即为它们的沸点。此沸点较任一个组分的沸点都低。因此在常压下利用水蒸气蒸馏，就能在低于100℃的情况下将高沸点组分与水一起蒸出来。

在水蒸气蒸馏的馏出液中，设水的质量为 m_A，有机物的质量为 m_B，则这两种物质在馏出液中的质量等于两者分压和它们的相对分子质量乘积之比：

$$\frac{m_A}{m_B}=\frac{M_A n_A}{M_B n_B}=\frac{M_A p_A}{M_B p_B}$$

M_A、M_B 分别为水和有机物的相对分子质量。例如将溴苯和水一起加热至95.5℃，水的蒸气压为86.1kPa，溴苯的蒸气压为15.2kPa。总的蒸气压为0.1MPa，混合物开始沸腾。将各自的蒸气压和相对分子质量代入上式，则：

$$m_A/m_B=86.1\times18/15.2\times157=6.5/10$$

亦即蒸出6.5g水能够带出10g溴苯，溴苯占馏出液总质量的61%。这是理论值，实际蒸出的水量要多些。如果被提纯物质蒸气压为0.13～0.67kPa，则其在馏出液中的含量仅占1%左右，甚至更低。因此一般利用水蒸气蒸馏分离提纯物质时，通常要求此物质在100℃左右时的蒸气压至少在1.33kPa左右。

2.5.4.2　水蒸气蒸馏操作

常用水蒸气蒸馏装置如图2-23所示。水蒸气发生器通常是铁制容器，如图2-24所示，也可用短颈圆底烧瓶代替，盛水量以其容积的3/4为宜，瓶口配一双孔软木塞。一孔插入一根长约1m，直径约5mm的玻璃管作为安全管，起到一个安全瓶的作用，管的下端接近底部，当容器内气压过高时，水便沿玻璃管上升；如系统堵塞，水便从安全管上口喷出。水蒸气发生器的另一孔插入内径约8mm的水蒸气导出管。导出管与一个T形管相连，T形管的支管套上一段橡皮管，橡皮管上用螺旋夹夹住，以便除去冷凝下来的水滴，同时若体系发生堵塞时，也可将其打开放气，T形管的另一端与蒸馏瓶的导入管相连。蒸馏瓶通常采用长颈圆底烧瓶（可使用三口烧瓶，更为方便），被蒸馏的液体体积不能超过其容积的1/3，向水蒸气发生器的方向倾斜45°，可避免由于蒸馏时液体跳动十分剧烈而引起液体从导出管冲出，污染馏出液。

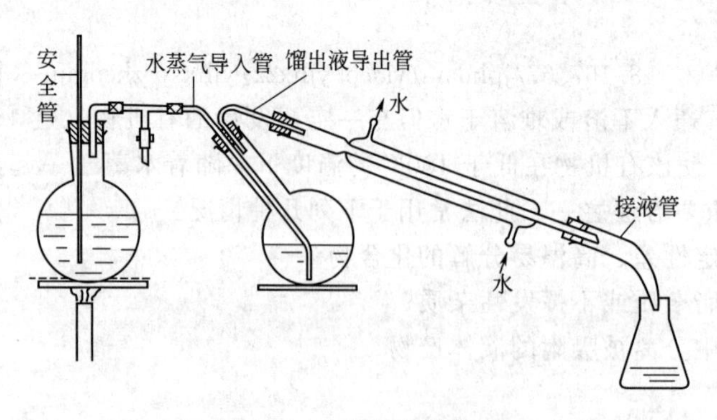

图2-23　水蒸气蒸馏装置

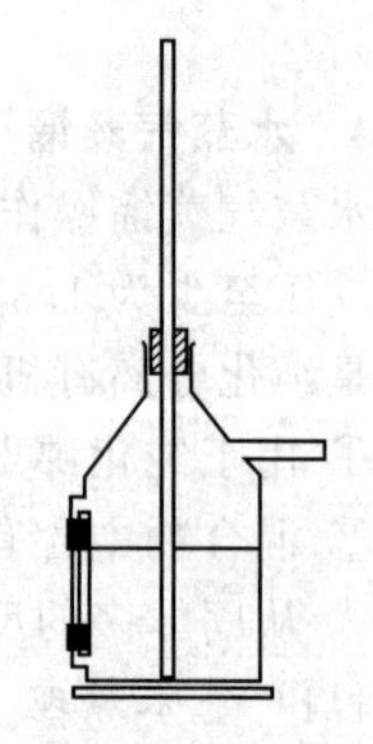
图2-24　金属制的水蒸气发生器

按照图 2-23 安装仪器，烧瓶内加入待分离的混合液。加热水蒸气发生器，直至接近沸腾后才将螺旋夹夹紧。使水蒸气均匀地进入圆底烧瓶。为了使蒸气不至在烧瓶中冷凝而积聚过多，必要时可在烧瓶下置一石棉网，用小火加热。必须控制加热速率使蒸气能全部在冷凝管中冷凝下来。如果随水蒸气挥发的物质具有较高的熔点，在冷凝后易于析出固体，则应调小冷凝水的流速，使它冷凝后仍保持液态。假如已有固体析出，并且接近阻塞时，可暂时关闭冷凝水，甚至需要将冷凝水暂时放出，以使物质熔融后随水流入接受器中。必须注意当冷凝管夹套中要重新通入冷却水时，要小心而缓慢，以免冷凝管因骤冷而破裂。万一冷凝管已被阻塞应立即停止蒸馏并设法疏通（如用玻璃棒将阻塞的晶体捅出或在冷凝管夹层中灌以热水使之熔出等方法）。

当蒸馏完毕或中途需要中断时，一定要首先打开螺旋夹接通大气，然后方可停止加热，以免蒸馏瓶内的液体倒吸入水蒸气发生器中。

实验 8　从橙皮中提取柠檬烯

（Isolation of Limonene from Orange Peel）

【实验目的】

（1）学习水蒸气蒸馏的原理及应用；

（2）掌握水蒸气蒸馏的实验操作。

【实验原理】

工业上常用水蒸气蒸馏的方法从植物组织中获取挥发性成分。这些挥发性成分的混合物统称精油，大都具有令人愉快的香味。从柠檬、橙子和柚子等水果的果皮中提取的精油90%以上是柠檬烯。

柠檬烯是一种单环萜，分子中有一个手性中心。其 *S*-(－)-异构体存在于松针油、薄荷油中；*R*-(＋)-异构体存在于柠檬油、橙皮油中；外消旋体存在于香茅油中。本实验是先用水蒸气蒸馏法把柠檬烯从橙皮中提取出来，再用二氯甲烷萃取，蒸去二氯甲烷以获得精油，然后测定其折射率和比旋光度。

CH_3

C　H

H_2C　CH_3

柠檬烯

【基本操作预习】

水蒸气蒸馏（http：//202.118.167.67/jpkdata/video/yjhx22/yjhxsy/zhengliu-3.htm）

蒸馏（http：//202.118.167.67/jpkdata/video/yjhx22/yjhxsy/zhengliu-1.htm）

分液漏斗（http：//202.118.167.67/jpkdata/video/yjhx22/yjhxsy/fenyie06.htm）

【实验步骤】

将 2～3 个（约 60g）橙子皮(1)剪成细碎的碎片，投入 250mL 长颈圆底烧瓶中，加入约 30mL 水，按照图 2-23 安装水蒸气蒸馏装置。

打开螺旋夹，加热水蒸气发生器至水沸腾，T 形管的支管口有大量水蒸气冒出时夹紧螺旋夹，打开冷凝水，水蒸气蒸馏即开始进行，可观察到在馏出液的水面上有一层很薄的油层(2)。当馏出液收集约 60～70mL 时，打开螺旋夹，然后停止加热。

将馏出液加入分液漏斗中，每次用 10mL 二氯甲烷萃取 3 次，合并萃取液，置于干燥的 50mL 锥形瓶中，加入适量无水硫酸钠干燥 0.5h 以上。

将干燥好的溶液滤入 50mL 蒸馏瓶中，用水浴加热蒸馏。当二氯甲烷基本蒸完后改用水泵减压蒸馏以除去残留的二氯甲烷[3]。最后瓶中留下少量橙黄色液体即为橙油，主要成分为柠檬烯。测定橙油的折射率和比旋光度[4]。

纯粹的柠檬烯的沸点 176℃；n_D^{20} 1.4727；$[\alpha]_D^{20}+125.6°$。

【注意事项】

(1) 橙皮最好是新鲜的，如果没有，干的亦可，但效果较差。

(2) 蒸馏过程中如发现水从安全管顶端喷出或出现倒吸现象，说明系统内压力过大，应立即打开 T 形管的螺旋夹，停止加热，待排除故障后，方可继续蒸馏。

(3) 也可用旋转蒸发仪直接减压蒸馏。

(4) 测定比旋光度可将几个人所得柠檬烯合并起来，用 95%乙醇配成 5%溶液进行测定。

【思考题】

(1) 安全管为什么不能抵住水蒸气发生器的底部?

(2) 苯甲醛（沸点 178.1℃）进行水蒸气蒸馏时，在 97.9℃ 沸腾，这时 $p(H_2O)=93.8$kPa，p(苯甲醛)=7.5kPa，请计算馏出液中苯甲醛的含量，结果说明了什么?

(3) 水蒸气蒸馏来分离和提纯的化合物应具备哪些条件?

2.6 萃取（Extraction）

溶质从一种溶剂向另一种溶剂转移的过程称为萃取，它是有机实验室中用来提取、纯化有机物的常用操作之一。通过该操作可以从反应混合物或动植物组织中提取出所需要的物质，也可以用来除去少量杂质，使产品得到纯化。

2.6.1 基本原理

萃取是利用物质在两种不互溶（或微溶）溶剂中溶解度或分配比的不同来达到分离、提取或纯化目的的操作。

分配定律是液-液萃取的主要理论依据。在两种互不相溶的混合溶剂中加入某种可溶性物质时，它能以不同的溶解度分别溶解在这两种溶剂中。实验证明，在一定温度下，若该物质的分子在此两种溶剂中的不发生分解、分离、缔合和溶剂化等作用，则此物质在两种溶剂中的浓度之比是一个常数，假如一种物质在两液相 A 和 B 中的浓度分别为 c_A 和 c_B，则在一定温度下，$c_A/c_B=K$，K 是一个常数，称为分配系数，这种关系式称为分配定律。K 可以近似地作为物质在两溶剂中的溶解度之比。

当用一定量的溶剂从水溶液中萃取有机化合物时，是采取一次萃取还是多次萃取？可以用上面的分配系数公式来进行推导说明。设在 V(mL) 的水中溶解 m_0(g) 的物质，每次用 V_s(mL) 与水不互溶的有机溶剂重复萃取。假如 m_1(g) 为萃取一次后留在水溶液中的物质质量，则在水中的浓度和在有机相中的浓度分别为 m_1/V 和 $(m_0-m_1)/V_s$，两者之比等于 K，亦即：

$$\frac{m_1/V}{(m_0-m_1)/V_s}=K \text{ 或 } m_1=\frac{KV}{KV+V_s}\times m_0$$

令 m_2(g) 为萃取两次后在水中的剩留量，则有：

$$\frac{m_2/V}{(m_1-m_2)/V_s}=K \text{ 或 } m_2=m_1\frac{KV}{KV+V_s}=m_0\left(\frac{KV}{KV+V_s}\right)^2$$

显然，在萃取几次后的剩留量 m_n 应为：

$$m_n = m_0\left(\frac{KV}{KV+V_s}\right)^n \tag{2-1}$$

由于$\frac{KV}{KV+V_s}$总是小于1，显然 n 越大，m_n 越小。说明把溶剂分成数份作多次萃取，比用全部溶剂作一次萃取的效果好。例如：在100mL水中含有4.0g丁酸，在15℃时用100mL苯来萃取。已知此温度下丁酸在水和苯中的分配系数是1/3。如果用100mL苯一次萃取，按照式(2-1)计算可得出水中剩余的丁酸的量为1.0g，即苯一次萃取可提取出3.0g，萃取效率为75%；如果将100mL苯分三次萃取，同样按照式(2-1)计算可得出水中剩余的丁酸的量为0.5g，即苯三次萃取可提取出3.5g，萃取效率为87.5%。可见用同体积的溶剂，分多次萃取比一次萃取的效率高。

在实际操作中，可根据分配系数和实验要求确定萃取次数，一般萃取3～5次，因为萃取次数继续增加，萃取效率的增加幅度已越来越小。

从水溶液中萃取有机物时，选择合适萃取溶剂的一般原则是要求溶剂在水中溶解度很小或几乎不溶；被萃取物在溶剂中要比在水中溶解度大；溶剂与水和被萃取物都不反应；萃取后溶剂易于和溶质分离开，因此，最好用低沸点的溶剂，萃取后溶剂可用常压蒸馏回收。此外还要兼顾溶剂价格、毒性、安全等因素。

经常使用的溶剂有乙醚、二氯甲烷、石油醚、四氯化碳、氯仿、乙酸乙酯和苯等。一般水溶性较小的物质可用石油醚萃取，水溶性较大的可用乙醚萃取，水溶性极大的可用乙酸乙酯萃取。

除了利用分配比不同来萃取外，另一类萃取原理是利用萃取剂可以与被萃取物质起化学反应而进行萃取，经常用在有机合成反应中以除去杂质或分离有机物，这个过程常称为洗涤。如果有机层中含有需要除去的酸性物质，就可用水或稀的弱碱水溶液来洗涤。如果要除去碱性物质，可用稀酸水溶液洗涤。

以上的萃取方式属液-液萃取，此外还有液-固萃取和固相萃取。

液-固萃取用于从固相中提取物质，它利用溶剂对样品中待提取物质和杂质溶解度的不同来达到分离提纯的目的。

固相萃取的原理与柱色谱相同（详见2.8中柱色谱）。

2.6.2 液-液萃取（http：//202.118.167.67/jpkdata/video/yjhx22/yjhxsy/fenyie06.htm）

液-液萃取是实验室最常用的萃取操作。这一操作通常是在分液漏斗中进行的。

选择容积较液体体积大一倍以上的分液漏斗，把旋塞擦干，在离旋塞孔稍远的两端薄薄地涂上一层凡士林，塞好旋塞并旋转几圈，使凡士林分布均匀，注意旋塞孔附近及上口的塞子不能涂凡士林，以免污染萃取液。使用前先用水检查上口塞子和旋塞是否密封，确认不漏水时方可使用。

将漏斗放在固定于铁架台上的铁圈中，关好旋塞，将待萃取液和萃取剂（一般为溶液体积的1/3）自上口倒入漏斗中，塞紧塞子。

为了使两种互不相溶的液体尽可能充分混合，使之尽快达到萃取平衡，需振摇分液漏斗。振摇时用右手掌顶住漏斗上口的活塞并握住漏斗，左手握住漏斗旋塞处，大拇指和食指按住旋塞柄压紧旋塞（握持旋塞的方式既要防止振摇时旋塞转动或脱落，又要便于灵活地旋开旋塞），使漏斗上口略朝下，两手振摇漏斗［见图2-25(a)］。开始时振摇要慢，振摇几次之后，将漏斗倒置，旋塞端向上呈 45°角握稳，打开旋塞［见图 2-25(b)］，朝向无人处放气（放出内部溶剂气化产生的过量蒸气或发生的气体，平衡内外压力）。如果不及时放气，活塞就可能被顶开而出现漏液。关闭旋塞，振摇几次，再放气，如此重复数次，直到没有气体排出为止。再剧烈振摇 2～3min，然后将漏斗放到铁圈中静置，待两层液体完全分开后，打开上面的活塞，再将旋塞缓缓旋开，下层液体自旋塞放出。分液时一定要尽可能分离干净，中间层视具体情况决定放入下层或留在上层，漏斗下口的细管中经常会残留一部分液体，应轻轻振荡漏斗，使其流出。然后将上层液体从分液漏斗的上口倒出。如此反复 3～5 次，将所有的萃取液合并即完成萃取操作。

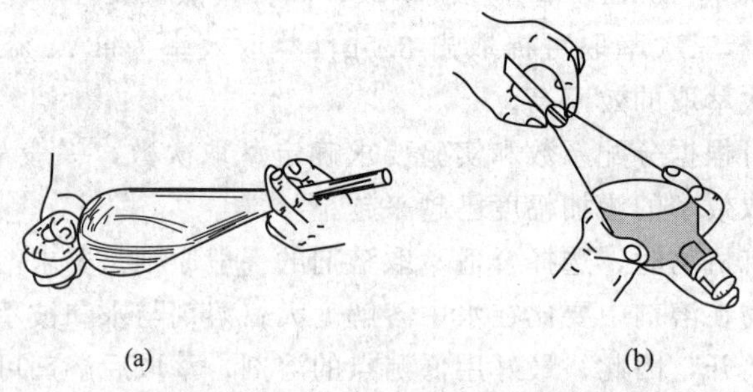

图 2-25　分液漏斗的使用方法

在萃取操作中，经常会产生乳化现象。乳化现象的产生原因比较复杂，有时是由碱性物质引起，有时是两相的相对密度相近引起，还有的乳化是由被萃取物引起。一旦出现乳化现象，两相分离就很难进行，必须先破除乳化，用来破坏乳化的常用方法有：①较长时间静止；②采用过滤的方法减少乳化；③加入破乳剂，如乙醇、磺化蓖麻油等；④利用盐析作用，若因两种溶剂能部分互溶而发生乳化，可以加入少量电解质，利用盐析作用加以破坏，在两相相对密度相差很小时，加入氯化钠，也可以增加水相的相对密度；⑤酸化，若因溶液碱性而产生乳化，常可加入少量稀酸破坏乳化。

2.6.3　液-固萃取（http://202.118.167.67/jpkdata/video/yjhx22/yjhxsy/yiegucuipu.htm）

利用溶剂将固体物质中所需要或不要的物质溶解出来的萃取方法，称为液-固萃取。通常采用浸泡萃取和索氏提取器（脂肪提取器）萃取等方式。

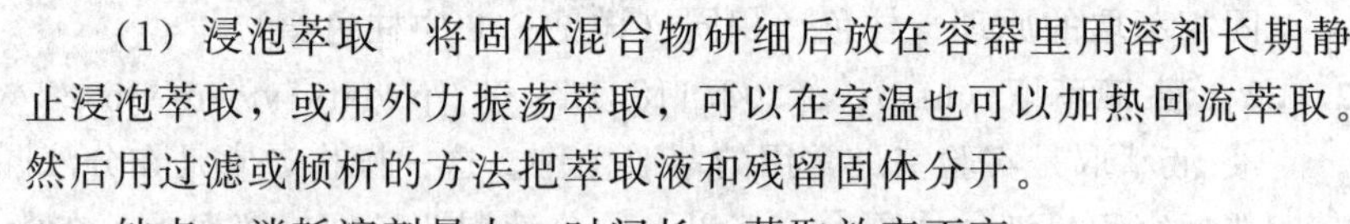

(1) 浸泡萃取　将固体混合物研细后放在容器里用溶剂长期静止浸泡萃取，或用外力振荡萃取，可以在室温也可以加热回流萃取。然后用过滤或倾析的方法把萃取液和残留固体分开。

缺点：消耗溶剂量大，时间长，萃取效率不高。

(2) 索氏提取器萃取　实验室常采用（见图 2-26）这种方法，它是利用溶剂加热回流及虹吸原理，使固体物质每一次都能被较纯的溶剂萃取，效率较高且节约溶剂，但对受热易分解或变质的物质不宜采用。

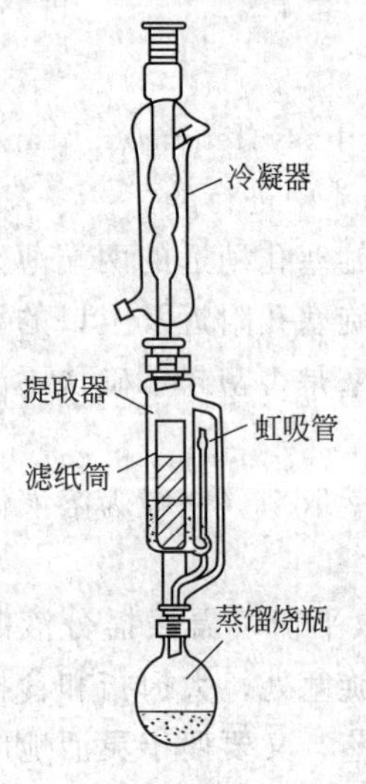

图 2-26　索氏提取器

索氏提取器由三部分构成，上部是冷凝管，中部是带有虹吸管的提取器，下部是烧瓶。萃取前应先将固体物质研细，以增加溶液浸溶的表面积。然后将固体物质放入滤纸筒内，并将其置于提取器中，内装物不得超过虹吸管。当溶剂沸腾时，蒸气通过侧管上升，被冷凝管冷凝成液体，滴入提取器中。当液面超过虹吸管的最高处

时，产生虹吸，萃取液自动流入烧瓶中，萃取出溶于溶剂的部分物质。再蒸发溶剂，如此循环多次，直到被萃取物质大部分被萃取出为止。固体中可溶物质富集于烧瓶中，然后再用适当的方法将萃取物质从溶液中分离出来。

2.7 固体有机化合物的提纯方法（Purification of Solid Organic Compounds）

重结晶和升华是纯化固体有机化合物的常用方法。

2.7.1 重结晶

无论是天然的还是合成的固体有机化合物往往都是不纯的，其中常夹杂少量的其他化合物，通常称其为杂质，重结晶是纯化固体化合物的重要方法之一。把固体化合物溶解在热溶液中成近饱和溶液，该溶液冷却后成过饱和溶液并析出结晶，而杂质不溶被过滤或溶解度大而溶在溶剂中被除去，这一操作过程称为重结晶。

2.7.1.1 基本原理

固体有机物在溶剂中的溶解度与温度有密切关系，一般是温度升高时溶解度增大，温度降低时溶解度减小。利用这一性质，使固体有机物在较高温度下溶解，在低温下结晶析出，而杂质全部或大部分仍留在溶液中（若杂质在溶剂中的溶解度极小，可经过滤除去），从而达到提纯的目的。

使用重结晶法纯化固体有机物，杂质的含量不能过多（杂质太多会影响结晶速率，甚至妨碍结晶的生成）。重结晶一般只适用于杂质含量约在 5%以下的固体化合物，所以在结晶之前应根据不同情况，分别采用其他方法进行初步提纯，例如萃取、水蒸气蒸馏、减压蒸馏等，然后再用重结晶提纯。必要时可进行第二次或多次重结晶，直到获得纯品。

2.7.1.2 操作步骤

重结晶方法包括以下几步。

（1）溶剂的选择　在进行重结晶时，选择合适的溶剂是关键，适宜的溶剂应符合下列条件：

① 不与被提纯物质起化学反应；

② 被提纯物质在溶剂中温度高时溶解度大，而在室温或更低温度时，溶解度小；

③ 低温时对杂质的溶解度要大，冷却后不会随样品结晶出来，或者杂质在热溶剂中也不溶解（可在热过滤时除去）；

④ 溶剂的沸点要适中，太高不易与结晶分离，太低温度变化太小，重结晶收率太低；

⑤ 溶剂的沸点一般应低于样品的熔点，否则当溶剂沸腾时，样品会熔化为油状，给纯化带来困难；

⑥ 被提纯物质在溶剂中能形成良好的结晶；

⑦ 溶剂纯度高、价格低、易获取、毒性小、使用安全。

一般已知化合物在重结晶时用哪一种溶剂最合适和化合物在该溶剂中的溶解情况，可以查阅手册或词典中的溶解度一栏，找到有关适宜溶剂的资料。未知化合物选择溶剂时，应遵循“相似相溶”这一基本规律，即溶质往往易溶于与其结构近似的溶剂中。当然，溶剂的最后选择必须用实验的方法确定。溶解度实验方法如下。

取 0.1g 待重结晶的固体粉末于一小试管中，用滴管滴加约 1mL 某溶剂，振荡下观察溶解情况。若不加热很快溶解，说明溶解度太大，则此溶剂不适用；若加热至沸腾还不溶解，可逐步添加溶剂，每次加入0.5mL并加热使其沸腾。当加入溶剂量达到4mL，而物质仍然不能溶解，说明溶解度太小，则此溶剂也不适用。如果该物质能溶解在1～4mL的沸腾溶剂中，则将试管进行冷却观察结晶析出情况，如果结晶不能自行析出，可用玻璃棒摩擦溶液液面下的试管壁，或再辅以冰水冷却，使结晶析出。若结晶仍不能析出，则此溶剂也不适用。如果结晶能正常析出，要注意析出的量，在几种溶剂用同法比较后可以选用结晶收率最高的溶剂来进行重结晶。常见的重结晶溶剂见表2-7。

表2-7 常见的重结晶溶剂

溶剂名称	沸点/℃	相对密度	极性	溶剂名称	沸点/℃	相对密度	极性
水	100	1.000	很大	环己烷	80.8	0.7786	小
甲醇	64.7	0.7914	很大	苯	80.1	0.8787	小
95%乙醇	78.1	0.804	大	甲苯	111.6	0.8669	小
丙酮	56.2	0.7899	中	二氯甲烷	39.7	1.3266	中
乙醚	34.5	0.7138	小～中	四氯化碳	76.5	1.5940	小
石油醚	30～60 60～90	0.68～0.72	小	乙酸乙酯	77.1	0.9003	中

若不能筛选出一种合适的单一溶剂进行重结晶，可考虑使用混合溶剂。混合溶剂一般由两种能以任何比例互溶的溶剂组成，其中一种对样品必须是易溶的，另一种则是难溶或不溶的。一般常用的混合溶剂有：乙醇-水、丙酮-水、苯-石油醚、醋酸-水、乙醚-乙醇、乙醚-石油醚、乙醇-氯仿等。

（2）溶解　将待重结晶的物质置于三角瓶（圆底烧瓶）中，加入比需要量（根据查得的溶解度数据或溶解度实验方法所得的结果估计得到）稍少的适宜溶剂，加热到微沸，若未完全溶解，可再分次添加溶剂，每次加入后，均再加热使溶液沸腾，直至物质完全溶解（要注意判断是否有不溶性杂质存在，以免误加过多的溶剂）。

重结晶的物质溶解时需注意以下几点。

① 溶剂的用量要适当　虽然从减少溶解损失考虑，溶剂应尽可能避免过量，但这样在热过滤时会引起结晶析出，特别是当待结晶物质的溶解度随温度变化很大时更是如此。因为操作时会因挥发而损失溶剂，或因降低温度而使溶液过饱和而析出结晶。因而根据这两方面的损失权衡溶剂的用量，一般可比需要量多加20%左右的溶剂。

② 当用有机溶剂进行重结晶时，使用回流装置并避免使用明火加热。添加溶剂时可由冷凝管上端加入，或反应器用二口烧瓶，斜口装上恒压滴液漏斗添加溶剂。

③ 采用混合溶剂重结晶时，首先将待提纯的物质溶于易溶的沸腾溶剂中，然后将另一难溶溶剂加至沸腾溶液中直至呈浑浊状。最后补加少量易溶溶剂使浑浊的溶液刚好重新澄清，以便热过滤。

（3）脱色　粗制的有机物常常含有色杂质，可向热溶液中加入少量活性炭脱色。使用活性炭应注意以下几点：

① 加活性炭前，待结晶化合物应已被完全溶解于溶剂中；

② 待热溶液稍冷后方可加入活性炭，振摇或搅拌使其均匀分布在溶液中，切勿在沸腾或接近沸点的溶液中加入活性炭，以免引起暴沸；

③ 活性炭的量不宜过多，否则会吸附一部分被纯化的物质使回收率降低。使用量一般为粗品质量的1%～5%。如一次脱色效果不好，可再用活性炭处理一次，以达到脱色的

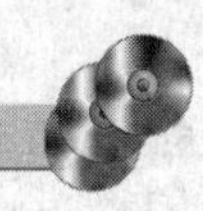

目的；

④ 活性炭的脱色效果在水中最好，也可在其他溶剂中使用，但在烃类等非极性溶液中效果较差，可试用其他方法如氧化铝吸附脱色等。

(4) 热过滤 (http：//202.118.167.67/jpkdata/video/yjhx22/yjhxsy/da _ guolu02.htm) 热过滤的目的是除去不溶性杂质（包括用作脱色的吸附剂）。为了防止在过滤过程中，由于温度降低而在滤纸上析出结晶，应尽可能缩短过滤时间。通常采用常压过滤和减压过滤。

① 常压过滤　在常压过滤过程中，为了保持滤液的温度使过滤操作尽快完成，一是选用短颈、径粗的玻璃漏斗；二是使用折叠滤纸；三是使用保温漏斗。热过滤装置如图 2-27 所示。

a. 少量热溶液的过滤，可选一颈短而粗的玻璃漏斗放在烘箱中预热后使用。在漏斗中放一折叠滤纸（见图 2-28），用热的溶剂润湿后，即刻倒入溶液（不要直冲滤纸底部），用表面皿盖好漏斗，以减少溶剂挥发。

(a)　(b)

图 2-27　热过滤装置

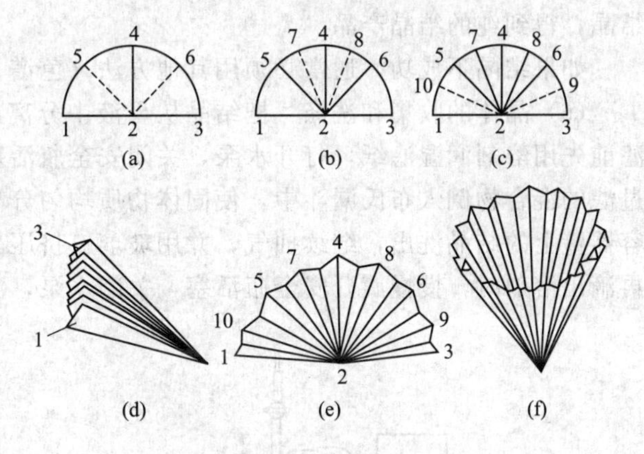

图 2-28　热过滤的滤纸折叠方法

(a) 将滤纸折成半圆形，再对折成圆形的四分之一，以 1 对 4 折出 5，3 对 4 折出 6；(b) 1 对 6 和 3 对 5 分别再折叠出 7 和 8；(c) 然后以 3 对 6，1 对 5 分别折出 9 和 10；(d) 最后在 1 和 10，10 和 5，5 和 7，……，9 和 3 间各反向折叠，稍压紧呈折扇状；(e) 打开滤纸，在 1 和 3 处各向内折叠一个小折面；(f) 折叠完成的滤纸。注意折叠时，滤纸心处不可折得太重，因为该处最易破漏

b. 如过滤的溶液量较多，则应选择保温漏斗。保温漏斗是由金属套内安装一个短颈玻璃漏斗而组成的，见图 2-27 (b)。使用时将热水（通常是沸水）倒入玻璃漏斗与金属套的夹层内，加热侧管（如溶剂易燃，过滤前务必将火熄灭）。漏斗中放入折叠滤纸，用少量热溶剂润湿滤纸，立即把热溶液分批倒入漏斗，不要倒得太满，也不要等滤完再倒，未倒的溶液和保温漏斗用小火加热，保持微沸。为减少溶剂的挥发，可用表面皿盖在漏斗上。热过滤时一般不要用玻璃棒引流，以免加速降温。接受滤液的容器内壁不要贴紧漏斗颈，以免滤液迅速冷却析出的晶体沿器壁向上堆积而堵塞漏斗下口。

若操作顺利，只会有少量结晶在滤纸上析出，可用少量热溶剂洗涤一下。若结晶较多，可将滤纸取出，用刮刀刮回原来的瓶中，重新进行热过滤。滤毕，将溶液加盖放置，自然冷却。

进行热过滤操作要求准备充分，动作迅速。

② 减压过滤 (http：//202.118.167.67/jpkdata/video/yjhx22/yjhxsy/da _ guolu03.htm) 减压过滤又称抽滤。使用瓷质的布氏漏斗，布氏漏斗以橡皮塞与抽滤瓶相连，漏斗下端斜口

正对抽滤瓶支管，抽滤瓶的支管套上橡皮管，与安全瓶连接，再与水泵相连。在布氏漏斗中铺一张比漏斗底部略小的圆形滤纸，过滤前先用热溶剂润湿滤纸，打开水泵，关闭安全瓶活塞，抽气，使滤纸紧紧贴在漏斗上。

迅速将热溶液倒入布氏漏斗（事先置于沸水中预热）中，在液体抽干之前应保持漏斗有较多液体。同时压力也不可抽得过低，以防溶剂沸腾抽走，或将滤纸抽破使活性炭漏到滤液中。

减压过滤的最大优点是过滤速率快，缺点是悬浮的杂质有时会透过滤纸，溶剂由于减压易沸腾而被抽走，但实验室还较普遍采用。

(5) 结晶　将滤液在冷水中快速冷却并剧烈搅动时，可得到颗粒很小的晶体。小晶体虽然包含的杂质少，但由于表面积大而吸附杂质多；若结晶速率过慢，则可得到颗粒很大的晶体，结晶中会包藏有母液和杂质，纯度降低，难以干燥。因此，应将滤液静置，使其缓慢冷却，不要急冷和剧烈搅动，以免晶体过细，当发现大晶体正在形成时，轻轻摇动使之形成较均匀的小晶体。为使结晶更完全，可使用冰水冷却。

如果溶液冷却后仍不结晶，可投“晶种（同一种物质的晶体）”或用玻璃棒摩擦器壁引发晶体形成。

如果被纯化的物质不析出晶体而析出油状物，由于油状物中含杂质较多，这时可将析出油状物的溶液加热重新溶解，让其自然冷却至开始有油状物出现时，立即剧烈搅拌，使油状物在均匀分散的条件下固化，这样包含的杂质较少。当然最好改换溶剂或溶剂用量，再进行结晶，得到纯的结晶产品。

如果结晶不成功，通常必须用其他方法（色谱、离子交换树脂法）提纯。

(6) 晶体的收集和洗涤　把结晶从母液中分离出来，通常用减压过滤（见图 2-29）。过滤前先用溶剂润湿滤纸，打开水泵，关闭安全瓶活塞，抽气，使滤纸紧紧贴在漏斗上，将要过滤的混合物倒入布氏漏斗中，使固体物质均匀分布在整个滤纸面上，用少量滤液将沾附在容器壁上的结晶洗出，继续抽气，并用玻璃钉挤压晶体，尽量除去母液。当布氏漏斗下端不再滴出溶剂时，慢慢旋开安全瓶活塞，关闭水泵，滤得的固体，习惯称为滤饼。

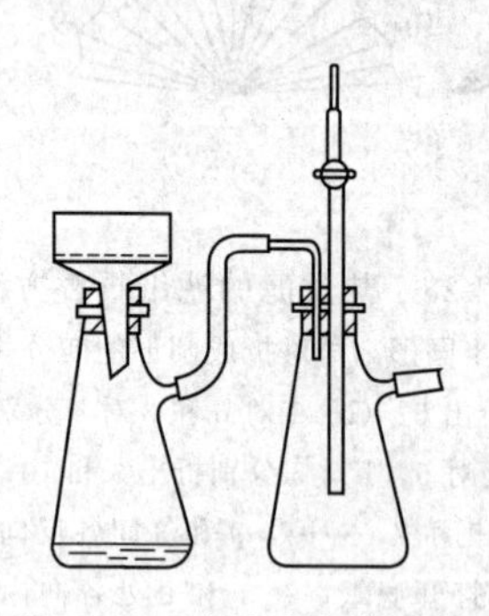

图 2-29　减压过滤装置

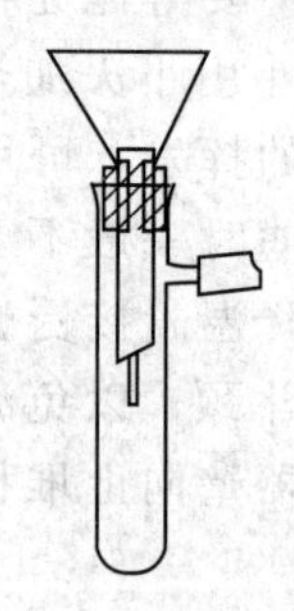

图 2-30　玻璃钉抽滤装置

为了除去结晶表面的母液，应洗涤滤饼。用少量干净溶剂均匀洒在滤饼上，并用玻璃棒或刮刀轻轻翻动晶体，使全部结晶刚好被溶剂浸润（注意不再使滤纸松动），打开水泵，关闭安全瓶活塞，抽去溶剂，重复操作两次，就可把滤饼洗净。

过滤少量的结晶（1～2g）可用玻璃钉抽滤装置（见图 2-30）。

(7) 晶体的干燥　用重结晶法纯化后的晶体，其表面还吸附有少量溶剂，应根据所用溶

剂及结晶的性质选择恰当的方法进行干燥。

实验9　工业苯甲酸粗品的重结晶
(Recrystallization of Crude Benzoic Acid)

【实验目的】

(1) 学习重结晶提纯有机化合物的原理和方法;

(2) 掌握热过滤、抽滤的方法。

【实验原理】

工业苯甲酸一般由甲苯氧化所得，其粗品中常含有未反应的原料、中间体、催化剂、不溶性杂质和有色杂质等，因而呈棕黄色块状并带有难闻的怪气味。可以水为溶剂用重结晶法纯化。

【基本操作预习】

热过滤（http：//202.118.167.67/jpkdata/video/yjhx22/yjhxsy/da_guolu02.htm）

减压过滤（http：//202.118.167.67/jpkdata/video/yjhx22/yjhxsy/da_guolu03.htm）

【实验步骤】

称取3g工业苯甲酸粗品，置于250mL烧杯中，加水约80mL，加热并用玻璃棒搅动，观察溶解情况。如至水沸腾仍有不溶性固体，可分批补加适当水直至沸腾温度下可以全溶或基本溶解。然后再补加15～20mL水，总用水量为110mL左右。与此同时将布氏漏斗放在另一个大烧杯中并加水煮沸预热。

暂停对溶液加热，稍冷后加入适量活性炭，搅拌使之混合均匀，再煮沸约3min。取出预热的布氏漏斗，立即放入事先选定的略小于漏斗底面的圆形滤纸，迅速安装好抽滤装置，以数滴沸水润湿滤纸，开泵抽气使滤纸紧贴漏斗底。将热溶液尽快倒入布氏漏斗（也可用保温漏斗）中，每次倒入漏斗的液体不要太满，也不要等溶液全部滤完再加。为了保持溶液的温度，应将未过滤的部分继续用小火加热，以防冷却。待所有的溶液过滤完毕后，用少量热水洗涤漏斗和滤纸。

滤毕，立即将滤液转入烧杯中用表面皿盖住杯口，室温放置冷却结晶。如果抽滤过程中晶体已在滤瓶中或漏斗尾部析出，可将晶体一起转入烧杯中，加热溶解后再在室温放置结晶，或将烧杯放在热水浴中随热水一起缓缓冷却结晶。

结晶完成后，用布氏漏斗抽滤，用玻璃塞将结晶压紧，使母液尽量除去，打开安全瓶上的活塞，停止抽气，加少量冷水洗涤，然后重新抽干，如此重复1～2次。最后将结晶转移到表面皿上，摊开，在红外灯下烘干，测定熔点，并与粗品的熔点作比较。称重，计算回收率，产量约为1.8～2.4g(收率约60%～70%)，产品熔点为121～122℃。

纯苯甲酸为无色针状晶体，熔点为122.4℃。

【思考题】

(1) 简述有机化合物重结晶的步骤和各步的目的。

(2) 某一有机化合物进行重结晶时，最适合的溶剂应该具有哪些性质?

(3) 为什么活性炭要在固体物质完全溶解后加入? 为什么不能在溶液沸腾时加入?

(4) 在布氏漏斗中用溶剂洗涤固体应注意些什么?

(5) 停止抽滤时，如不先打开安全瓶活塞就关闭水泵，会有何现象产生? 为什么?

实验10 用乙醇-水混合溶剂重结晶萘 (Recrystallization of Naphthalene from Ethanol-Water Mixed Solvent)

【实验目的】

(1) 学习重结晶提纯有机化合物的原理和方法；

(2) 掌握有机溶剂重结晶操作的方法；

(3) 掌握热过滤、抽滤和滤纸折叠的方法。

【实验原理】

本实验是用固定配比的乙醇-水混合溶剂对粗萘进行重结晶，以保温漏斗和折叠滤纸进行热过滤。

【基本操作预习】

热过滤（http://202.118.167.67/jpkdata/video/yjhx22/yjhxsy/da_guolu02.htm）

减压过滤（http://202.118.167.67/jpkdata/video/yjhx22/yjhxsy/da_guolu03.htm）

【实验步骤】

在100mL圆底烧瓶中放置2g粗萘，加入70%乙醇15mL，投入1～2粒沸石，装上回流冷凝管，开启冷凝水，用水浴加热回流数分钟，观察溶解情况。如不能全溶，移开火源，用滴管自冷凝管口加入70%乙醇约1mL重新加热回流，观察溶解情况。如仍不能全溶，则依前法重复补加70%乙醇直至恰能完全溶解，再补加2～3mL。

移开火源，稍冷后拆下冷凝管，加入少量活性炭，装上冷凝管，重新加热回流3～5min。趁热用保温漏斗经折叠滤纸（热的70%乙醇润湿）把萘的热溶液过滤到干燥的50mL锥形瓶中（附近不得有明火），并在漏斗上口加盖表面皿以防溶剂过多挥发。

滤完后塞住锥形瓶口，待自然冷却至接近室温后再用冷水浴冷却。待结晶完全后用布氏漏斗抽滤，用约1mL冷的70%乙醇洗涤晶体。将晶体转移至表面皿上，在空气中晾干或放入干燥器中干燥。待充分干燥后称重、计算收率并测定熔点，产量约为1.4g(收率约70%)，产品熔点为80～80.5℃。

纯萘为白色片状晶体，熔点为80.5℃。

【思考题】

(1) 用有机溶剂重结晶时，在哪些操作上容易着火？应该如何防范？

(2) 将溶液进行热过滤时，为何要减少溶剂挥发？如何减少？

2.7.2 升华（http://202.118.167.67/jpkdata/video/yjhx22/yjhxsy/shenghua.htm）

升华是固体化合物提纯的又一种手段，它是固体化合物受热直接气化为蒸气，蒸气又直接冷凝为固体的过程。

升华的操作比重结晶要简便，纯化后产品的纯度较高。但是产品损失较大，时间较长，不适合大量产品的提纯。

2.7.2.1 基本原理

升华是利用固体混合物的蒸气压或挥发度不同，将不纯净的固体化合物在熔点温度以下加热，利用产物蒸气压高，杂质蒸气压低的特点，使产物不经液体过程而直接气化，遇冷后

固化，而杂质则不发生这个过程，达到分离固体混合物的目的。

一般来说，对称性较高的固态物质，具有较高的熔点，而且在熔点以下具有较高的蒸气压，可采用升华方法提纯。为了深入了解升华原理，必须研究固、液、气三相平衡，见图 2-31。图中的三条曲线将图分为三个区域，每个区域代表物质的一相。由曲线上的点可读出两相平衡时的蒸气压。例如：GS 表示固相与气相平衡时固相的蒸气压曲线；SY 表示液相与气相平衡时液相的蒸气压曲线；SV 则是固相与液相的平衡曲线。S 为三条曲线的交点，也是物质的三相平衡点，在此状态下物质的气、液、固三相共存。由于不同物质具有不同的液态与固态处于平衡时的温度与压力，因此，不同的化合物三相点是不相同的。从图中可以看出，在三相点以下，物质处于气、固两相的状态，若温度较低，蒸气就不再经过液态而直接变为固态，因此，升华都在三相点温度以下进行，即在固体的熔点以下进行。固体的熔点可以近似地看作是物质的三相点。与液体化合物的沸点相似，当固体化合物的蒸气压与外界所施加给固体化合物表面压力相等时，该固体化合物开始升华，此时的温度为该固体化合物的升华点。在常压下不易升华的物质，可利用减压进行升华。

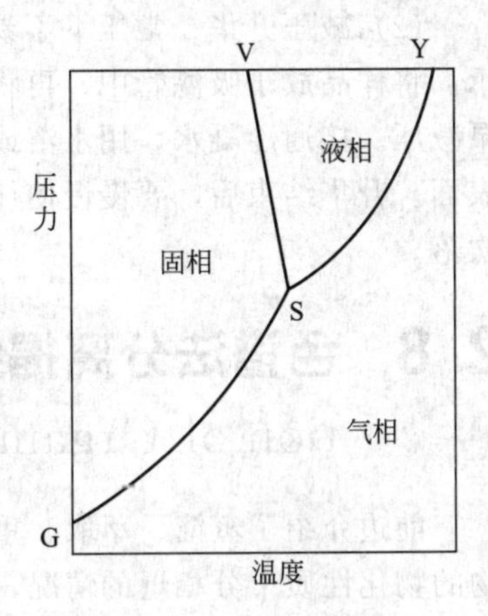

图 2-31 三相平衡图

2.7.2.2 操作步骤

(1) 常压升华 常用的常压升华装置如图 2-32 所示。少量物质的升华，可采用如图 2-32(a)所示的装置。将预先粉碎的待升华物质均匀地铺放在蒸发皿上，上面覆盖一张穿有许多小孔的滤纸，然后将与蒸发皿口径相近的玻璃漏斗倒扣在滤纸上，漏斗的颈部塞以少许棉花或玻璃棉，以减少蒸气外逸。隔石棉网或在油浴、砂浴上缓慢加热蒸发皿，控制加热温度低于升华物质的熔点，使其慢慢升华。蒸气通过滤纸孔上升，冷却后凝结在滤纸或漏斗壁上。

较大量物质的升华，可在烧杯中进行。烧杯上放置一个通冷水的烧瓶，使蒸气在烧瓶底部凝结成晶体并附着在烧瓶底部，如图 2-32(b) 所示。

图 2-32(c) 是在空气或惰性气体流中进行升华的装置。当物质开始升华时，通入空气或惰性气体，带出的升华物质蒸气结晶于用自来水冷却的烧瓶壁上。

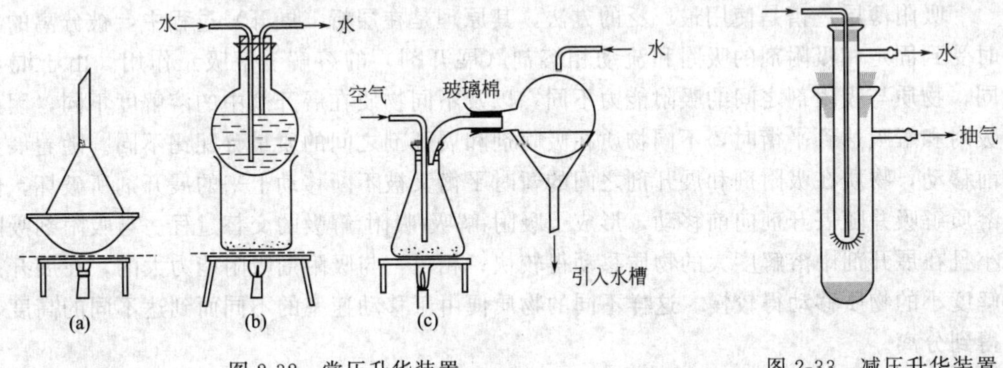

图 2-32 常压升华装置

图 2-33 减压升华装置

（2）减压升华　常压下不易升华的物质，可以采用减压升华的方法，装置如图 2-33 所示。将样品放于吸滤管中，再将插有指形冷凝管的橡皮塞严密地塞在吸滤管上，用水泵或油泵减压。接通冷凝水，用水浴或油浴加热吸滤管，升华物质的蒸气冷凝并结晶于指形冷凝管表面。升华结束后，要慢慢使体系与大气相通，以免空气突然冲入而把指形冷凝管上的晶体吹落。

2.8　色谱法分离提纯有机化合物（Separation and Purification of Organic Compounds by Chromatography）

前边介绍了蒸馏、萃取、重结晶和升华等有机化合物的提纯方法。然而，经常遇到化合物的物化性质十分相近的情况，用以上的几种方法均不能得到较好的分离，此时，可选用色谱分离技术。

色谱法又称色层法、层析法，与经典的分离提纯手段（蒸馏、萃取、重结晶和升华等）相比，具有微量、快速、简便和高效率等优点，是分离、提纯和鉴定有机化合物的重要方法之一，已广泛地应用于化学化工、食品、医药等领域。

色谱法的基本原理是利用被分离物质的物理、化学及生物学特性的不同，混合物中各组分在某一物质中的吸附或溶解性能（即分配）的不同，或其他亲和作用性能的差异，使混合物的溶液流经该种物质，进行反复的吸附或分配等作用，从而将各组分分开。流动的混合溶液称为流动相；固定的溶液称为固定相（可以是固体或液体）。根据组分在固定相中的作用原理不同，可分为吸附色谱、分配色谱、离子交换色谱、排阻色谱、亲和色谱等；根据操作条件的不同，又可分为柱色谱、纸色谱、薄层色谱、气相色谱及高效液相色谱等类型。

2.8.1　薄层色谱（http：//202.118.167.67/jpkdata/video/yjhx22/yjhxsy/sepufa-3.htm）

薄层色谱（thin layer chromatography，TLC）法是把吸附剂或支持剂铺在玻璃板上，将样品点在其上，然后用溶剂展开，使样品中的各个组分相互分离的方法。薄层色谱不仅适用于少量样品（几微克，甚至 0.01μg）的分离，也适用于较大量样品（多达 500mg）的精制，特别适用于挥发性较小或较高温度易发生变化而不能用气相色谱分析的物质。此外，薄层色谱法还可用来跟踪有机反应及进行柱色谱之前的一种“预试”。

2.8.1.1　*薄层色谱原理*

根据组分在固定相中的作用原理不同，薄层色谱分为吸附薄层色谱、分配薄层色谱和离子交换色谱等，这里主要介绍吸附薄层色谱。

吸附薄层色谱是使用最广泛的方法，其原理是在层析（展开）过程中，被分离的物质同时受到固定相吸附剂的吸附和流动相溶剂（展开剂）的溶解（解吸）作用。由于混合物不同，物质与吸附剂之间的吸附能力不同，以及不同物质在展开剂中的溶解度不同，因此，当吸附和解吸达到平衡时，不同物质在吸附剂和展开剂之间的质量分配比不同。随着展开剂向前移动，物质在吸附剂和展开剂之间的暂时平衡又被不断移动上来的展开剂所破坏，使部分溶质解吸并随展开剂向前移动，形成了吸附-解吸-吸附-解吸的交替过程。与吸附剂吸附能力小且在展开剂中溶解度大的物质移动得较快；相反，与吸附剂吸附能力大的，在展开剂中溶解度小的物质移动得较慢。这样不同的物质便由于移动速率的不同而到达不同的高度，从而得到分离。

应用吸附薄层色谱进行分离鉴定的方法是：将被分离鉴定的物质用毛细管点在薄层板的

一段，晾干或吹干后置薄层板于盛有展开剂的展开槽内，浸入深度 0.5cm。待展开剂前沿离顶端约 1cm 附近时，将薄层板取出并让其干燥，直至不再含溶剂为止。若原先点在板上的混合物已被分开，在板上会有一排竖直排列的斑点，每一斑点相当于从原混合物中分离得到的组分或化合物。若混合物的组分都是有色物质，则展开后可以清晰地看出各个斑点；若组分是无色的，则喷以显色剂，或在紫外灯下显色，使其成为可以看得见的斑点。

一个化合物在薄层板上上升的高度与展开剂上升的高度的比值称为该化合物的比移值 R_f：

$$R_f=\frac{\text{溶质的最高浓度中心至原点中心的距离}}{\text{溶剂前沿至原点中心的距离}}$$

如图 2-34 所示的展开后的薄层板，则化合物 1 的比移值 $R_{f,1}=a/c$，化合物 2 的比移值 $R_{f,2}=b/c$。

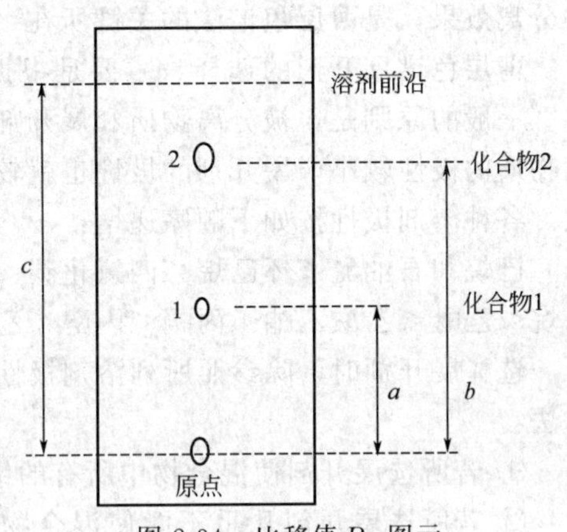

图 2-34　比移值 R_f 图示

影响 R_f 的因素很多，如薄层的厚度、吸附剂、展开剂、温度等。但是在固定条件下，某化合物的比移值 R_f 是一常数。因此在完全相同情况下，可以作为鉴定和检出该化合物的指标。为了得到相同的色谱条件，通常把未知样和标准样同时点在同一块薄层板上，进行比较。

通常最理想的 R_f 在 0.4～0.5 之间，良好的分离 R_f 在 0.15～0.75 之间，如果 R_f 小于 0.15 或大于 0.75，则分离效果不好，就要调换展开剂重新展开。

(1) 吸附剂　吸附薄层色谱常用的吸附剂为硅胶和氧化铝。为了增加薄层的强度，一般常加入一定的黏合剂，如石膏、羧甲基纤维素钠、淀粉、聚乙烯醇等。通常薄层板按是否加黏合剂分为两种，加黏合剂的薄层板称为硬板，不加黏合剂的薄层板称为软板。

硅胶是无定形多孔物质，略具酸性，适用于酸性和中性物质的分离分析。商品薄层色谱用的硅胶分为："硅胶 H"——不含黏合剂和其他添加剂的色谱分离用硅胶；"硅胶 G"——含煅石膏作黏合剂的色谱分离用硅胶；"硅胶 HF_{254}"——含荧光物质的色谱分离用硅胶；"硅胶 GF_{254}"——含煅石膏、荧光物质的色谱分离用硅胶，可在波长 254nm 紫外光下观察荧光。

氧化铝在薄层色谱中的应用范围仅次于硅胶吸附剂。氧化铝是由氢氧化铝于 400～500℃灼烧而成的，因制备方法和处理方法的差别，氧化铝有弱碱性（pH＝9～10）、酸性（pH＝4～5）及中性（pH＝7～7.5）之分，因此其使用范围也有所不同。弱碱性氧化铝适于分离中性或碱性化合物，中性氧化铝适用于酸性或对碱不稳定的化合物的分离，酸性氧化铝适用于酸性化合物的分离。与硅胶一样，商品的氧化铝也因含黏合剂或荧光剂而分为氧化铝 G(含石膏 9%～10%)、氧化铝 H(不含黏合剂)、氧化铝 HF_{254}(含荧光物质，可于波长 254nm 紫外光下观察荧光）及氧化铝 GF_{254}(既含煅石膏又含荧光剂)。

吸附剂分为极性吸附剂和非极性吸附剂，氧化铝、硅胶属极性吸附剂，且氧化铝的极性比硅胶大，适用于分离极性小的化合物（烃、醚、醛、酮、卤代烃等），因为极性化合物被氧化铝较强烈地吸附，不易被解吸下来，R_f 很小。相反，硅胶适用于分离极性较大的化合物（羧酸、醇、胺等），因为极性化合物在硅胶板上吸附较弱，R_f 很大。

极性吸附剂的活性与其含水量有关，含水量越低，活性越高。吸附剂的活性与含水量的关系见表 2-8。氧化铝由于Ⅰ级的吸附作用太强，Ⅴ级的吸附作用太弱，一般采用Ⅱ、Ⅲ级。

表 2-8　吸附剂活性与含水量的关系

活性等级	Ⅰ	Ⅱ	Ⅲ	Ⅳ	Ⅴ
Al_2O_3 含水量/%	0	3	6	10	15
硅胶含水量/%	0	5	15	20	25

(2) 展开剂　薄层色谱的流动相也称作展开剂。展开剂的选择直接关系到能否获得满意的分离效果，是薄层色谱法的关键所在。

薄层色谱展开剂的选择，主要是根据样品的极性、溶解度和吸附剂的活性等因素来考虑。一般的原则是，被分离物质和展开剂之间的极性关系应符合“相似相溶原理”，即被分离物质的极性较小，展开剂的极性也就较小；被分离物质的极性较大，展开剂的极性也就较大。各种溶剂极性按如下顺序递增：

己烷和石油醚＜环己烷＜四氯化碳＜三氯乙烯＜二硫化碳＜甲苯＜苯＜二氯甲烷＜三氯甲烷＜乙醚＜乙酸乙酯＜丙酮＜丙醇＜乙醇＜甲醇＜水＜吡啶＜乙酸

选择展开剂时，除参照所列溶剂极性来选择外，更多地采用在一块薄层板上进行试验的方法：

① 若所选展开剂使混合物中所有的组分点都移到了溶剂前沿，此溶剂的极性过强；

② 若所选展开剂几乎不能使混合物中的组分点移动，留在了原点上，此溶剂的极性过弱。

当一种溶剂不能很好地展开各组分时，常选择用混合溶剂作为展开剂。先用一种极性较小的溶剂为基础溶剂展开混合物，若展开不好，用极性较大的溶剂与前一溶剂混合，调整极性，再次试验，直到选出合适的展开剂组合。合适的混合展开剂常需多次仔细选择才能确定。

2.8.1.2　操作步骤

薄层色谱法的整个过程一般包括制备薄层板、薄层板活化、点样、展开、显色等步骤。

(1) 制备薄层板　薄层板制备得好坏直接影响色谱的结果。薄层应尽量均匀而且厚度(0.25～1mm) 要固定，否则，在展开时溶剂前沿不齐，色谱结果也不易重复。

根据制法的不同，可将薄层板分为普通薄层板和特殊薄层板，普通薄层板的制备有干法和湿法两种。干法制板一般用氧化铝作吸附剂，涂层时不加水，一般不常使用。这里主要介绍湿法制板。

湿法制板是将吸附剂（硅胶、氧化铝等）用黏合剂的溶液调制成糊状后均匀地涂布在薄板（常用玻璃板）上。在薄层色谱中，用这种方法制板最多。普通湿法制板按操作过程不同分为平铺法、倾注法和浸渍法等。

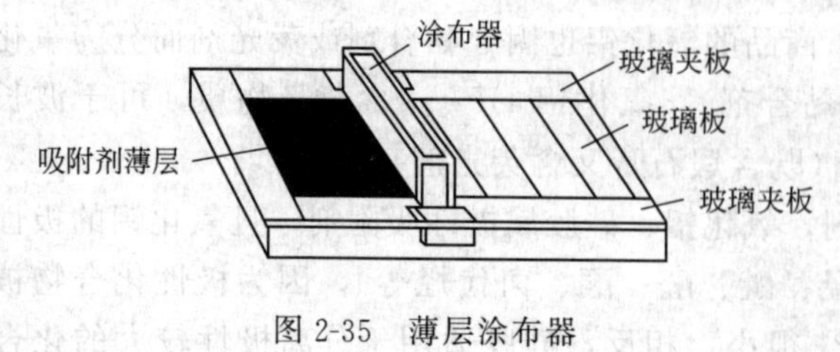

图 2-35　薄层涂布器

① 平铺法　用商品或自制的薄层涂布器进行制板（见图 2-35），一般在大量

铺板和铺较大的板时常用此法。如无涂布器，可将调好的吸附剂平铺在玻璃板上，也可得到厚度均匀的薄层板。

② 倾注法　将吸附剂调成糊状，趁浆料有黏稠感、但无凝滞现象前倒在玻璃板上，先轻轻左右摇动，再上下摇动，并轻轻敲打均匀后，放在水平平台上自然干燥即制成。

③ 浸渍法　把两块干净玻璃片背靠背贴紧，浸入调制好的吸附剂中，取出后分开、晾干。

制备好的薄层板要求薄厚均匀，表面不应有纹路，也不应有透过吸附剂能看到玻璃的薄涂料点。

普通制板法制成的薄层板往往由于黏合剂的黏合力小，易碰掉薄层，增加黏合剂又会限制使用范围，而且一块薄层板只能使用一次就作废。为此，用特殊制板法制成能长久使用的烧结薄层板、金属薄层板、聚酯膜薄层板等，有时针对不同用途在吸附剂中还可以添加荧光物质、还原物质锌粉等，制成特殊薄层板。

（2）薄层板活化　活化指用加热的方法除去吸附剂所含的水分，提高其吸附活性的过程。通常将晾干的薄层板置于烘箱中加热活化，活化条件根据需要而定。硅胶板一般在烘箱中慢慢升温，维持 105～110℃活化 30min。Al_2O_3 板在 150～160℃活化 4h，可得活性Ⅲ～Ⅳ级的薄板；在 200～220℃活化 4h，可得活性Ⅱ级的薄板。活化后的薄板应保存在干燥器中备用。

（3）点样　点样方式、点样量及点样设备的选择决定于分析的目的、样品溶液的浓度及被测物质的检出灵敏度。大多数情况下，是把样品溶于挥发性高、沸点低的有机溶剂里制成溶液再点样。

① 点状点样　在距薄层板的一端 1～1.5cm 处画一条线作为起点线。用毛细管吸取样品溶液，垂直地轻轻接触到起点线上，点样斑点直径越小越好，一般不超过 2mm，如图 2-36 所示。因溶液太稀（一般点样的浓度在 0.1%～1%之间），一次点样往往不够，如需重复点样，则应待前次点样的溶剂挥发后再在原处点第二次，以防样点过大，造成拖尾、扩散等现象，影响分离效果。一块薄层板可以点多个样，但点样点之间的距离以 1～1.5cm 为宜。

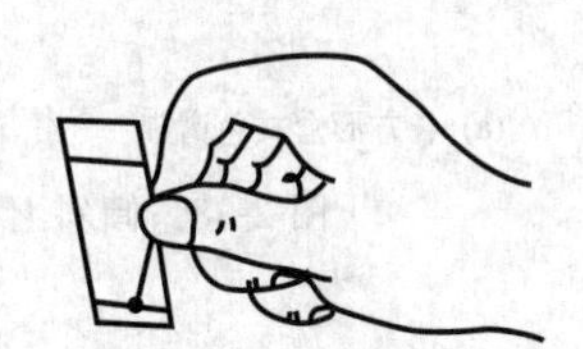

图 2-36　毛细管点样

② 带状点样　当样品溶液体积较大（1～90μL），而要进行定量点样时，可以借助特定的点样设备（如 CAMAG Linomat Ⅳ型自动点样设备）将样品点成带状。带状点样展开后的斑点不仅分辨率明显高于点状点样，而且精密准确，为定量分析提供最佳条件。

（4）展开　展开剂带动样点在薄层板上移动的过程称为展开。展开过程是在充满展开剂蒸气的密闭的容器（又称色谱缸或层析缸）中进行的。除了专用的色谱缸之外，常见的标本玻璃缸、广口瓶、大量筒等也可作为其代用品。

先将配好的展开剂倒入色谱缸内，为使缸内展开剂蒸气快速饱和，可贴缸壁立一块用展开剂浸透了的滤纸，加盖饱和 10min 左右后，将点好样的薄层板倾斜放入色谱缸中进行展开，薄层板底边插入展开剂，但切勿使点样点浸入展开剂中，如图 2-37 所示。当展开剂上升到距离薄层板顶端 1～1.5cm 处时，取出薄层板，立即用铅笔画出展开剂前沿的位置，展开剂挥发后即可显色。

薄层层析中展开方法大体可分为普通展开法和多重展开法。

① 普通展开法

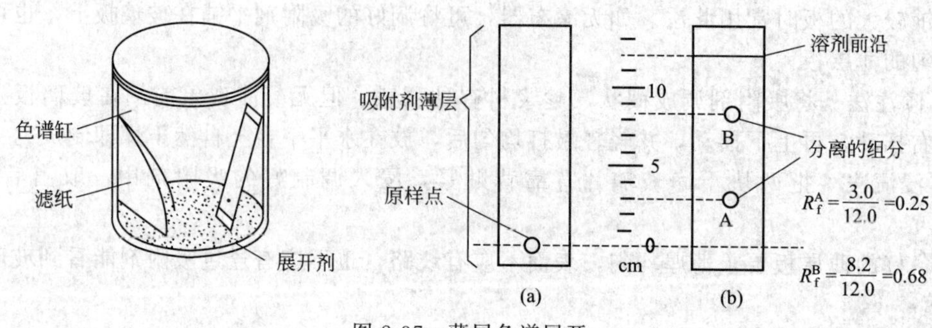

图 2-37 薄层色谱展开

a. 上升法 将点样后的薄层板垂直于盛有展开剂的容器中，这种展开方式适合于含黏合剂的硬板。

b. 倾斜上行法 使薄层板与展开剂平面呈一定的角度，无黏合剂的软板，倾斜角度为15°，含有黏合剂的薄层板可以倾斜45°～60°(见图 2-38)。

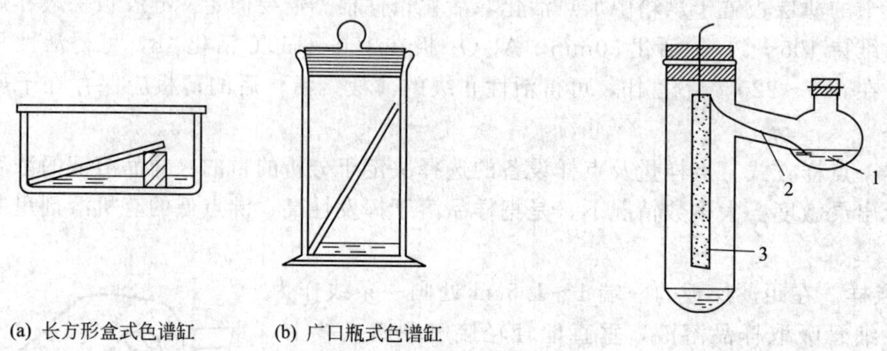

(a) 长方形盒式色谱缸 (b) 广口瓶式色谱缸

图 2-38 倾斜上行法展开

图 2-39 下降法展开

1—溶剂；2—滤纸条；3—薄层板

c. 下降法 展开剂放在圆底烧瓶中，用滤纸或纱布等将展开剂吸到薄层板的上端，使展开剂沿板下行（见图 2-39）。这种连续展开的方法适用于 R_f 小的化合物。

② 多重展开法 当一次展开后化合物得不到很好的分离时，可以采用多重展开的方法进行展开，多重展开主要分为以下两种类型。

a. 递次上行法 第一次展开剂到达前沿后，取出板，让展开剂挥发干，再在同一方向用同一种或换成另外一种展开剂展开，如此反复多次，可达到较好的分离效果，适用于不宜分离化合物的分离。

b. 双向展开法 使用方形玻璃板铺制薄层，样品点在角上，先向一个方向展开，取出薄层板，挥去展开剂，然后转动90°角的位置，再换另一种展开剂展开。这样，成分复杂的混合物可以得到较好的分离效果。这种方法常用于成分较多、性质比较接近的难分离物质的分离。

(5) 显色 若薄层所分离的化合物是有色的，展开后待溶剂挥发后可以直接进行定位。若化合物是不呈颜色的，则必须使用能使被分离物质变得可见的某种试剂或某种方法。能使斑点显色的试剂称为显色试剂，能使斑点变成明显可见的各种检查方法称为显色方法。

① 紫外光显色法 如果被分离的样品本身是荧光物质，可以在紫外灯下观察到荧光物质的亮点。如果样品本身不发荧光，可以在制板时，在吸附剂中加入适量的荧光剂或在制好

的板上喷上荧光剂（经常使用的是硫化锌和硫化镉的混合物），制成荧光薄层色谱板。荧光板经展开后取出，标记好展开剂的前沿，待溶剂挥发干净后，放在紫外灯下观察，有机化合物在亮的荧光背景上呈暗红色斑点。标记出斑点的形状和位置，计算比移值。

紫外光显色法不仅使用方便，而且被检出物质不被破坏，因此是常用的检出方法。

② 显色剂显色法　既无色，又无紫外吸收的物质，可采用显色剂显色法。

a. 蒸气显色　最常用的蒸气显色剂是碘。碘能与许多有机物（烷烃和卤代烷除外）反应形成棕色或黄色的配合物。这种显示方法是将几粒碘置于密闭容器中，待容器充满碘的蒸气后，将已展开干燥过的薄层板放入，碘与展开后的有机化合物可逆地结合，斑点即开始出现。当斑点的颜色足够深时，将薄层板从容器中取出，应立即标记出斑点的形状和位置（因为薄层板放在空气中，由于碘挥发，棕色斑点在短时间内即会消失），计算比移值。

其他常用的蒸气显色剂还有液体溴和浓氨水。

b. 喷雾显色　将显色剂配成一定浓度的溶液，用喷雾器喷洒在薄层板上，喷雾器与薄层板之间的距离最好为 2～3m，不能太近，这样才能使微细雾点均匀喷洒在薄层板上。

常用的显色剂有硫酸、硝酸、高锰酸钾-硫酸、重铬酸钾-硫酸、硝酸银、三氯化铁等，有些无色化合物还可通过将其制成有色衍生物后再点到板上。如可将醛或酮制成 2,4-二硝基苯腙，使其成为黄色或橙色化合物，也可待醛或酮在薄层板上经过分离后再喷上 2,4-二硝基苯肼试剂。

显色剂种类很多，可以根据具体情况选择合适的显色剂。以上这些显色方法在纸色谱中同样适用。

实验 11　薄层色谱分离偶氮苯和邻硝基苯胺
(Separation of Azobenzene and *ortho*-Nitroaniline by Thin Layer Chromatography)

【实验目的】

（1）了解薄层色谱的基本原理及其用途；

（2）熟练掌握薄层色谱的操作方法。

【实验原理】

本实验是以 CMC-硅胶薄层板鉴定偶氮苯和邻硝基苯胺，具体原理见 2.8.1。

【试剂及仪器】

试剂：硅胶 G，1%的羧甲基纤维素纳（CMC）水溶液；1%偶氮苯的 1,2-二氯乙烷溶液，1%邻硝基苯胺的 1,2-二氯乙烷溶液，1%偶氮苯的 1,2-二氯乙烷溶液和 1%邻硝基苯胺的 1,2-二氯乙烷溶液的等体积混合液，1,2-二氯乙烷与环己烷的等体积混合液。

仪器：小型色谱缸一个，载玻片（2.5cm×7.5cm）5 块，烘箱，直尺，毛细管。

【基本操作预习】

薄层色谱（http：//202.118.167.67/jpkdata/video/yjhx22/yjhxsy/sepufa-3.htm）

【实验步骤】

（1）制备薄层板[1]　取 2.5cm×7.5cm 左右的载玻片 5 块，洗净晾干。在 50mL 烧杯中，放置 3g 硅胶 G，逐渐加入 1%的羧甲基纤维素纳（CMC）[2] 水溶液 8mL，调成均匀的糊状。然后采用倾注法铺板，将糊状物小心倾倒于上述洁净的载玻片上，制成薄厚均匀、表面光洁平整的薄层板。涂好硅胶 G 的薄层板置于水平的台面上，使其晾干[3]。

将晾干后的薄层板放入烘箱中，缓慢升温至 110℃，活化半小时，取出，稍冷后置于干燥器中备用。

（2）点样[4]　取 2 块用上述方法制好的薄层板，分别在距薄层板一端约 1cm 处用铅笔画一水平横线作为起始线。用管口平整的毛细管在起始线上点样，每块板上点两个样点，一块板上点 1%偶氮苯的 1,2-二氯乙烷溶液和混合溶液两个样点，在另一块板上点 1%邻硝基苯胺的 1,2-二氯乙烷溶液和混合溶液两个样点，样点直径均应小于 2mm，间距至少 1cm 以上。如果溶液太稀，样点模糊，可待溶剂挥发后在原处重复点样，晾干或吹干。余下的 3 块薄层板，1 块留作机动，另 2 块上分别点偶氮苯的 1,2-二氯乙烷溶液（或 1%邻硝基苯胺的 1,2-二氯乙烷溶液）和一个未知样（偶氮苯或邻硝基苯胺）。

（3）展开[5]　在色谱缸中加入适量的 1,2-二氯乙烷与环已烷的等体积混合液作为展开剂，待色谱缸被展开剂蒸气饱和后，将点好样的薄层板放入，使点样一端向下，展开剂不得浸及样点（见图 2-37）。当展开剂前沿上升到距离薄板上端约 1cm 时取出，立即用铅笔标出前沿位置，依次展开其余各板。

（4）测量和计算　用直尺测量展开剂前沿及各样点中心到起始线的距离，计算各样点的 R_f。

（5）比较分析　将已经展开好的几块薄层板并排平放在一起，比较分析由混合样点所分得的样点中哪一个是偶氮苯，哪一个是邻硝基苯胺，确定未知物，并从分子结构解释其 R_f 的相对大小。

【注意事项】

（1）薄层板的制备应注意两点：载玻片应干净且不被手污染，吸附剂在载玻片上应均匀平整。为此，宜将吸附剂调得稍稀些，尤其是制硅胶板时，否则，很难将吸附剂铺摊均匀。

（2）配制 1%的 CMC 溶液：按照每克羧甲基纤维素钠 100mL 蒸馏水的比例在圆底烧瓶中配料，加入几粒沸石，装上回流冷凝管，加热回流至完全溶解，用布氏漏斗抽滤。也可在配料后用力摇匀，放置数日后直接使用。

（3）铺好的薄层板必须晾干，否则活化时将产生皲裂。

（4）点样用的毛细管必须专用，不得弄混。点样时，毛细管液面刚好接触到薄层即可，千万不能戳破薄层板面。

（5）展开时，不要让展开剂前沿上升高度超过载玻片顶端，否则，无法确定展开剂上升高度，即无法求得 R_f 和准确判断粗产物中各组分在薄层板上的相对位置。

【思考题】

（1）薄层色谱为什么可以用来分离物质？

（2）在混合物薄层色谱中，如何判定各组分在薄层板上的位置？

（3）为什么展开剂的液面要低于样点？如果液面高于样点会出现什么后果？

（4）制备薄层板时厚度对样品的展开有什么影响？

2.8.2 柱色谱（http：//202.118.167.67/jpkdata/video/yjhx22/yjhxsy/sepufa-1.htm）

柱色谱（column chromatography）是在一根玻璃管或金属管中进行的色谱技术，将吸附剂或支持剂填充到管中，使之成为柱状，称为色谱柱。使用柱色谱可以分离大多数有机化合物，尤其适用于复杂的天然产物的分离。可以提纯和分离较大量的样品（几毫克到几百毫

克）。

2.8.2.1 柱色谱原理

常用的有吸附柱色谱、分配柱色谱、离子交换色谱等。吸附柱色谱常用活性氧化铝和硅胶作固定相。在分配色谱中常以硅藻土和纤维素等作支持剂，以吸收较大容量的液体作固定相，而支持剂本身不起分离作用。在此重点介绍吸附柱色谱。

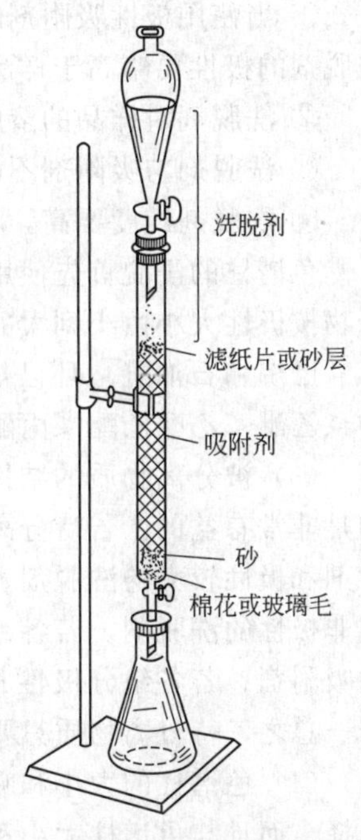

图 2-40 柱色谱装置

吸附柱色谱基本原理与吸附薄层色谱相同，也是基于各组分与吸附剂之间吸附强弱的差异，实现物质分离的目的。在吸附柱色谱中，固定相为吸附剂，流动相称为洗脱剂，相当于薄层色谱的展开剂。吸附柱色谱装置如图 2-40 所示。通常是在下端带有活塞的玻璃管（色谱柱）中填入表面积很大、经过活化的多孔性或粉末状固体吸附剂，从柱顶加入混合物样品溶液，各组分被吸附在柱的上端，然后连续加入洗脱剂，随着洗脱剂的向下流动，样品在吸附剂上反复地进行着吸附-解吸-再吸附-再解吸的过程，吸附时则停顿，解吸时则随着洗脱剂向下移动。由于各组分对于吸附剂的作用能力不同，向下移动的速率也不同，作用能力强的向下移动得慢，作用能力弱的移动得快，分别收集各组分的洗脱液，再逐一鉴定。如各组分为有色物质，则在色谱柱上可以直接观察到不同颜色的谱带；如为无色物质，可用紫外光照射，有些物质呈现荧光。有时则可分段收集一定体积的洗脱液，通过薄层色谱逐一鉴定，相同组分的收集液合并，蒸出溶剂，即可得到单一的纯物质，使得各组分得到了分离。

（1）吸附剂　柱色谱用的吸附剂与薄层色谱类似，常用的吸附剂有 Al_2O_3、硅胶、MgO、$CaCO_3$、活性炭、聚酰胺等。

柱色谱中吸附剂颗粒一般比薄层色谱稍大，通常使用的 Al_2O_3 颗粒大小为 100～150 目，硅胶的颗粒大小为 100～200 目。粒度太小，比表面大，吸附能力强，但溶液的流速太慢，易使谱带扩散，分离效果不好；若颗粒大，则比表面小，吸附能力差，溶液的流速太快，分离效果差。供柱色谱使用的 Al_2O_3 有酸性、中性和碱性三种。

吸附剂与溶质之间吸附作用的强弱，基本遵循这样一个粗略的规律：极性吸附剂易于吸附极性溶质；非极性吸附剂易于吸附非极性溶质。如极性吸附剂 Al_2O_3 对于各类化合物的吸附能力随化合物极性的降低而下降，一般有如下的规律：

酸、碱＞醇、胺、硫醇＞酯、醛、酮＞芳香族化合物＞卤代物、醚＞烯烃＞饱和烃

（2）洗脱剂　在柱色谱分离中，洗脱剂的选择非常重要。通常根据被分离物质中各组分的极性、溶解度和吸附剂活性来考虑。

通常洗脱剂的选择可通过薄层色谱实验确定。在薄层色谱中能将样品中各组分完全分开的展开剂，就可作为柱色谱的洗脱剂。此外在选择洗脱剂时要注意以下两点：

① 洗脱剂与吸附剂间的极性相近、作用力强，则吸附剂将优先吸附洗脱剂，对样品的吸附作用相对减弱，各组分流出较快，彼此难以分离；

② 若洗脱剂与各组分的作用力强、对其溶解度太大，同样会使各组分快速流出；相反，则流出速率太慢，扩散作用使色带变宽，甚至发生重叠，也难以获得好的分离效果。

选择洗脱剂时一般要求以下几点：

① 当使用极性吸附剂时，洗脱剂的极性要略低于样品的极性；当使用非极性吸附剂时，洗脱剂的极性要略高于样品的极性；

② 洗脱剂对样品的溶解度要适当；

③ 洗脱剂与吸附剂不能发生化学反应；

④ 洗脱剂纯度要高，不含杂质。

色谱柱的洗脱首先使用极性较小的溶剂，然后逐渐增加洗脱剂的极性，使极性不同的化合物按极性大小由小到大的顺序自色谱柱中洗脱下来。常用洗脱剂的极性按如下顺序递增：

己烷和石油醚＜环己烷＜四氯化碳＜三氯乙烯＜二硫化碳＜甲苯＜苯＜二氯甲烷＜氯仿＜乙醚＜乙酸乙酯＜丙酮＜乙醇＜甲醇＜水＜吡啶＜乙酸

(3) 被分离物质的结构　被分离物质各个组分的分子结构，对于正确选择吸附剂和洗脱剂是非常有益的。若待分离的组分极性较大，或含有极性较大的基团，应选用极性较弱的吸附剂和极性较大的洗脱剂。反之，对于极性较小的样品，则选用极性较强的吸附剂和弱极性或非极性的洗脱剂。若各组分极性差别很大，易于分离，可选用较为短粗的柱子，使用较少的吸附剂；若各组分极性相差很小，难以分离，则选用细长的柱子，并使用较大量的吸附剂。总之，待分离物质只要在结构上存在差异，其极性大小就会不同，就可能被分离。

(4) 色谱柱的大小和吸附剂用量　吸附柱色谱的分离效果不仅依赖于吸附剂和洗脱剂的选择，而且与色谱柱大小和吸附剂用量有关。一般要求柱中的吸附剂用量为被分离样品量的30～40倍，若必要时可增至100～200倍；柱直径为其长度的1/10～1/4，实验室常用的色谱柱直径在0.5～10cm之间。

2.8.2.2　操作步骤

(1) 装柱　将色谱柱洗净、干燥，底部铺一层玻璃棉或脱脂棉，再铺一层5mm厚的洗净干燥的石英砂（或用一张比内径略小的圆形滤纸），以保持平整的表面。有的色谱柱下端已是用砂芯片烧结而成，可直接装柱。常用的装柱方法有干装法和湿装法两种。

① 干装法　干装法是将干吸附剂通过洗净、干燥的漏斗倒入柱内，不间断地形成一细流慢慢加入柱内，同时用洗耳球（或带橡皮塞的玻璃棒）轻轻敲打色谱柱，使填装均匀，再在上面加一层5mm厚的石英砂。柱装好后，打开下端活塞，从上端倒入洗脱剂冲柱，以排尽柱内空气，并保留一定液面。

② 湿装法　湿装法是先将洗脱剂倒入柱内约为柱高的1/2，然后将吸附剂连续不断地慢慢倒入柱内（或将适量的吸附剂与洗脱剂调成混悬液或糊状慢慢倒入柱内），同时将下端的活塞打开，使洗脱剂以每秒1滴的速率慢慢地流出，带动吸附剂缓慢沉于柱的下端，至吸附剂的沉降不再变动且洗脱剂液面微高于吸附剂表面为止，并使吸附剂的上表面平整，此时在吸附剂上面轻轻压上一小圆滤纸，以防在加入样品溶液和洗脱时将吸附剂冲起。

无论采用哪种方法装柱，都必须装填均匀，严格排除空气，否则将影响分离效果。一般来说，湿装法比干装法装得紧密均匀。

(2) 加样　将适量样品以适量溶剂溶解。打开色谱柱的活塞，将顶部多余的溶剂放出，到柱内液面刚好接近吸附剂表面时关闭旋塞。用滴管小心地将样品溶液沿管壁均匀加到柱顶上。加完后用少量溶剂把容器和滴管冲洗净并全部加到柱内，再用溶剂洗涤柱壁上的样品。慢慢打开活塞，调整液面和吸附剂表面相齐时，即可用洗脱剂洗脱。

(3) 洗脱　将选择好的洗脱剂放在滴液漏斗中，打开活塞，连续不断地慢慢滴加在吸附柱上。同时打开色谱柱下端活塞，保持适当流速，收集洗脱液，也可用自动收集器收集。洗脱时，一般先选用洗脱能力弱的洗脱剂洗脱，逐步增加洗脱能力。收集洗脱液时，如果被分离的各组分有颜色，可按不同的色带分别收集；如果无色，采用等量逐份收集洗脱液，若各组分的结构相似，每份收集的尽量要小，反之要大些。每份洗脱液采用薄层色谱或纸色谱定性鉴定，根据分析结果，成分相同（斑点相同）的洗脱液合并，回收溶剂，可得一单体成分。如仍为几个成分的混合物，可再用柱色谱或其他方法进一步分离。

实验 12　柱色谱法分离偶氮苯和邻硝基苯胺 (Separation of Azobenzene and *ortho*-Nitroaniline by Colum Chromatography)

【实验目的】

（1）熟悉柱色谱的分离原理和应用；

（2）掌握柱色谱法分离有机化合物的实验操作技术。

【实验原理】

本实验以氧化铝为吸附剂，1,2-二氯乙烷与环已烷等体积混合液为洗脱剂，分离偶氮苯与邻硝基苯胺的少量混合溶液。由于偶氮苯和邻硝基苯胺的结构不同、极性不同，吸附剂对它们的吸附能力不同，因此洗脱剂对它们的解吸速率也不同。极性小、吸附能力弱、解吸速率快的偶氮苯先被洗脱下来，而极性大、吸附能力强、解吸速率慢的邻硝基苯胺后被洗脱下来，从而使两种物质得以分离。由于两组分均有鲜艳的颜色，故不需要显色即可清晰地观察到柱中的分离情况，适合于初学者练习柱色谱操作技能。

【试剂及仪器】

色谱柱：长 25cm，内径 1cm。

吸附剂：市售中性氧化铝（100～200 目，Ⅱ～Ⅲ级）。

待分离混合样：1%偶氮苯的 1,2-二氯乙烷溶液与 1%邻硝基苯胺的 1,2-二氯乙烷溶液的等体积混合液约 1mL。

洗脱剂：①1,2-二氯乙烷与环已烷等体积混合液 80～100mL；②95%乙醇（备用）。

【基本操作预习】

柱色谱（http：//202.118.167.67/jpkdata/video/yjhx22/yjhxsy/sepufa-1.htm）

【实验步骤】

（1）湿装法装柱　将洗净、晾干的色谱柱竖直固定在铁架台上，关闭活塞，注入约为柱容积 1/4 的洗脱剂。将一小团脱脂棉用洗脱剂润湿，轻轻挤出气泡，用一支干净玻璃棒将其推入柱底狭窄部位（勿挤压太紧），在脱脂棉上加盖一张直径略小于柱内径的滤纸片。将 10g 中性氧化铝置于小烧杯中，加入洗脱剂调成悬浊状。打开柱下活塞调节流速约 1 滴/s，将制成的悬浊液在不断搅拌下自柱顶注入，最好一次加完。如吸附剂尚未加完而烧杯中洗脱剂已加完，可再用适量洗脱剂调和后加入柱中。在吸附剂沉积过程中可用套有橡皮管的玻璃棒轻轻敲击柱身以使吸附剂沉积均匀(1)。柱下接的洗脱剂可重复使用。在此过程中应始终保持吸附剂上面有一段液柱。吸附剂加完后关闭活塞，待沉积完全后将一张比柱内径略小的滤纸片(2)用玻璃棒轻轻推入，盖在吸附剂沉积面上。

（2）加样　打开柱下活塞放出柱中液体，待液面降至滤纸片时关闭活塞，将 1mL 待分离的混合样液沿柱内壁加入。打开活塞，待样液的液面流至滤纸片时关闭活塞。用干净滴管吸取洗脱剂约0.3mL沿加样处冲洗柱内壁。再打开活塞将液面降至滤纸处。依上法重复操作2～3次，直至柱壁和顶部的洗脱剂均无颜色。

(3) 洗脱和接收　在色谱柱上装置滴液漏斗，加入大量洗脱剂，打开柱下活塞，控制流出速率为1滴/s[(3)]，柱下以干净锥形瓶接收，观察柱中色带下行情况。随着色带向下行进，逐渐分为两个色带，下方的为橙红或橙黄色，上方为亮黄或微带草绿色，中间为空白带。当前一色带到达柱底时更换接受瓶接收（在此之前接收的无色洗脱剂可重复使用）。当第一色带接收完后（滴出液近无色为止），更换接受瓶接收空白带，继续洗脱至黄色开始滴出，再换一接受瓶接收第二色带，至黄色色带全部洗出为止。如此分别得到两种物质的溶液[(4)]。

如果两色带间的空白带较宽，在第一色带到柱底时可改用95%乙醇洗脱，以加速色带下行。若空白带较窄，甚至中间为交叉带，则不可用乙醇洗脱，否则将会使后一色带追上前一色带，造成混淆。

本实验操作优劣以柱中色带分布狭窄、前沿整齐、水平，空白带较宽者为佳。

【注意事项】

(1) 色谱柱填装是否紧密对分离效果有很大影响。若柱中留有气泡或各部分松紧不匀时，会影响渗流的速率和显色的均匀。但填装时如果过分敲击，又会因吸附剂太紧密而流速太慢。

(2) 加入滤纸的目的是在加料时不致把吸附剂冲起而影响分离效果，也可用玻璃毛或石英砂压在吸附剂上面。

(3) 洗脱剂的流速一般为每秒1滴，若流速太快，样品在柱中的吸附和解吸过程来不及达到平衡，影响分离效果。若流速太慢，不仅分离时间长，而且有时样品在柱中停留时间过长，可能促使某些成分发生变化。或流动相在柱中下降的速率小于样品的扩散速率，会造成色带加宽、交合甚至无法分离。

(4) 在柱色谱分离过程中，必须保证自始至终不要使柱内的液面降到吸附剂表面以下，否则会使柱身出现裂缝和气泡，影响分离效果。

【思考题】

(1) 色谱柱中若填装不匀或有气泡、裂缝，对分离效果有何影响？如何避免？

(2) 柱色谱中为什么极性大的组分要用极性强的洗脱剂进行洗脱？

(3) 若样品中各组分是无色物质，如何收集各组分？

(4) 使用氧化铝为吸附剂，用极性溶剂为洗脱剂，混合物中极性小的组分与极性大的组分相比哪一个先被洗脱？为什么？

(5) 样品在柱内的下移速率为什么不能太快？如果太快会有什么后果？

2.8.3　纸色谱（http：//202.118.167.67/jpkdata/video/yjhx22/yjhxsy/sepufa-2.htm）

纸色谱（纸层析）和薄层色谱一样，主要用于混合物的分离和鉴定。此法一般用于微量有机物的定性分析。优点是操作简单，价格便宜，易于保存；缺点是展开时间较长。纸色谱主要用于多官能团或高极性化合物如糖、氨基酸等的分析分离。

2.8.3.1　基本原理

纸色谱法属于分配色谱的一种，它的分离作用不是靠滤纸的吸附作用，而是以滤纸（高纯度的纤维素制成）作为惰性载体，以吸附在滤纸上的水或有机溶剂为固定相，被水饱和的

有机溶剂为流动相，称为展开剂，利用样品各组分在两相中分配系数的不同达到分离的目的。

在滤纸的一定部位点上样品，当流动相沿滤纸流动经过样品点时，即在滤纸上的水与流动相间连续发生多次分配，结果在流动相中具有较大溶解度的物质随展开剂移动的速率较快，而在水中溶解度较大的物质随展开剂移动的速率较慢，这样便能把混合物分开。

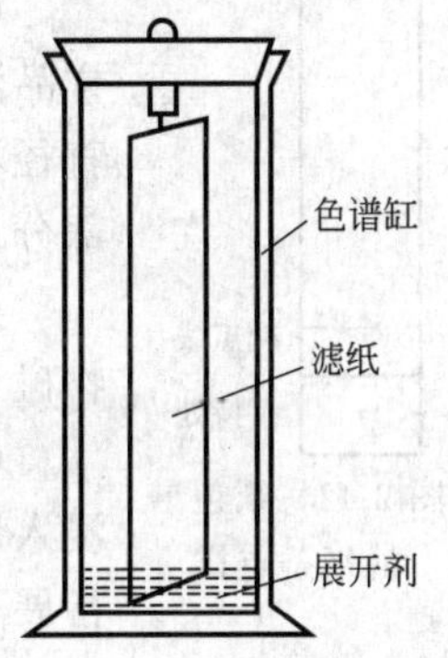

图 2-41 纸色谱装置

通常用比移值（R_f）表示物质移动的相对距离。各种物质的 R_f 随要分离化合物的结构、滤纸的种类、溶剂、温度等不同而异。但在上述条件固定的情况下，R_f 对每一种化合物来说是一个特定数值，因而它可以作为定性分析的依据。由于影响比移值的因素很多，实验数据往往与文献记载不完全相同，因此在未知物鉴定时，通常采用标准样品在同一张滤纸上点样对照。

因为许多化合物是无色的，在色谱分离后，需要在纸上喷某种显色剂，使化合物显色以确定移动距离。不同物质所用的显色剂是不同的。如氨基酸用茚三酮，生物碱用碘蒸气，有机酸用溴酚蓝等。除用化学方法外，也可用物理方法或生物方法来鉴定的。

纸色谱须在密闭的色谱缸中展开，式样多种，图 2-41 所示的是其中的一种。

2.8.3.2 *操作方法*

（1）层析用纸　纸色谱用的滤纸，对其质地、纯度及机械强度都有严格要求，实质上是高级滤纸。如 Whatman 1 号和新华 1～6 型，国产新华牌色谱用滤纸的型号及性能见表 2-9。作一般分析时可用新华 2 号色谱滤纸，若样品较多时可用新华 5 号厚滤纸。滤纸的质量应厚薄均匀，能吸附一定量的水，大小可自由选择，一般为 3cm×20cm，5cm×30cm，8cm×50cm 等。

表 2-9　新华牌色谱用滤纸的型号及性能

型号	标重/(g/m²)	厚度/mm	吸水性 30min 内水上升高度/mm	灰分	性能
1	90	0.17	150～120	0.08	快速
2	90	0.16	120～91	0.08	中速
3	90	0.15	90～60	0.08	慢速
4	180	0.34	151～121	0.08	快速
5	180	0.32	120～90	0.08	中速
6	180	0.32	90～60	0.08	快速

（2）选择展开剂　根据被分离物质的不同，选用合适的展开剂。展开剂应对被分离物质有一定的溶解度。溶解度太大，被分离物质会随展开剂跑到前沿；溶解度太小，则会留在原点附近，使分离效果不好。选择展开剂应注意下列几点。

① 能溶于水的化合物，以吸附在滤纸上的水作固定相，以与水相混合的有机溶剂作展开剂。

② 难溶于水的极性化合物，以非水极性溶剂（如甲酰胺等）作固定相，以不能与固定相混合的非极性溶剂（如环己烷、苯、四氯化碳等）作展开剂。

③ 不溶于水的非极性化合物，以非极性溶剂（如液体石蜡）作固定相，以极性溶剂

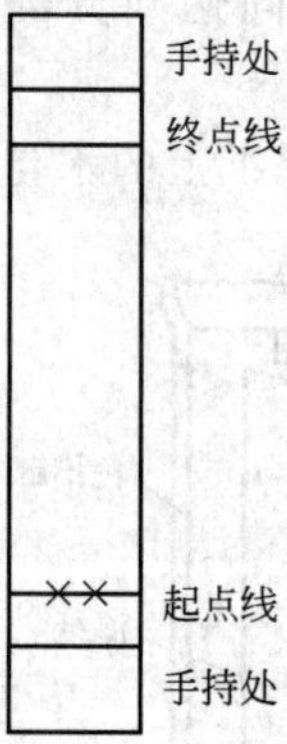

（如水、含水的乙醇等）作展开剂。

当一种溶剂不能将样品全部展开时，可选择混合展开剂。常用的有：丁醇-水（一般用饱和的丁醇）；正丁醇-醋酸-水，比例为4∶1∶5。

（3）点样　在滤纸的一端2～3cm处用铅笔按图2-42画好起点线，将样品溶于适当的溶剂中，用毛细管吸取样品溶液点于起点线的×处，点的直径不超过5mm，然后将其晾干，溶剂挥发后，再剪去纸条上下手持的部分。

必须注意，整个过程不得用手接触纸条中部，因为皮肤表面沾着的脏物碰到滤纸时会出现错误的斑点。

手持处
终点线
起点线
手持处

图2-42　纸色谱滤纸条点样

（4）展开　将滤纸的另一端悬挂在色谱缸的玻璃钩上，使滤纸条下端浸入展开剂中约1cm，展开剂即在滤纸上上升，样品中组分随之而展开，待展开剂上升至终点线时，将滤纸取出，晾干。

上面介绍的仅为上升法中的一种方法，还有下降法和双向色谱法，需要时请参阅其他书刊。

（5）显色　展开完毕后，取出色谱分离用滤纸，画出展开前沿。若化合物本身有色，就可以直接观察斑点。若本身无色，通常可用显色剂喷雾或在紫外灯下观察有无荧光斑点。

（6）计算比移值（R_f）

实验13　纸色谱分离氨基酸

（Separation of Amino Acids by Paper Chromatography）

【实验目的】

（1）了解纸色谱的原理和应用；

（2）掌握纸色谱分离氨基酸的操作技术。

【实验原理】

本实验以氨基酸已知样分析氨基酸的混合液组成，由于混合液中各氨基酸极性的不同，经过一定时间的展开，不同氨基酸随着展开剂——正丁醇∶乙酸∶水（4∶1∶5）在滤纸上移动的速率不同，从而相互分离。用茚三酮溶液显色后，与氨基酸已知样的R_f相比较，可鉴定氨基酸混合液的成分。

【基本操作预习】

纸色谱（http://202.118.167.67/jpkdata/video/yjhx22/yjhxsy/sepufa-2.htm）

【实验步骤】

（1）配制展开剂　正丁醇∶乙酸∶水＝4∶1∶5(体积比）按它们用量比例，先将正丁醇与水在分液漏斗中一起振摇10～15min，然后加乙酸再振荡。静置分层，下层弃去，上层作为展开剂，将展开剂倒入色谱缸内盖上盖，放置0.5h，使缸内形成饱和蒸气。

（2）配制显色剂　95份正丁醇及5份（体积比）2mol/L的CH_3COOH混合作为溶剂，加入茚三酮配成0.1%的溶液。

（3）点样　取5cm×30cm的滤纸一张，在距离一端2cm处用铅笔轻画一直线，在直线上用铅笔轻轻地画4个“×”号，并注上号码1、2、3、4，在1、2、3点上用毛细管（管

口要齐）分别点上甘氨酸、丙氨酸、异亮氨酸已知样，在第四点上，点上混合样，每点一次样品，就用吹风机以温热的风吹干或晾干，每个样品点三次。

（4）显色　喷上前面配制的显色剂到刚好润湿滤纸，用吹风机吹干，并在85～90℃烘干，显出紫红色斑点。

（5）计算各组分的 R_f，鉴定混合液的组分。

【思考题】

（1）在滤纸上记录原点位置时，为什么可以用铅笔画线，而不能用钢笔或圆珠笔画线？

（2）点样的斑点为什么要控制一定的大小？

（3）展开时，样点能否在展开剂液面之下，为什么？

（4）单独氨基酸的 R_f 与其在混合液中该氨基酸的 R_f（操作条件相同）是否相同？为什么？

2.8.4　气相色谱

气相色谱法（gas chromatography，GC）是20世纪50年代初发展起来的一种分离和分析新技术，它是以气体为流动相的色谱法。该法具有快速、高效、高灵敏度分离的特点。可用于沸点在500℃以下、热稳定的挥发物质的分离和测定，目前已广泛应用于石油工业、有机合成、生物化学和环境监测等领域中。

2.8.4.1　基本原理

气相色谱的流动相是载气，固定相则有固体与液体之分。固定相是固体的称为气固色谱（gas solid chromatography，GSC），固定相是液体的称为气液色谱（gas liquid chromatography，GLC）。

（1）气固色谱法　气固色谱法在色谱柱中用作固定相的填充剂一般是吸附剂。各种吸附剂的化学组成及其性能列于表2-10中，可以根据分析对象，参照此表的介绍，选择合适的吸附剂。由表2-10中可以看出，前4种吸附剂填充的气固色谱柱主要是用于分析永久性气体及低沸点烃类，而高分子多孔微球（GDX）填充剂则适合分析极性低分子有机化合物。

表2-10　气固色谱常用吸附剂及其性能

吸附剂	化学组成	极性	最高使用温度/℃	使用前预处理方法	分析对象	备　注
活性炭	C	非	<300	过筛，用苯浸泡以除去其中硫黄、焦油等，在350℃用水洗至无浑油，180℃烘2h	永久性气体及低沸点烃类	炭黑在2500～3000℃煅烧成石墨化炭黑，具均匀表面，可用来分析极性化合物
硅胶	$SiO_2 \cdot nH_2O$	有	随活化温度而定，<400	用6mol/L盐酸泡浸2h，用水洗至无氯离子，180℃烘6～8h	永久性气体及低沸点烃类	色谱专用硅胶在200℃活化后即可使用
氧化铝	Al_2O_3	弱	<400	过筛，600℃活化4h	分离 $C_1 \sim C_2$ 烷烃、烯烃异构体	随活化温度不同，含水量不同，从而影响保留值

续表

吸附剂	化学组成	极性	最高使用温度/℃	使用前预处理方法	分析对象	备注
分子筛	$x(MO)\cdot y(Al_2O_3)\cdot z(SiO_2)\cdot nH_2O$	有	<400	过筛，在350～550℃下烘烤活化3～4h(注意：超过600℃会使分子筛结构破坏而失效)	永久性气体、惰性气体	化学组成中M代表一种金属元素，如Na、K、Ca等，随晶型及组成不同，分为A、X、Y等型号，各型号根据孔径不同又分为3A、5A等规格
高分子多孔微球	随聚合时原料不同，组成也不同，一般用苯乙烯和乙烯基苯共聚体	随组成不同而异	<200	170～180℃烘去水分后，在H_2或N_2气流中老化10～20h	气相或液相中水的分析：CO、CO_2、CH_4、低级醇、醛、酸等，以及H_2S、SO_2、NH_3、NO_2等	国产GDX型填充剂即属此类

气固色谱法分离混合物的原理是根据吸附剂表面对样品各组分的物理吸附能力不同而达到分离目的，属于吸附色谱。进行操作时，以惰性气体或永久性气体（如H_2、N_2、He、Ar等）作为流动相（或称载气），载气以一定的速率流过色谱柱，将欲分析的气体试样带入色谱柱，由于柱内的吸附剂对气体各组成部分的吸附能力不同，难以被吸附的组分随载气向前移动的速率较快，较易被吸附的组分则移动速率较慢，这样各组分将彼此分离，先后流出色谱柱。

（2）气液色谱法　在气液色谱中，固定相是小颗粒固体（载体）表面吸附高沸点的液体（固定液），利用被分析样品中各组分在固定液中溶解度的差异而将混合物分离，属于分配色谱。

① 载体　气液色谱的色谱柱的填充剂是一种多孔性的固体颗粒，它提供惰性表面，用以承担固定液，称为载体。对载体的要求是：表面积较大，孔径分布均匀；化学惰性好，即表面没有吸附性或吸附性能很弱，不与被分离的物质发生化学反应；热稳定性好，有一定的机械强度。载体的品种很多，可以分为硅藻土与非硅藻土两大类型，其性能见表2-11。

表2-11　气液色谱常用载体的分类及性能比较

类型	类别	化学组成	比表面/(m^2/g)	催化吸附性能	使用温度/℃	用途	典型商品
硅藻土型	红色载体	多孔的硅藻土烧结物，含SiO_2(60%～90%)，Al_2O_3(39%～50%)，F_2O_3(<10%)及少量CaO，MgO	4.0	有 pH<7	<500	目前应用最广泛的载体，用硅化烷、釉化处理后可使催化吸附性能减至最小。若不处理在分离极性化合物时有拖尾现象	国产：6201载体，201载体，202载体，釉化载体 进口：Chromosob P Gas Chrom R Chezasob
	白色载体	多孔的硅藻土烧结物，烧结前加助熔剂Na_2CO_3，化学组成基本同上，但Na_2O，K_2O含量较高	1.0	表面吸附中心较红色吸附性能显著减小，pH>7	>500	为通用载体，柱效及液相负荷均为红色载体的一半。但在分离极性化合物拖尾效应较红色载体小。也可经硅烷化处理进一步改性	国产：101白色载体，102硅化烷白色载体 进口：Celite545 Gas Chrom(A,CI,P,Q,S,Z) Chromosob(A,G,W) Anakrom(U,P)

续表

类型	类别	化学组成	比表面/(m^2/g)	催化吸附性能	使用温度/℃	用　途	典型商品
非硅藻土型	玻璃球	玻璃制成	≤10	小	250	当固定液含量≤50%(质量比)时，能在较低温度下分析高沸点化合物，硅烷化处理可进一步减弱其吸附性	国产：玻璃球载体 进口：Glass beads
	氟塑料球	聚四氟乙烯或三氟乙烯	≤10	很小	<180	适用于分离腐蚀性和强极性化合物	国产：701 载体，702 载体 进口：Fluon，Daiflin，Tefion

② 固定液　吸附在载体表面上的高沸点液体称为固定液。在气液分配色谱中，载气一旦确定，固定液的选择能否有效分离试样各组分是一个决定因素。通常根据“相似性”的原则选择固定液，即固定液的结构、性质、极性与被分离的组分相似或相近。

分离非极性的烃类化合物时，要用非极性的固定液，如角鳖烷等。此时低沸点组分先流出，高沸点物质后流出；如果混有极性物质且沸点相同，则极性较强者先流出。对于分离中等极性的物质，选用中等极性的固定液，如邻苯二甲酸二壬酯，组分基本按沸点顺序流出，沸点相同、极性较强的后流出。含有强极性基团的组分一般选用极性固定液，如有机皂土-34，极性弱的组分先流出，极性强的组分后流出。分离能形成氢键的组分，选用氢键型固定液，如三乙醇胺，一般是形成氢键能力弱的组分先流出，形成氢键能力强的后流出。

此外固定液还必须具备热稳定性好、蒸气压低、在操作温度下应呈液态等条件。目前固定液的种类很多，常见的固定液见表 2-12。

表 2-12　常见的固定液

名　称	分析组成结构式	极性程度	沸点/℃	最高使用温度/℃	溶剂	分析对象
角鲨烷(异三十烷)	i-$C_{30}H_{62}$	非	375	150	乙醚、甲苯	C_1～C_8 烃类及非极性化合物
阿匹松(真空润滑油)	高分子量烷烃(有各种型号，以 L、K、M 最常用)	非	—	M:250 L:300	氯仿、苯	各类高沸点非极性有机化合物
甲基硅橡胶	$-[O-Si(Me)_2]_n-$	弱	—	200～350	氯仿/丁醇(1∶1)	各类高沸点弱极性有机化合物
甲基乙烯基橡胶	$-[O-Si(Me)(CH=CH_2)]_n-$	弱	—	300	氯仿	各类高沸点有机化合物
甲基苯硅油	$-[O-Si(Me)_2]_n-[O-Si(C_6H_5)_2]_m-$	弱	—	225～350	氯仿、苯、丙酮	各类高沸点有机化合物
邻苯二甲酸二壬酯	$C_6H_4(COOC_9H_{19})_2$	中等	245(665Pa)	160	乙醚、丙酮、氯仿、甲醇	各类有机化合物

续表

名　称	分析组成结构式	极性程度	沸点/℃	最高使用温度/℃	溶剂	分析对象
癸二酸二辛酯	$C_8H_{16}(COOC_8H_{17})_2$	中等	—	120	乙醚	烃及含氧有机物
磷酸三甲苯酯	$(CH_3C_6H_4O)_3PO$	中等	260 (532Pa)	100	甲醇	卤代烃等
聚乙二醇丁二酸酯	$\{(CH_2)_2COO(CH_2)_2COO\}_n$	中等	—	200	氯仿	各类有机化合物
氧二丙腈	$O(CH_2CH_2CN)_2$	极性	270	100	丙酮	烃及含氧有机物
聚苯醚	$(-C_6H_4-O-)_n$	中等	—	200	氯仿	脂肪烃、芳香烃
硫二丙腈	$S(CH_2CH_2CN)_2$	极性	180 (399Pa)	60	丙酮	含硫化合物
1,2,3,4-四(2-氰乙氧基)丁烷	$CH_2OCH_2CH_2CN$—$CHOCH_2CH_2CN$—$CHOCH_2CH_2CN$—$CH_2OCH_2CH_2CN$	极性	—	200	丙酮	芳烃、含氧化合物
有机皂土-34	$(C_{18}H_{37})_2N(CH_3)_2$-皂土	极性	—	200	甲苯	芳烃
苯乙腈	$C_6H_5-CH_2CN$	极性	233	20	甲醇	与 $AgNO_3$ 一起选择分离烷烃、烯烃
三乙醇胺	$(HOCH_2CH_2)_3N$	氢键	360	160	甲醇	胺类

2.8.4.2　气相色谱仪

气相色谱仪示意如图 2-43 所示，一般由载气系统，分离系统，检测、记录和数据处理系统三部分组成。

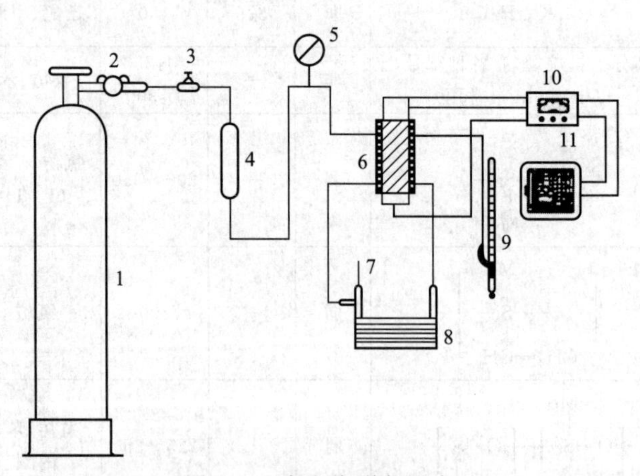

图 2-43　气相色谱仪示意

1—高压钢瓶；2—减压阀；3—精密调压阀；4—净化干燥；5—压力表；6—热导池；7—进样器；8—色谱柱；9—皂膜流速计；10—测量电桥；11—记录仪

(1) 载气系统　载气系统主要是储于钢瓶中的氮气、氢气或氦气，用减压阀控制载气流

量，用皂膜流量计测量载气流速，流速一般控制在 30～120mL/min。

（2）分离系统　分离系统包括色谱柱、进样器、恒温箱和有关电气控制单元。常用的色谱柱有玻璃管柱、不锈钢管柱等，内径 2～6mm，长 1～3m，弯成 U 形或螺旋形；另一种是毛细管柱，内径 0.1～0.75mm，长 20～200m。色谱柱内填满了吸附剂或涂渍有固定液的载体。

（3）检测、记录和数据处理系统　该系统包括检测器、记录器和积分仪或微处理机等。检测器能够检知和测定试样组成及各组分含量，它将经色谱柱分离后的各组分按其特性及含量转换为相应的电信号。常用的检测器有热导检测器、氢火焰离子化检测器、电子捕获检测器等。检测器应具有敏感、应答快、线性范围宽、通用性和特征性及性能稳定可靠、操作方便等特点。

2.8.4.3　操作步骤

参考仪器说明书将有关部件安装好，检查各系统接头确保不漏气后，即可开始操作。在保持压力的情况下，让载气（氢、氮、氦、氩）通过色谱柱，使载气流速控制在所需要的流速范围。加热色谱柱至所需要的温度，用微量的注射器将样品注入进样室，试样进入后立即气化并被载气带入色谱柱，在柱中样品按照它们的气相和液相之间的分配系数进行分配（气液色谱），已分离的样品组分离开柱子后，依次进入检测器，检测器的作用是将分离的每个组分按其浓度大小定量地转换成电信号，经放大后，被记录仪记录下来。

2.8.4.4　气相色谱分析

（1）定性分析　当每一组分从柱中洗脱后进入检测器，在色谱上就出现一个峰，当空气随试样进去后，因为空气挥发性高，它就和载气一样最先通过色谱柱，故第一个峰为空气峰。从试样被注入到一个信号峰的最大值时经过的时间称为某一组分的保留时间，如图 2-44 中组分 A 的保留时间用 $t_{r(A)}$ 表示，为 3.6min，在色谱条件相同的条件下，一个化合物的保留时间是一个特定常数。

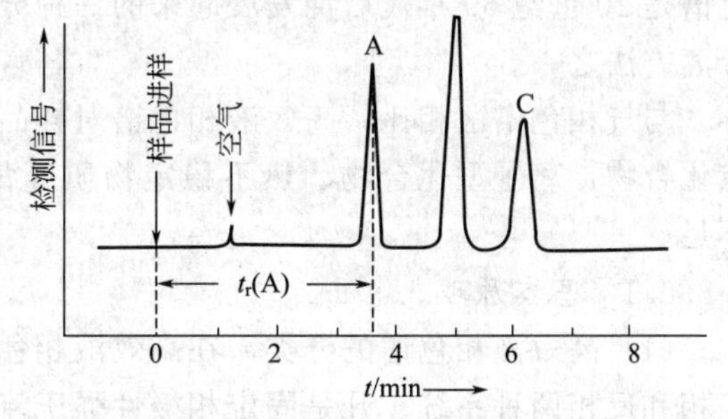

图 2-44　三组分混合物的气相色谱

通过比较未知物与已知物的保留时间，可以鉴定未知物。若在相同的色谱条件下，未知物和已知物的保留时间不相同，则可认为是不同的化合物；保留时间相同，两者可能是同一物质，也可能不是，因为许多有机化合物在特定的色谱条件下有相同的保留时间。为了准确地进行定性分析，必须至少用两种极性不同的固定液进行分析，如果未知物和已知物在不同的固定液中有相同的保留时间，则说明是同一化合物；如果在此两种固定液情况下都出现一个峰，则通常可以认为该物质是单一的。

（2）定量分析　气相色谱也是定量分析少量挥发性混合物的有效工具。定量进行分析的依据是每个组分的含量（质量或物质的量）与每个组分的峰面积（或峰高）成正比：

$$m_i = A_i f_i$$

式中，m_i 为组分的含量；A_i 为峰面积；f_i 为绝对校正因子。所以利用气相色谱作定量分析时，首先要准确地求出峰面积或峰高，其次求出校正因子。市售较先进的气相色谱仪常配有积分仪，都能将色谱图上的某组分的峰面积和保留时间记录下来。

峰面积的测定方法有几种，其中最简便的是峰高乘以半高宽：

$$A = hW_{1/2}$$

式中，$W_{1/2}$为$h/2$处的宽度。这样测定的峰面积为实际峰面积的0.94，但在做相对计算时不影响定量结果。

由于绝对校正因子不易测定，实际工作中多采用相对校正因子f'_i：

$$f'_i = \frac{f_i}{f_s} = \frac{A_s m_i}{A_i m_s}$$

只要知道待测物质与标准物质的浓度，再分别测定相应的峰面积，即可求出相对校正因子。

气相色谱法中各组分的含量常用三种方法求出：外标法（与外标样比较）、归一化法（混合物的总峰面积为100%）、内标法（将一定浓度的标液加到样品中）。通常用归一化法计算含量。

归一化法是先测样品各组分的峰面积和相对校正因子，然后计算各组分的质量分数：

$$w_i = \frac{f'_i A_i}{f'_1 A_1 + f'_2 A_2 + f'_3 A_3 + \cdots} \times 100\%$$

式中，A_1、A_2、A_3为样品各组分的峰面积；f'_1、f'_2、f'_3为各组分的相对校正因子。此法要求样品组分全部流出色谱柱，并有相应的色谱峰。

2.8.5 高效液相色谱

高效液相色谱也称高压液相色谱（high performance/pressure liquid chromatography, HPLC），它是以经典的液相色谱为基础，以高压下的液体为流动相的色谱过程。高效液相色谱是20世纪60年代后期发展起来的一种分析方法，目前已成为现代分析化学中最重要的分离方法之一。

与气相色谱法相比，高效液相色谱对样品的适用性更广。对于气相色谱无法分析的高沸点化合物、离子型化合物、热不稳定物质等都可用高效液相色谱分析，弥补了气相色谱的不足。

2.8.5.1 基本原理

（1）高效液相色谱的分类　在高效液相色谱中，按固定相和流动相相对极性的不同分为正相和反相两种系统。凡是固定相极性强于流动相的称正相色谱系统；固定相极性弱于流动相的则称反相色谱系统。另外，根据分离过程的机理，在高效液相色谱中又有以下分类。

① 液固吸附色谱　组分按其在两相吸附作用的强弱进行分离，被固定相吸附较弱的先从色谱柱流出。

② 液液分配色谱　此时作为流动相和固定相的液液两相是不互溶的，作为固定相的液相承载在载体下，通常还用一个预饱和柱借流动相的流动不断把固定液带入色谱柱以保持它的分离过程中的浓度不变。组分的液体分配色谱按其在两相的分配比不同进行分离。

③ 离子交换色谱　离子交换色谱用离子交换剂作固定相，是分离离子型化合物较好的方法，不同组分按其离子交换能力的不同进行分离。

④ 凝胶渗透色谱（又称排阻色谱）　按分子大小不同进行分离是凝胶渗透色谱的特点，它在分离分析中起着十分重要的作用。

⑤ 亲和力色谱　亲和力色谱又称生物亲和力色谱，是利用不同组分对固定相亲和力的差别进行分离的操作，这是分离、提纯蛋白质、酶等的有效方法。

（2）高效液相色谱的流动相　液相色谱的流动相在分离过程中有较重要的作用，在选择液相色谱的流动相时不仅要考虑到检测器的需要，同时也要注意到它在分离过程中所起的作用。常用的流动相正相有正己烷、异辛烷、二氯甲烷等，反相有水、乙腈、甲醇等，另外还有多种缓冲溶液。液相色谱的流动相在使用前一般都要过滤、脱气，必要时需进一步纯化。

凡是在整个过程中流动相的浓度不随时间而变的称为等度冲洗；若过程中流动相的浓度随时间而变则称为梯度冲洗或梯度洗脱。

(3) 固定相　常用的液相色谱固定相有全多孔型、薄壳型（又称多孔层微珠）和化学改性型等。在液液分配色谱中，反相色谱最常用的固定相是十八烷基键合相，即把十八烷基键合到硅胶表面。正相色谱常用的是氨基、氰基键合固定相。

2.8.5.2　高效液相色谱仪

高效液相色谱仪主要由储液罐、高压泵、进样器、色谱柱和检测器等构成，简单流程示意见图2-45。

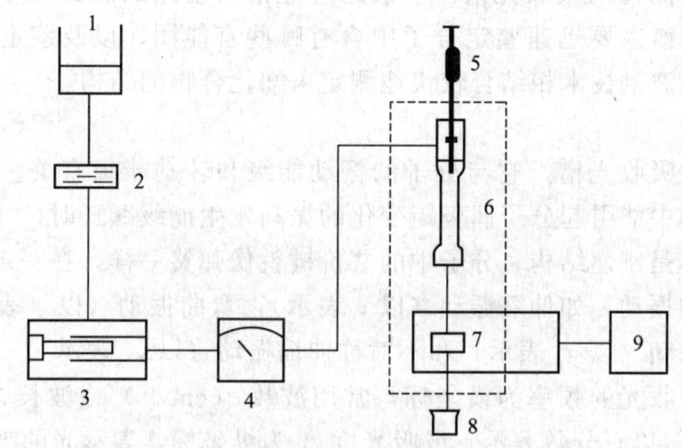

图2-45　高效液相色谱流程示意

1—储液罐；2—过滤器；3—高压泵；4—压力表；5—进样器；6—色谱柱；7—检测器；8—样品收集；9—记录仪

经脱气的流动相从储液罐通过过滤器，用高压泵连续地按一定流量将流动相送入色谱柱中。然后，用进样器将样品注入色谱柱的顶端，再用流动相连续地冲洗色谱柱，样品各组分会逐渐被分离开，并按照一定顺序从柱后流出，进入检测器，并将检测信号送入记录仪，绘出各组分的色谱峰。

(1) 高压泵　高质量的高效液相色谱仪必须有一台好的高压泵（压力范围40～4500 N/cm^2）。理想的泵应该具有脉动小或无脉动、储液量大、流量及压力稳定、调节方便（一般要求流量调节范围为0.5～6.0mL/s）、清洗方便、可做成梯度、耐腐蚀、长寿命等特点。往复泵的出现，较大程度地满足了高效液相色谱对高压泵的性能要求。

(2) 检测器　常用液相色谱检测器有紫外检测器、示差折光检测器、荧光检测器、电导检测器等。其中紫外检测器是一种选择性浓度检测器，对在检测波长下有吸收的物质能检测，无吸收的物质不能检测。紫外检测具有灵敏度高、噪声低等优点，广泛应用于高效液相色谱。

2.8.5.3　高效液相色谱的定性和定量方法

定性和定量方法与气相色谱法基本相同。

(1) 定性方法　主要有色谱法、化学鉴定法以及两谱两用技术鉴定。

色谱法是利用纯物质和样品的保留时间对照，进行鉴定；化学鉴定法是对收集的组分进行化学定性；两谱联用是使用 HPLC-MS（高效液相色谱-质谱）、HPLC-NMR（高效液相色谱-核磁）、HPLC-FTIR 联用仪（高效液相色谱-傅里叶红外光谱），进行色谱峰的鉴定。

（2）定量方法　利用峰高或峰面积进行定量，常用的方法有归一化法、外标法及内标法等。现在高效液相色谱仪自带数字积分仪系统，自动测量、记录和储存色谱峰高、峰面积、保留时间等大量数据，并能进行定量运算，给出定量结果。

2.9 有机化合物红外光谱的测定（Infrared Spectroscopy Identification of Organic Compounds）

红外光谱（infrared spectroscopy，简称 IR），是物质吸收红外区光，引起分子中振动能级、转动能级跃迁所测得的吸收光谱。一般红外光谱仪使用的波数为 400～4000cm^{-1}，属于中红外区。红外光谱主要迅速鉴定分子中含有哪些官能团，以及鉴定两个有机物是否相同，也可通过与其他波谱技术相结合较快地测定未知化合物的结构。

2.9.1 基本原理

红外光谱是一种吸收光谱，它与分子的振动能级和转动能级有关。分子的振动形式很多，只有在振动过程中能引起分子偶极矩变化的振动发生能级跃迁时，才能产生红外吸收光谱。由于有机分子不是刚性结构，分子中的共价键就像弹簧一样，在一定频率的红外光辐射下会发生各种形式的振动，如伸缩振动（以 ν 表示），弯曲振动（以 δ 表示）等，伸缩振动中又分为对称伸缩振动（以 ν_s 表示）和不对称伸缩振动（以 ν_{as} 表示）。

红外光谱是以吸收光的频率为横坐标，常用波数 σ（cm^{-1}）或波长 λ（μm）表示吸收峰的位置，以透射比 T（以百分数表示）或吸光度 A 为纵坐标，表示光的吸收强度。整个吸收曲线反映了一个化合物在不同波长的光谱区域内吸收能力的分布情况。

IR 谱的吸收位置在 4000～650cm^{-1} 之间，波数大的能量高。吸收强度用透射比 T 表示，“谷”越深吸光度越强。一般的 IR 谱不需求吸光系数，只用相对强弱来表示。强弱符号的表示如下：vs（很强），s（强），m（中），w（弱），v（可变的），b（宽的）。图谱中吸收峰的形状也各不相同，一般分为宽峰、尖峰、肩峰、双峰等类型。己烯的 IR 谱如图 2-46 所示。

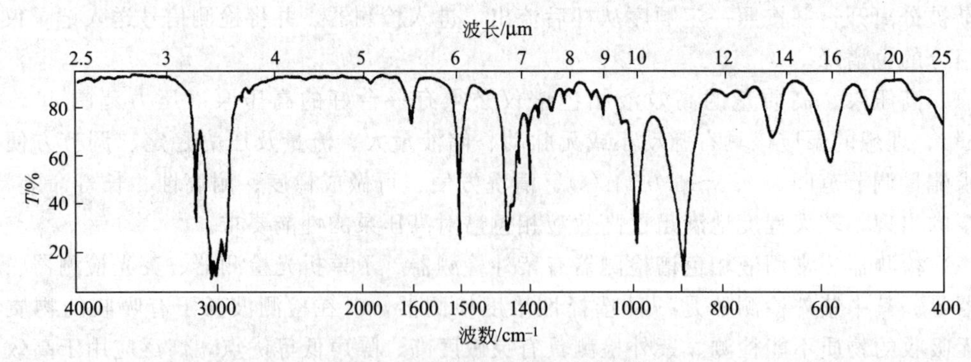

图 2-46　己烯的红外吸收光谱图

红外光谱的吸收位置与分子中的原子和键型有关。具有同一类型化学键或官能团的不同化合物，红外吸收频率总是出现在一定的波数范围内，这种能表征某种基团存在并有较高吸收强度的振动频率称为基团特征吸收频率。各类基团的红外特征吸收频率见表 2-13。

表 2-13　各类基团的红外特征吸收频率

化合物类型	基　团	频率范围/cm^{-1}
烷烃	C—H(ν)	2960～2850(s)
	C—H(δ)	1470～1350(s)
烯烃	═C—H(ν)	3080～3020(m)
	═C—H(δ)	1100～675(s)
芳烃	═C—H(ν)	3100～3000(m)
	═C—H(δ)	870～675(s)
炔烃	≡C—H(ν)	3300(s)
烯烃	C═C(ν)	1680～1640(v)
芳烃	C═C(ν)	1600,1500(v)
炔烃	C≡(ν)	2260～2100(v)
醇、醚、羧酸、酯	C—O(ν)	1300～1080(s)
醛、酮、羧酸、酯	C═O(ν)	1760～1690(s)
一元醇、酚(游离)	O—H(ν)	3640～3610(v)
(缔合)	O—H(ν)	3600～3200(b)
羧酸	O—H(ν)	3300～2500(b)
胺、酰胺	N—H(NH_2)(ν)	3500～3300(b)
		3500～3300(m)
	N—H(NH_2)(δ)	1650～1590(s)
	C—N(ν)	1360～1180(s)
腈	C≡N(ν)	2260～2210(v)
硝基化合物	—NO_2(ν)	1560～1515(s)
	—NO_2(δ)	1380～1345(s)

红外光谱图比较复杂，主要分为两个区域：官能团区和指纹区。官能团区又可分为若干个特征区。

在 3700～1600cm^{-1}区，因为大多数官能团的伸缩振动吸收峰都在这一区域，故称为官能团区或特征区。一般情况下，不同官能团的吸收峰出现在不同的频率范围内，并且这些吸收峰比较简单，非常易于辨认，解析谱图时通常优先考虑。

1600～650cm^{-1}区，称为指纹区。此区域内除 C—C、C—N、C—O 等单键的伸缩振动外，还有因弯曲振动产生的吸收而出现非常复杂的光谱。分子结构的微小变化，这些键的振动频率都能反映出来，就像人的指纹一样有特征，故称指纹区。指纹区能反映化合物的精细结构，这对于用已知物鉴别未知物非常有用，可作为分子结构确定的佐证。

2.9.2　红外光谱仪简介

红外光谱可由红外光谱仪测得。红外光谱仪整个仪器系统一般由光源、干涉仪、样品池、探测器、计算机和光纤测样附件等构成，计算机负责对光谱仪进行控制及对光谱数据进行处理。不同公司的红外光谱仪在干涉仪的结构设计上有所不同。

图 2-47 所示的是双照射式红外光谱仪的结构示意。其工作原理是：红外辐射源是由硅碳棒发出，硅碳棒在电流作用下发热并辐射出 2～15μm 范围连续波长的红外辐射光，这束光被反射镜折射成可变波长的红外光，并分为两束：一束是穿过参比池的参比光；另一束是通过样品池的吸收光。如果样品对频率连续变化的红外光不时地发生强度不一的吸收，那么

穿过样品池而到达红外辐射检测器的光束的强度就会相应地减弱。红外光谱仪就会将吸收光束与参比光束作比较，并通过记录仪记录下来形成红外光谱图。

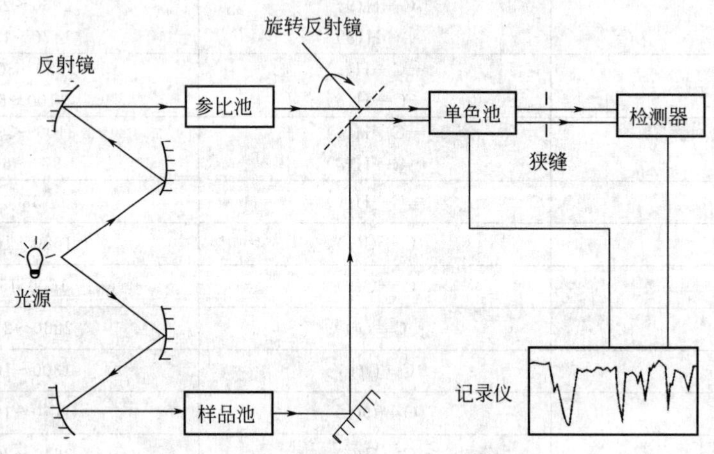

图 2-47 双照射式红外光谱仪原理示意

由于玻璃和石英几乎能吸收全部的红外光，因此不能用来作样品池。制作样品池的材料应该对红外光无吸收，以避免产生干扰，常用的材料有卤盐，如氯化钠和溴化钾等。

2.9.3 红外光谱的测定方法

红外光谱仪对气体、液体和固体样品都可以测定。

气体样品是在气体样品池中进行测定。通常是先把样品池中的空气抽净，然后再注入被测气体样品进行测定。

对液体样品最简便的方法是采用液膜法，先将干燥后的液体样品滴 1 滴在盐片上，再用另一块盐片盖上，并轻轻旋转、滑动，使样液成为极薄的液膜，涂布均匀，不能有气泡，然后将涂有液体样品的盐片放置在盐片支架上，并安放在红外光谱仪中进行测定。对于易挥发的低沸点液体样品，可用注射器直接注入到固定密封的样品池中进行测定。

固体样品的测定一般可采用石蜡油（精制的矿物油）研糊法和溴化钾压片法。

（1）石蜡油研糊法　将 3～5mg 干燥固体样品和 2～3 滴石蜡油在玛瑙研钵中研磨成糊状，使试样均匀地分散在石蜡油中，然后将糊状物涂抹在盐片上，并用另一块盐片覆盖在上面。再将该盐片放置在盐片支架上，并安放在红外光谱仪中进行测定。此法的缺点是石蜡油本身在 $2900cm^{-1}$、$1466cm^{-1}$ 和 $1380cm^{-1}$ 附近有强烈的吸收。

（2）溴化钾压片法　取 2～3mg 干燥固体样品与约 200mg 充分干燥过的溴化钾在玛瑙研钵中混合研磨成极细的粉末后，装入金属模具中，轻轻振动模具，使混合物在模具中分布均匀，然后在真空条件下加压，使其压成片状，打开模具，小心地取下盐片，置放在盐片支架上，并安放在红外光谱仪中进行测定。该法的缺点是溴化钾极易吸水，有时难免在 $3710cm^{-1}$ 附近产生吸收，对样品中是否含有羟基容易产生疑问。

需要指出的是，所有用作红外光谱分析的试样都必须保证无水并有高纯度（有时混合物样品的解析例外），否则由于杂质和水的吸收，使光谱图变得无意义。水不仅在 $3710cm^{-1}$ 和 $1630cm^{-1}$ 处有吸收，而且对金属卤化物制作的样品池也有腐蚀作用。

2.9.4 红外光谱的解析方法

分析红外光谱图的顺序是先官能团区，后指纹区；先高频区，后低频区；先强峰，后弱

峰。即先在官能团区找出最强的峰的归宿，然后再在指纹区找出相关峰。对许多官能团而言，往往不是存在一个而是一组彼此相关的峰。也就是说，除了主证，还需要佐证，才能证实其存在。

目前人们对已知化合物的红外光谱图已陆续汇集成册，这给鉴定未知物带来了极大的方便。如果未知物和某已知物具有完全相同的红外光谱，则可确定未知物的结构。应当指出的是，红外光谱只能确定一个分子所含的官能团，而较难确定分子的准确结构，要确定分子的准确结构，还必须借助其他波谱甚至化学方法的配合。

【例】 未知物分子式为 C_8H_8O，其红外谱图如图 2-48 所示，试推其可能结构。

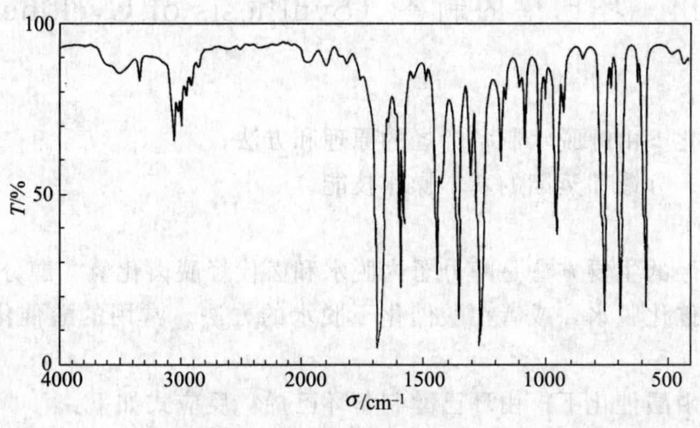

图 2-48　C_8H_8O 的红外谱图

解：(1) 由其分子式可计算出该化合物的不饱和度为 5，可能含有苯环。

(2) 3000～3100cm^{-1} 处的吸收峰，可能是苯环的═C—H 的伸缩振动；1600cm^{-1}、1580cm^{-1}、1450cm^{-1} 为芳环的 C═C 伸缩振动。1687cm^{-1} 为 C═O 的伸缩振动（由于羰基与苯环共轭，吸收频率下降）；1360cm^{-1} 为—CH_3 的弯曲振动，说明有甲基存在。因此未知物可能的结构为：

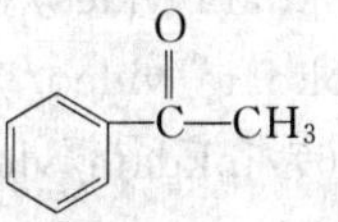

O
‖
C—CH_3

第3章 有机化合物的制备
(Synthesis of Organic Compounds)

实验14 环己烯的制备 (Synthesis of Cyclohexene)

【实验目的】

(1) 学习酸催化下由醇脱水制备烯烃的原理和方法;

(2) 掌握萃取、分馏和蒸馏的基本操作技能。

【实验原理】

实验室制备烯烃的主要方法是醇分子内脱水和卤代烃脱卤化氢。醇分子内脱水可采用氧化铝在高温下进行催化脱水，或者在酸催化下脱水的方法。常用的酸催化剂有硫酸、磷酸、五氧化二磷等。

本实验是在浓磷酸催化下，由环己醇制备环己烯。反应式如下:

$$\text{环己醇(C}_6\text{H}_{11}\text{OH)} \xrightarrow[\triangle]{H_3PO_4} \text{环己烯} + H_2O$$

由于整个反应是可逆的，为了提高反应的产率，必须及时地把生成的烯烃蒸出。这样还可避免烯烃的聚合和醇分子间的脱水等副反应的发生。

【基本操作预习】

蒸馏 (http://202.118.167.67/jpkdata/video/yjhx22/yjhxsy/zhengliu-1.htm)

分馏 (http://202.118.167.67/jpkdata/video/yjhx22/yjhxsy/zhengliu-2.htm)

分液漏斗 (http://202.118.167.67/jpkdata/video/yjhx22/yjhxsy/fenyie06.htm)

【实验步骤】

在干燥的50mL圆底烧瓶中，加入10g(10.4mL，约0.10mol) 环己醇(1)、4mL浓磷酸(或2mL浓硫酸)(2)和2～3粒沸石，充分振荡，使之混合均匀。在圆底烧瓶上装一支短分馏柱，其支管连接一直形冷凝管，接受瓶置于冷水浴中收集馏液。在分馏柱顶部装温度计，以测量分馏柱的顶部温度。

用小火徐徐升温(3)，使混合物沸腾，注意控制分馏柱顶部的温度，不要超过90℃(4)，慢慢地蒸出生成的环己烯和水(浑浊液体)(5)。若无液体蒸出时，可把火加大。当烧瓶中只剩下很少的残渣并出现阵阵白雾时，即可停止加热。全部蒸馏时间约为1h。

搅拌下，向馏出液中逐渐加入食盐至饱和(6)，然后转移到分液漏斗中，加入5mL 5%碳酸钠溶液，振荡后静置分层。分出水层后(7)，将有机相倒入一干燥的锥形瓶中，加入1～2g无水氯化钙干燥(8)。

待溶液清亮透明后(约0.5h后)，倾析到圆底烧瓶中，加入2～3粒沸石，用水浴加热

蒸馏，收集 80～85℃ 的馏分[9]，称量并计算产率。产量约为 3.8～4.6g（产率约为 46.3%～56.1%）。若蒸出产物浑浊，必须重新干燥后再蒸馏。

纯环己烯为无色液体，沸点 83.0℃，d_4^{20} 0.8102，n_D^{20} 1.4465。

【注意事项】

(1) 由于环己醇在常温下是黏稠状液体（熔点为 24℃），应注意转移中的损失。且环己醇有毒，不要吸入其蒸气或触及皮肤。

(2) 脱水剂可以是磷酸或硫酸。磷酸的用量必须是硫酸的一倍以上，但它却比硫酸有明显的优点：一是不产生炭渣；二是不产生难闻气味（用硫酸易生成 SO_2 副产物）。若用硫酸时，环己醇与硫酸应充分混合，否则，在加热过程中可能会局部炭化。

(3) 最好用油浴加热，也可用电热套加热，要使蒸馏烧瓶受热均匀。

(4) 温度不宜过高，蒸馏速率不宜过快（约每 2～3s 馏出 1 滴），防止环己醇与水组成的共沸物（恒沸点 97.8℃）蒸馏出来。反应中环己烯与水形成共沸物（沸点为 70.8℃，含水 10%），环己醇与环己烯形成共沸物（沸点为 64.9℃，含环己醇为 30.5%），环己醇与水形成共沸物（沸点为 97.8℃，含水为 80%）。

(5) 在收集和转移环己烯时，最好保持充分冷却以免因挥发而损失。环己烯有中等毒性，易燃，应远离火源，且不要吸入其蒸气或触及皮肤。

(6) 加固体 NaCl 的目的是减少产物在水中的溶解度，达到更好分离的目的。

(7) 水层应分离完全，否则将达不到干燥的目的。

(8) 用无水氯化钙干燥粗产物，还可除去少量未反应的环己醇。

(9) 若水浴加热蒸馏时，80℃以下已有大量液体馏出，可能是因为干燥不够完全所致（氯化钙用量过少或放置时间不够），应将这部分产物重新干燥并蒸馏。

【思考题】

(1) 在制备过程中，为什么要控制分馏柱顶端的温度？

(2) 在粗制的环己烯中，加入食盐使水层饱和的目的是什么？

(3) 如用油浴加热时，要注意哪些问题？

(4) 在蒸馏过程中的阵阵白雾是什么？

实验 15　正溴丁烷的制备（Synthesis of *n*-Butyl Bromide）

【实验目的】

(1) 学习从醇制备溴代烷的原理和实验方法；

(2) 掌握带有气体吸收装置回流的操作技术；

(3) 掌握液体化合物的洗涤、干燥、蒸馏等基本操作。

【实验原理】

实验室中醇和氢卤酸反应可以制备一卤代烷。如果用此法制备溴代烷，可以用溴化钠和浓硫酸反应得到氢溴酸，然后与正丁醇作用制备正溴丁烷。由于有硫酸的存在会使醇脱水而生成副产物烯烃和醚。

主反应：

$$NaBr + H_2SO_4 \longrightarrow HBr + NaHSO_4$$

$$n\text{-}C_4H_9OH + HBr \longrightarrow n\text{-}C_4H_9Br + H_2O$$

副反应：

$$CH_3CH_2CH_2CH_2OH \xrightarrow[\triangle]{\text{浓 } H_2SO_4} CH_3CH_2CH{=}CH_2 + CH_3CH{=}CHCH_3 + H_2O$$

$$2CH_3CH_2CH_2CH_2OH \xrightarrow[\triangle]{\text{浓 } H_2SO_4} CH_3CH_2CH_2CH_2OCH_2CH_2CH_2CH_3$$

【基本操作预习】

蒸馏（http://202.118.167.67/jpkdata/video/yjhx22/yjhxsy/zhengliu-1.htm）

回流（http://202.118.167.67/jpkdata/video/yjhx22/yjhxsy/hueiliu-1.htm）

分液漏斗（http://202.118.167.67/jpkdata/video/yjhx22/yjhxsy/fenyie06.htm）

电磁搅拌（http://202.118.167.67/jpkdata/video/yjhx22/yjhxsy/jiaoban-2.htm）

【实验步骤】

在100mL圆底烧瓶中，加入10mL水，小心加入12mL(0.22mol）浓硫酸，混合均匀并冷却至室温后(1)，依次加入正丁醇7.5mL(0.082mol，6.1g）和10g(0.10mol）研细的溴化钠，充分振摇，再加入几粒沸石，装上回流冷凝管，在冷凝管上端连接气体吸收装置，用5%的氢氧化钠溶液作吸收剂，见图1-4(c)。注意，切勿将漏斗全部浸入水中，以免倒吸。

小火加热反应混合物至沸腾，保持平稳回流约40min。在此过程中，磁力搅拌或经常摇动烧瓶，促使反应完成。反应结束后，停止加热，此时烧瓶内液体分为两层。冷却后，将回流装置改为蒸馏装置，蒸出所有正溴丁烷(2)。将馏出液小心地转入分液漏斗中，用10mL水洗涤（粗产品在哪一层?）(3)。小心地将粗产品转入到另一干燥的分液漏斗中，用5mL浓硫酸洗涤(4)，尽量分去硫酸层（哪一层?）。有机层依次分别用水、饱和碳酸氢钠溶液和水各10mL洗涤后移入干燥的锥形瓶中，加入无水氯化钙干燥（0.5～1g），间歇摇动，直至液体透明，时间约0.5h以上。

将干燥后的产物小心地转入蒸馏烧瓶中。在石棉网上（或电加热套）加热蒸馏，收集99～102℃的馏分，产量约为6～7g（产率约为54.7%～63.9%)。

纯正溴丁烷为无色透明液体，沸点101.6℃，d_4^{20}1.2758，n_D^{20}1.4401。

【注意事项】

(1) 如不充分摇动并冷却至室温，加入溴化钠后，会和浓硫酸反应生成溴，使溶液变成红色，影响产品的纯度和产率。

(2) 正溴丁烷是否蒸完，可从下面三个方面判断：①馏出液是否由浑浊变为澄清；②蒸馏烧瓶中上层油层是否消失；③取一支试管收集几滴馏出液，加入少量水摇动，无油珠出现，则表示有机物已被蒸完。

(3) 用水洗涤后馏出液如有红色，是因为溴化钠被硫酸氧化生成溴的缘故，可以加入10～15mL饱和亚硫酸氢钠溶液洗涤除去。

(4) 浓硫酸可溶解少量的未反应的正丁醇和副产物丁醚等杂质，使用干燥分液漏斗的目的是防止漏斗中残余的水分稀释浓硫酸而降低洗涤效果。残存的正丁醇和正溴丁烷可形成共沸物（沸点98.6℃，含正丁醇13%）而难以除去。

【思考题】

(1) 本实验中，先使NaBr与浓H_2SO_4混合，然后加1-丁醇及水，可以吗？为什么？

(2) 反应后的粗产物中含有哪些杂质？各步洗涤的目的是什么？

(3) 从反应混合物中分离出粗品1-溴丁烷，为什么要用蒸馏的方法，而不用分液漏斗

分离？

(4) 实验中浓硫酸的作用是什么？

(5) 为何用饱和碳酸氢钠溶液洗涤前后都要用水洗一次？

实验 16　碘乙烷的制备（Synthesis of Iodoethane）

【实验目的】

(1) 学习从醇制备碘代烷的原理和实验方法；

(2) 巩固液体化合物的洗涤、干燥、蒸馏等基本操作。

【实验原理】

实验室中除了利用醇和氢卤酸反应制备卤代烷外，还通常采用醇与三卤化磷作用制备卤代烷，并且此方法副反应少，产率较高。本实验采用碘和磷反应生成三碘化磷，三碘化磷和乙醇反应生成碘乙烷，反应式如下：

$$2P + 3I_2 \longrightarrow 2PI_3$$

$$3CH_3CH_2OH + PI_3 \longrightarrow 3C_2H_5I + P(OH)_3$$

【基本操作预习】

蒸馏（http://202.118.167.67/jpkdata/video/yjhx22/yjhxsy/zhengliu-1.htm）

回流（http://202.118.167.67/jpkdata/video/yjhx22/yjhxsy/hueiliu-1.htm）

分液漏斗（http://202.118.167.67/jpkdata/video/yjhx22/yjhxsy/fenyie06.htm）

【实验步骤】

在 250mL 的圆底烧瓶中，加入 45mL(约 35.5g，0.77mol) 无水乙醇和 4.5g 红磷（约 0.15mol)，冷水浴中冷却。在不断摇荡下逐渐加入 37g(约 0.15mol) 细粒的碘，30min 内加完[(1)]。碘加完后充分振摇，再加入 2～3 粒沸石，装上回流冷凝管，水浴上加热回流约 1h。停止加热，冷却后，将回流装置改为蒸馏装置，重新加 2～3 粒沸石，在沸水浴上蒸馏出碘乙烷[(2)]。待无液体馏出，撤下水浴，改为石棉网上小火加热，蒸出残留的碘乙烷。

将馏出液小心地转入分液漏斗中，依次用 25mL 水、5mL 15%氢氧化钠[(3)]和 25mL 水洗涤[(4)]。下层碘乙烷转入干燥锥形瓶中，加入无水氯化钙干燥（3～4g)，间歇摇动，直至液体透明，时间约 0.5h。

将干燥后的产物小心地转入蒸馏烧瓶中。在沸水浴上加热蒸馏，收集 70～74℃的馏分，产量约为 20～25g（产率约为 42.7%～53.0%)[(5)]。

纯碘乙烷为无色液体，沸点 72.3℃，d_4^{20} 1.9358，n_D^{20} 1.5133。

【注意事项】

(1) 碘乙烷的生成是一个放热反应，一次加入的碘量过多，往往会引起激烈的反应，烧瓶内温度迅速升高，使碘、碘乙烷和乙醇因受热气化而损失。所以在加碘时，反应体系中的温度以保持在 20℃以下为宜。控温还可以抑制副产物亚磷酸三乙酯的生成。

(2) 接受器用冷水浴冷却，以防碘乙烷挥发。

(3) 也可用稀亚硫酸氢钠溶液洗涤，以除去游离的碘。若粗制的碘乙烷仍有颜色，应再次用稀碱液洗涤，直到无色为止。

(4) 由于碘乙烷的密度比水的大，每次洗涤后的粗产品都应移入干燥的锥形瓶中。

(5) 碘乙烷置于光亮处颜色易变深，应储存在棕色瓶中。

【思考题】

(1) 计算碘乙烷的理论产量，应以哪种原料为基准？

(2) 为什么粗产物要用稀氢氧化钠或稀亚硫酸氢钠溶液洗涤？

实验 17 2-甲基-2-己醇的制备（Synthesis of 2-Methyl-2-Hexanol）

【实验目的】

(1) 了解通过格氏试剂制备仲醇的方法；

(2) 学习无水无氧操作的方法；

(3) 熟悉格氏（Grignard）试剂的制备、应用和进行 Grignard 反应的条件；

(4) 巩固回流、蒸馏、萃取等操作技术。

【实验原理】

醇的实验室制法可以用酯、醛、酮、羧酸的还原，也可以用格氏试剂来制备。利用格氏试剂与醛、酮反应是制备各种结构复杂醇的重要方法之一。格氏试剂必须在无水和无氧条件下进行，因为微量的水会使格氏试剂分解，格氏试剂遇氧会被氧化。

本实验在无水乙醚存在下，正溴丁烷与金属镁形成格氏试剂，格氏试剂与丙酮反应，得到的产物在酸性条件下水解，可得 2-甲基-2-己醇。

反应式：

$$n\text{-}C_4H_9Br + Mg \xrightarrow{\text{无水乙醚}} n\text{-}C_4H_9MgBr$$

$$n\text{-}C_4H_9MgBr + CH_3COCH_3 \xrightarrow{\text{无水乙醚}} n\text{-}C_4H_9-\underset{CH_3}{\overset{CH_3}{\underset{|}{\overset{|}{C}}}}-OMgBr \xrightarrow{H_3O^+} n\text{-}C_4H_9-\underset{CH_3}{\overset{CH_3}{\underset{|}{\overset{|}{C}}}}-OH$$

【基本操作预习】

电动搅拌（http://202.118.167.67/jpkdata/video/yjhx22/yjhxsy/jiaoban-1.htm）

回流滴加（http://202.118.167.67/jpkdata/video/yjhx22/yjhxsy/hueiliu-3.htm）

蒸馏（http://202.118.167.67/jpkdata/video/yjhx22/yjhxsy/zhengliu-1.htm）

分液漏斗（http://202.118.167.67/jpkdata/video/yjhx22/yjhxsy/fenyie06.htm）

【实验步骤】

(1) 正丁基溴化镁的制备　在 250mL 三口瓶[1] 上分别装上电动搅拌器[2]、滴液漏斗、回流冷凝管，在冷凝管的上口装上氯化钙干燥管（见图 1-7）[3]。

三口瓶内加入 3.1g(0.13mol) 镁屑[4]、15mL 无水乙醚及一小粒碘。滴液漏斗中加入 15mL 无水乙醚和 13.5mL(0.13mol，17.2g) 正溴丁烷，混合均匀。先滴入约 4mL 正溴丁烷-乙醚混合液[5]，数分钟后反应液呈微沸状态，碘的颜色消失[6]。若不发生反应，可用温水浴加热。反应开始比较剧烈，必要时可用冷水浴冷却。待反应由激烈转入缓和后，自冷凝管上端加入 25mL 无水乙醚。开动搅拌器并开始滴加其余的正溴丁烷-乙醚混合液，控制滴加速率，维持反应液呈微沸状态。滴加完毕后，继续反应 20min，使镁作用完全。

(2) 2-甲基-2-己醇的制备　将反应瓶在冰水浴冷却和搅拌下，自滴液漏斗滴入 10mL (7.9g，0.14mol) 丙酮与 15mL 无水乙醚的混合液，控制滴入速率，保持微沸，加完后继续搅拌 15min，溶液呈黑灰色黏稠状。

将反应瓶在冰水浴冷却和搅拌下，自滴液漏斗慢慢加入 10%硫酸溶液 100mL（开始滴入宜慢，以后可逐渐加快）。待分解完全后，将液体转入 250mL 的分液漏斗中，分出醚层，水层用乙醚萃取 2 次，每次 25mL，合并醚溶液，用 30mL 5%的碳酸钠洗涤一次，用无水 K_2CO_3 干燥[7]。

将干燥好的粗产物醚溶液倾析到 250mL 蒸馏瓶中，水浴蒸出乙醚[8]，再在石棉网上加热蒸馏，收集 139～143℃的馏分，产量约为 7～8g（产率约为 46.3%～53.0%）。

纯的 2-甲基-2-己醇为无色液体，沸点 143℃，d_4^{20} 0.8119，n_D^{20} 1.4175。

【注意事项】

（1）实验中所用仪器及试剂必须充分干燥。正溴丁烷和无水乙醚用无水氯化钙干燥，丙酮用无水碳酸钾干燥，一周后使用，必要时应经蒸馏纯化或进行无水处理。所用仪器在烘箱中烘干后，取出稍冷即放入干燥器中冷却，或将仪器取出后，在开口处用塞子塞紧。

（2）使用电动搅拌要注意密封，也可使用简易密封装置，用少量凡士林润滑。安装搅拌器时应注意：①搅拌棒应保持垂直，其末端不要触及瓶底；②装好后应先用手旋动搅拌棒，无阻滞后方可开动搅拌器。

（3）仪器装置与大气相通之处连接 $CaCl_2$ 干燥管，以防止空气中的水汽进入反应系统。

（4）镁屑不宜采用长期放置的。可用镁带代替镁屑，使用前用细砂纸将其表面打磨干净，或用 5%HCl 溶液与之作用数分钟，快速抽滤除去酸液后，依次用水、乙醇、乙醚洗涤。所剪 Mg 条不宜太短，一般为 0.3～0.5cm 的细丝。

（5）由于反应放热，因此开始加入的正溴丁烷液不宜过多。

（6）为了使开始时正溴丁烷局部浓度较大，使反应容易进行，一定要等反应引发后再搅拌或振荡，当反应长时间不发生时，可向反应瓶中加入一小粒碘或稍稍加热反应瓶，促使反应引发。碘可将溴化物转变为碘化物，后者容易与 Mg 反应，从而引发整个反应。但碘的用量应尽量少，否则最终产物的乙醚溶液必须用 $NaHSO_3$ 的稀溶液洗涤，以除去碘的颜色。

（7）2-甲基-2-己醇与水能形成共沸物，因此必须很好地干燥，否则前馏分将大大增加。

（8）实验中使用了大量的乙醚，因此要注意安全，蒸馏乙醚时实验室内严禁一切明火。接液管支管处务必接一橡皮管，将乙醚蒸气通入下水道或引出室外。蒸出的乙醚应立即倒入回收瓶，严禁长时间敞口放置或倒入下水道。

【思考题】

（1）本实验中有哪些可能的副反应发生？如何避免？

（2）本实验在将格氏试剂加成产物水解之前的各步反应中，为什么使用的试剂和仪器均需绝对干燥？为此采取了哪些措施？

（3）实验中为何采用滴加正溴丁烷和乙醚的混合液？如果采用镁屑和正溴丁烷在乙醚中一起反应，会产生什么结果？

（4）本实验得到的粗产品能不能用无水氯化钙干燥？为什么？

（5）试设计 3-己醇的合成路线。

实验 18　三苯甲醇的制备（Synthesis of Triphenylmethanol）

【实验目的】

（1）进一步了解格氏试剂的制备、应用和反应的条件；

（2）掌握搅拌、回流、水蒸气蒸馏、低沸易燃液体蒸馏及重结晶等操作；

（3）了解并掌握通过格氏试剂制备三苯甲醇的原理及方法。

【实验原理】

格氏试剂是有机合成中应用广泛的金属有机试剂，其化学性质十分活泼，可以与醛、酮、酯、酸酐、酰卤、环氧乙烷、CO_2 及腈等多种化合物发生亲核加成反应，常用于制备醇、醛、酮、羧酸及各种烃类。

本实验通过二苯酮或苯甲酸乙酯与格氏试剂——苯基溴化镁（由溴苯与 Mg 反应制得）的反应生成卤化镁配合物，再经 NH_4Cl 溶液进行水解制备三苯甲醇。

方法一：苯甲酸乙酯与苯基溴化镁的反应

$$C_6H_5Br + Mg \xrightarrow{\text{无水乙醚}} C_6H_5MgBr$$

$$C_6H_5MgBr + C_6H_5COOC_2H_5 \xrightarrow{\text{无水乙醚}} (C_6H_5)_2C(OC_2H_5)(OMgBr) \longrightarrow (C_6H_5)_2C{=}O + C_2H_5OMgBr$$

$$(C_6H_5)_2C{=}O + C_6H_5MgBr \xrightarrow{\text{无水乙醚}} (C_6H_5)_3C{-}OMgBr \xrightarrow{NH_4Cl,H_2O} (C_6H_5)_3C{-}OH$$

方法二：二苯酮与苯基溴化镁的反应

$$C_6H_5Br + Mg \xrightarrow{\text{无水乙醚}} C_6H_5MgBr$$

$$(C_6H_5)_2C{=}O + C_6H_5MgBr \xrightarrow{\text{无水乙醚}} (C_6H_5)_3C{-}OMgBr \xrightarrow{NH_4Cl,H_2O} (C_6H_5)_3C{-}OH$$

副反应：

$$C_6H_5MgBr + C_6H_5Br \longrightarrow C_6H_5{-}C_6H_5 + MgBr$$

【基本操作预习】

电动搅拌（http://202.118.167.67/jpkdata/video/yjhx22/yjhxsy/jiaoban-1.htm）

回流滴加（http://202.118.167.67/jpkdata/video/yjhx22/yjhxsy/hueiliu-3.htm）

蒸馏（http://202.118.167.67/jpkdata/video/yjhx22/yjhxsy/zhengliu-1.htm）

水蒸气蒸馏（http://202.118.167.67/jpkdata/video/yjhx22/yjhxsy/zhengliu-3.htm）

【实验步骤】

方法一：苯甲酸乙酯与苯基溴化镁的反应

（1）苯基溴化镁的制备[1] 在 250mL 三口瓶上，分别安装电动搅拌器[2]、回流冷凝管及滴液漏斗，冷凝管的上口装上 $CaCl_2$ 干燥管[3]（装置见图 1-7）。瓶内放置 1.5g（0.062mol）镁条[4]（或镁屑）及一小粒碘[5]。滴液漏斗中加入 6.7mL 溴苯（10.1g，0.064mol）及 25mL 无水乙醚，混合均匀。先滴入 10mL 混合液于三口瓶中，反应开始后碘的颜色逐渐消失（如不发生反应，可用温水浴加热）。开动搅拌器，缓缓滴入其余的混合液[6]，以保持溶液微微沸腾。加完后，温水浴回流搅拌0.5h，使镁条作用完全。

（2）三苯甲醇的制备　将反应瓶置于冰水浴中，在搅拌下由滴液漏斗慢慢滴加3.8mL（3.8g，0.025mol）苯甲酸乙酯和10mL无水乙醚的混合液，滴加完毕后，将反应混合物在热水浴中回流0.5h，使反应进行完全，这时可以观察到反应物明显分为两层。

将反应瓶用冰水浴冷却，在搅拌下由滴液漏斗慢慢滴加40mL饱和氯化铵溶液，分解加成产物[7]。

将反应装置改为蒸馏装置，在水浴上蒸去乙醚[8]，再将残余物进行水蒸气蒸馏（见图2-23），直至无油状物馏出为止，以除去未反应的溴苯及联苯等副产物。瓶中剩余物冷却后呈蜡状固体，抽滤收集。粗产物用80%的乙醇进行重结晶，干燥后产量约4.5～5g（产率约57.7%～64.1%），熔点161～162℃。

纯三苯甲醇为无色棱状晶体，熔点162.5℃，沸点380℃。

（3）三苯甲基碳正离子　在一洁净的干燥试管中，加入少许三苯甲醇（约0.02g）及2mL冰醋酸，温热使其溶解，向试管中滴加2～3滴浓硫酸，立即生成橙红色溶液，然后加入2mL水，颜色消失，并有白色沉淀生成。解释观察到的现象并写出所发生变化的反应式。

方法二：二苯酮与苯基溴化镁的反应

仪器装置及实验步骤同实验方法一。

用0.75g镁屑和3.2mL溴苯（溶于15mL无水乙醚）制成格氏试剂后，在搅拌下滴加5.5g二苯酮和15mL无水乙醚的混合溶液，滴加完毕，水浴加热回流0.5h。冷却后，自滴液漏斗滴加25mL饱和氯化铵溶液，分解加成产物。蒸去乙醚后进行水蒸气蒸馏，冷却，抽滤固体，经80%的乙醇重结晶，得到纯净的三苯甲醇结晶，产量约4～4.5g（产率约51.3%～57.7%），熔点161～162℃。

【注意事项】

（1）在整个反应过程中，仪器必须充分干燥，所用药品必须无水，乙醚中不得含有乙醇等杂质。否则，微量水分、乙醇的存在将抑制反应的引发，还会分解生成的Grignard试剂而影响产率。

（2）见实验17注意事项（2）。

（3）见实验17注意事项（3）。

（4）见实验17注意事项（4）。

（5）见实验17注意事项（5）。

（6）溴苯的乙醚溶液不宜滴加太快，否则反应过于剧烈，并会增加副产物联苯的生成。

（7）滴加饱和氯化铵溶液的目的是使加成物水解成三苯甲醇，同时使生成的氢氧化镁转变为可溶性的氯化镁，若仍有白色絮状$Mg(OH)_2$未完全溶解，可加少量稀HCl使其全部溶解。

（8）见实验17注意事项（8）。

【思考题】

（1）在格氏试剂加成物水解前的各步中，为何使用的仪器药品要绝对干燥？

（2）在实验中溴苯加入太快或一次加入，有什么不好？

（3）若苯甲酸乙酯或乙醚中含有少量乙醇，对反应有何影响？

（4）本实验为何用饱和氯化铵溶液分解产物？除此之外还可用什么试剂代替？

实验19 乙醚的制备（Synthesis of Ether）

【实验目的】

（1）学习乙醇脱水制备乙醚的原理和方法；

（2）初步掌握低沸点易燃液体蒸馏的操作技术；

（3）巩固液体的洗涤和干燥等操作技术。

【实验原理】

醚是有机合成中常用的有机溶剂。简单醚常用醇分子间脱水的方法来制备，实验室常用的脱水剂是浓硫酸。此方法常用于低级伯醇合成相应的简单醚。由于反应是可逆的，通常采用蒸出反应产物（醚或水）的方法，使反应向有利于生成醚的方向移动。同时必须严格控制温度，减少副产物的生成。

制备乙醚时，由于反应温度比乙醇的沸点高很多，采用将催化剂硫酸加热至所需的温度，然后滴加乙醇，使反应立即进行，避免乙醇的蒸出。此外利用乙醚的沸点很低，生成后就从反应瓶中蒸出的方法，提高产率。

主反应：

$$2CH_3CH_2OH \xrightleftharpoons[140℃]{H_2SO_4} CH_3CH_2OCH_2CH_3 + H_2O$$

副反应：

$$CH_3CH_2OH + H_2SO_4 \longrightarrow CH_3CHO + SO_2 + H_2O$$

$$CH_3CHO + H_2SO_4 \longrightarrow CH_3COOH + SO_2 + H_2O$$

$$CH_3CH_2OH \xrightarrow{H_2SO_4} CH_2{=}CH_2 + H_2O$$

【基本操作预习】

蒸馏（http://202.118.167.67/jpkdata/video/yjhx22/yjhxsy/zhengliu-1.htm）

分液漏斗（http://202.118.167.67/jpkdata/video/yjhx22/yjhxsy/fenyie06.htm）

【实验步骤】

在装有滴液蒸馏装置（见图3-1）的100mL三口瓶中，加入13mL(0.21mol) 95%的乙醇，将三口瓶浸入冰水浴中，缓慢加入12.5mL浓硫酸，混合均匀[1]，并加入几粒沸石。滴液漏斗内盛放25mL(0.41mol) 95%的乙醇，漏斗末端和温度计的水银球必须浸入液面以下，距瓶底约0.5～1cm处。用作接受器的蒸馏瓶浸入冰水浴中冷却，接液管的支管接上橡皮管通入下水道。

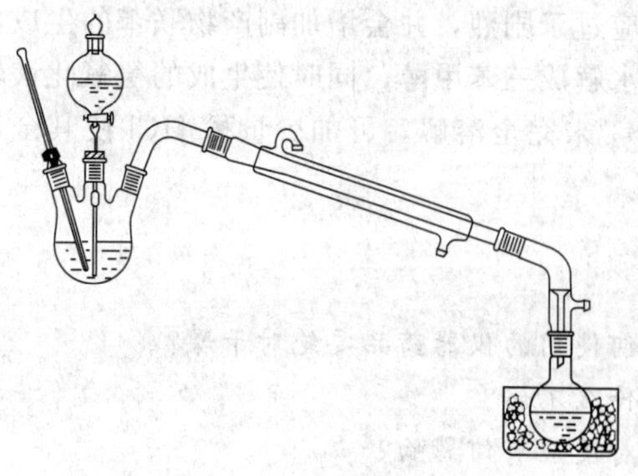

图3-1 制备乙醚的装置

电热套加热，使反应液温度迅速上升到140℃，由滴液漏斗慢慢滴加乙醇，控制滴入速率和馏出液速率大致相等[2]（每秒1滴），并维持反应温度在135～145℃之间，约30～45min滴加完毕。再继续加热10min，直到温度上升至160℃时，移去热源[3]，停止反应。

将馏出液转入分液漏斗中，依次用8mL 5%氢氧化钠溶液、8mL饱和氯化钠溶液[4]洗涤，最后用8mL饱和氯化钙溶液洗涤2次。分

出醚层，冰水冷却下，加2～3g无水氯化钙干燥。待瓶内乙醚澄清时，将它倾析到圆底烧瓶中，用热水浴（约60℃）蒸馏，收集33～38℃[5]馏分，产量约8～10g（产率约34.8%～43.5%）。测馏分的折射率，检验产物的纯度。

纯乙醚为无色透明液体，沸点34.5℃，d_4^{20} 0.7138，n_D^{20} 1.3526。

【注意事项】

(1) 缓慢加入硫酸，边加边摇，防止乙醇氧化。

(2) 若滴加速率显著超过馏出速率，不仅乙醇未反应就被蒸出，且使反应液的温度下降减少醚的生成。

(3) 使用或精制乙醚时，实验台周围严禁明火。

(4) 氢氧化钠溶液洗涤后，若直接用氯化钙溶液洗涤，由于醚溶液碱性太强，会有氢氧化钙沉淀析出，为洗去残留的碱并减少醚在水中的溶解度，故在氯化钙洗涤前先用饱和氯化钠洗涤。

(5) 乙醚与水形成共沸物，馏分中还含有少量乙醇，故沸程较长。

【思考题】

(1) 制备乙醚时，反应温度过高、过低或乙醇滴入速率过快有什么不好？

(2) 反应中可能产生的副产物是什么？各洗涤步骤的目的是什么？

(3) 蒸馏和使用乙醚时，应注意哪些事项？为什么？

(4) 制备乙醚为何不采用回流装置？

(5) 为何滴液漏斗的末端浸入反应液中？

实验20　正丁醚的制备（Synthesis of *n*-Butyl Ether）

【实验目的】

(1) 掌握由丁醇分子间脱水制备正丁醚的原理和方法；

(2) 学习使用分水器的实验操作。

【实验原理】

醇分子间脱水是制备简单醚的常用方法，催化剂通常是硫酸、氧化铝、苯磺酸等。本实验用硫酸作催化剂，丁醇分子间脱水制备丁醚。由于温度对反应影响很大，必须严格控制反应温度，减少副反应的发生。

主反应：

$$2n\text{-}C_4H_9OH \xrightleftharpoons[130\sim140^\circ C]{H_2SO_4} (n\text{-}C_4H_9)_2O + H_2O$$

副反应：

$$n\ C_4H_9OH \xrightarrow[>140^\circ C]{H_2SO_4} CH_3CH{=}CHCH_3 + CH_3CH_2CH{=}CH_2 + H_2O$$

为了提高可逆反应的产率，可将反应产物（醚或水）蒸出。由于原料丁醇（沸点117.7℃）和产物丁醚（沸点142℃）的沸点都较高，因此使反应在装有分水器的回流装置中进行，使生成的水或水的共沸物不断蒸出。虽然蒸出的水中会带有丁醇等有机物，但是它们在水中的溶解度较小且相对密度比水小，所以浮在水层上面。因此借分水器可使大部分丁醇自动连续地返回反应瓶中继续反应，而水则沉于分水器的下部，根据蒸出水的体积，可以估计反应进行的程度。

【基本操作预习】

回流分水（http://202.118.167.67/jpkdata/video/yjhx22/yjhxsy/hueiliu-2.htm）

蒸馏（http://202.118.167.67/jpkdata/video/yjhx22/yjhxsy/zhengliu-1.htm）

分液漏斗（http://202.118.167.67/jpkdata/video/yjhx22/yjhxsy/fenyie06.htm）

【实验步骤】

在100mL三口瓶中加入31mL正丁醇（25.1g，0.34moL），将4.5mL浓硫酸分数批加入，每加入一批即充分摇振[1]，加完后再用力充分摇匀，然后放入数粒沸石。按照图3-2安装实验装置。分水器内预先加水至支管口后，放出3.5mL水[2]。

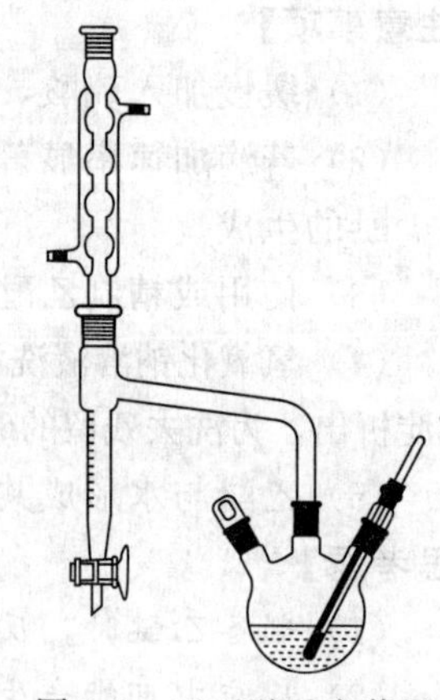

图3-2 正丁醚反应装置

加热使瓶内液体微沸，回流分水。反应液沸腾后蒸气进入冷凝管，冷凝后滴入分水器内，水层下沉，有机层浮于水面上。待有机层液面升至支管口时即流回三口烧瓶中。平稳回流直至水面上升至与支管口下沿相齐时，即可停止反应，历时约1.5h，反应液温度约135℃[3]。

待反应液冷却后，倒入盛有50mL水的分液漏斗中，充分摇振，静止分层，弃去下层液体。上层粗产物依次用25mL水、15mL 5%氢氧化钠溶液[4]、15mL水和15mL饱和氯化钙溶液洗涤[5]。然后用1～2g无水氯化钙干燥。

将干燥好的粗产物倾析到蒸馏瓶中，蒸馏收集140～144℃的馏分，产量约7～8.8g（产率为31.7%～39.8%）。

纯的正丁醚为无色透明液体，沸点142.2℃，d_4^{20} 0.7689，n_D^{20} 1.3992。

【注意事项】

(1) 如不充分摇匀，在酸与醇的界面处会局部过热，使部分正丁醇炭化，反应液很快变为红色甚至棕色。

(2) 本实验理论出水量为3.0mL，正丁醇及浓硫酸中含有少量水，副反应产生少量水，经验出水量为3.5mL。

(3) 制备正丁醚的适宜温度为130～140℃，但在本反应条件下会形成下列共沸物：醚-水共沸物（沸点94.1℃，含水33.4%）、醇-水共沸物（沸点93.0℃，含水44.5%）、醇-水-醚三元共沸物（沸点90.6℃，含水29.9%及醇34.6%），所以在反应开始阶段，温度计的实际读数约在100℃。随着反应进行，出水速率逐渐减慢，温度也缓缓上升，至反应结束时一般可升至135℃或稍高一些。如果反应液温度已经升至140℃而分水量仍未达到理论值，还可再放宽1～2℃，但若温度升至142℃而分水量仍未达到3.5mL，也应停止反应，否则会有较多副产物生成。

(4) 碱洗时振摇不宜过于剧烈，以免严重乳化，难以分层。

(5) 上层粗产物的洗涤也可采用下法进行：先每次用12mL冷的50%硫酸洗涤2次，再每次用12mL水洗涤2次。50%硫酸可洗去粗产物中的正丁醇，但正丁醚也能微溶，故产率略有降低。

【思考题】

(1) 为什么分水器中预先要加入一定量的水？放出的水过多或过少对实验有何影响？

(2) 反应物冷却后为何要倒入50mL水中？各步洗涤的目的何在？

(3) 某同学在回流结束时，将粗产品进行蒸馏以后，再进行洗涤分液。你认为这样做有何优点？本实验略去这一步，可能会产生什么问题？

实验 21　苯乙醚的制备（Synthesis of Phenetole）

【实验目的】

(1) 掌握无水制备操作技术，巩固液液萃取技术；

(2) 学会实验室制备混合醚的方法。

【实验原理】

由卤代烷或硫酸酯（常用硫酸二甲酯或硫酸二乙酯）与醇钠或酚钠反应制备醚的方法，该法被称为 Williamson 合成法，它可以合成简单醚，也可以合成混合醚。苯乙醚可利用此方法制备：

$$C_6H_5OH + CH_3CH_2I \xrightarrow{NaOH} C_6H_5OCH_2CH_3 + NaI + H_2O$$

【基本操作预习】

回流（http://202.118.167.67/jpkdata/video/yjhx22/yjhxsy/hueiliu-1.htm）

蒸馏（http://202.118.167.67/jpkdata/video/yjhx22/yjhxsy/zhengliu-1.htm）

分液漏斗（http://202.118.167.67/jpkdata/video/yjhx22/yjhxsy/fenyie06.htm）

【实验步骤】

在装有回流冷凝管（冷凝管上口装氯化钙干燥管）的 250mL 两口圆底烧瓶中，加入 4.4g（约 0.11mol）氢氧化钠、30mL 无水乙醇和 9.4g（约 0.10mol）苯酚、2～3 粒沸石。从烧瓶斜口处加入 10.5mL（约 0.13mol，20.3g）碘乙烷，塞好斜口，在水浴上加热回流。当水浴温度达 75℃左右时，反应物开始沸腾，固体氢氧化钠逐渐溶解(1)。沸腾约 10min 后，升温，控制水浴温度在 90～95℃，保持反应液沸腾(2)。

约 2h 后停止加热，稍冷，用玻璃棒从斜口取样检验（注意尽量减少烧瓶内的蒸气挥发），当溶液不呈碱性时，表明反应已经完成。

反应物静置约 5min 后，将回流装置改为蒸馏装置，将反应混合物中的乙醇尽量蒸馏出来。

在残留物中加入少量的水，以溶解反应过程中生成的碘化钠。然后将反应液倒入分液漏斗中，静置后，分离出粗产品苯乙醚。用 15mL 乙醚（或甲苯）分两次萃取溶解于水中的苯乙醚，萃取液合并到苯乙醚中。有机层用 10mL 5%氢氧化钠洗涤（除苯酚），分出有机层，无水氯化钙干燥，至液体透明。

将干燥好的粗产物倾析到蒸馏瓶中，先蒸出乙醚（或甲苯），然后继续加热蒸馏（改用空气冷凝管），收集 165～170℃的馏分，产量约为 3.8g（产率约 31.1%）。

纯苯乙醚为无色液体，沸点 172℃，d_4^{20} 0.9702，n_D^{20} 1.5076。

【注意事项】

(1) 温度不宜太高，以免碘乙烷因温度太高而气化逸出。

(2) 在加热回流过程中，如果发生分层现象，可再加入无水乙醇。

【思考题】

(1) 本反应为什么要在无水条件下进行？

(2) 加热完毕后，为什么要尽量把乙醇蒸出来？

（3）在制备苯乙醚时，无水乙醇在其中起什么作用？

实验 22　苯乙酮的制备（Synthesis of Acetophenone）

【实验目的】

（1）掌握 Friedel-Crafts 酰基化反应制备芳香酮的原理和方法；

（2）掌握无水操作、电动搅拌、气体吸收、蒸馏等操作技术。

【实验原理】

实验室中常使用 Friedel-Crafts 酰基化反应来制备芳香酮，在无水三氯化铝存在下，酰氯或酸酐与活泼的芳香化合物反应可以制得高产率的芳香酮，制备中常使用酸酐代替酰氯作为酰化试剂，这是因为酸酐比酰氯原料易得、操作简单、反应平稳、产率高、反应时无明显的副反应而且无有害气体放出，使生成的芳香酮容易提纯。但是由于三氯化铝与反应生成的芳香酮会形成配合物，另外当使用酸酐时反应生成的有机酸也会与三氯化铝发生反应，因此当用酸酐作酰化试剂时，1mol 羧酸至少需要 2mol 的三氯化铝作为催化剂。

反应中苯是过量的，既是反应物又可作为溶剂。酰基化反应一般是放热的，需将酰化试剂配成溶液后慢慢滴加到苯溶液中，密切注意反应温度的变化。反应式如下：

$$C_6H_6 + (CH_3CO)_2O \xrightarrow{AlCl_3} C_6H_5COCH_3 + CH_3COOH$$

$$C_6H_5COCH_3 + AlCl_3 \longrightarrow C_6H_5COCH_3 \cdot AlCl_3 \xrightarrow[H_2O]{H^+} C_6H_5COCH_3 + AlCl_3$$

$$CH_3COOH + AlCl_3 \longrightarrow CH_3COOAlCl_2 + HCl \xrightarrow[H_2O]{H^+} CH_3COOH + AlCl_3$$

【基本操作预习】

电动搅拌（http://202.118.167.67/jpkdata/video/yjhx22/yjhxsy/jiaoban-1.htm）

回流滴加（http://202.118.167.67/jpkdata/video/yjhx22/yjhxsy/hueiliu-3.htm）

分液漏斗（http://202.118.167.67/jpkdata/video/yjhx22/yjhxsy/fenyie06.htm）

蒸馏（http://202.118.167.67/jpkdata/video/yjhx22/yjhxsy/zhengliu-1.htm）

【实验步骤】

在 100mL 的三口瓶(1) 上分别安装冷凝管、滴液漏斗和电动搅拌装置，冷凝管上端装一氯化钙的干燥管，并配有气体吸收装置，反应过程中逸出的气体由 40%NaOH 溶液吸收。

迅速向三口瓶中加入 10g（0.075mol）研细的无水三氯化铝(2)，再加入 16mL(14.1g，0.18mol）无水纯苯，在搅拌下慢慢滴加 4mL(4.3g，0.042mol）新蒸的乙酸酐，严格控制滴加速率(3) 使三口瓶稍热为宜，不要使反应太剧烈，约 15min 滴加完毕，待反应缓和些，在沸水浴中搅拌加热回流约 0.5h，至不再有 HCl 逸出为止。

将反应混合物冷却至室温，在不断搅拌下倒入盛有 18mL 浓盐酸和约 40g 碎冰的烧杯中（在通风橱中进行）(4)，充分搅拌后，若仍有固体存在可加适量浓盐酸溶解。将混合物转入分液漏斗中，分出有机层（哪一层?），水层用苯萃取 2 次（每次 8mL），合并有机层，依次用 15mL 10% NaOH 溶液、10mL 水各洗涤一次，移入干燥的锥形瓶中用无水硫酸镁干燥。

将干燥后的粗产物倾析到圆底烧瓶中，水浴上蒸馏回收苯，再在石棉网上蒸去残留的苯，当温度上升至 140℃左右时，停止加热，稍冷却后改换为空气冷凝装置(5)，收集 197～202℃的馏分，产量约为 3g（产率为 62.5%）。

纯苯乙酮为无色透明油状液体，沸点202.2℃，熔点20.5℃，d_4^{20}1.0281，n_D^{20}1.5372。

【注意事项】

（1）本实验使用的仪器和试剂均应充分干燥，氯化氢气体吸收装置除外。

（2）无水三氯化铝易吸潮，要避免它与皮肤接触，称取和加入时都应迅速，投料时将纸卷成桶状插入瓶颈，本实验中无水三氯化铝的好坏对实验的影响很大。

（3）滴加乙酸酐时，反应放热，要注意反应温度的控制，温度高对反应不利，一般水温控制在60℃以下即可。

（4）分解乙酸酐-苯溶液与三氯化铝的配合物时，放出大量热和HCl气体，故此操作加入碎冰并在通风橱中进行。

（5）若蒸馏沸点超过140℃时，要用空气冷凝装置，以防止直形冷凝管炸裂。

【思考题】

（1）水和潮气对本实验有何影响？

（2）反应完成后为什么要加入浓盐酸和冰水的混合液？

（3）为何用过量的苯和三氯化铝？

实验23　二苯酮的制备（Synthesis of Benzophenone）

【实验目的】

（1）学习二苯酮的制备原理和方法；

（2）巩固普通蒸馏、减压蒸馏的操作方法。

【实验原理】

付氏酰基化反应是制备芳香酮的主要方法。在无水三氯化铝存在下，酰氯或酸酐与活泼的芳香族化合物反应，可得到高产率的烷基芳基酮或二芳基酮。本实验制备二苯酮采用以下两种方法。

方法一：由四氯化碳和无水苯在无水三氯化铝催化下制备

$$2\,C_6H_6 + CCl_4 \xrightarrow[-2HCl]{AlCl_3} C_6H_5CCl_2C_6H_5 \xrightarrow[-2HCl]{H_2O} C_6H_5COC_6H_5$$

方法二：由苯甲酰氯和无水苯在无水三氯化铝催化下制备

$$C_6H_6 + C_6H_5COCl \xrightarrow{AlCl_3} C_6H_5COC_6H_5 + HCl$$

【基本操作预习】

电动搅拌（http://202.118.167.67/jpkdata/video/yjhx22/yjhxsy/jiaoban-1.htm）

回流滴加（http://202.118.167.67/jpkdata/video/yjhx22/yjhxsy/hueiliu-3.htm）

分液漏斗（http://202.118.167.67/jpkdata/video/yjhx22/yjhxsy/fenyie06.htm）

蒸馏（http://202.118.167.67/jpkdata/video/yjhx22/yjhxsy/zhengliu-1.htm）

【实验步骤】

方法一：由四氯化碳和无水苯在无水三氯化铝催化下制备

在250mL三口瓶[1]上，分别安装搅拌器、冷凝管和Y形管。冷凝管上口安装一填有氯化钙的干燥管，干燥管再接一气体吸收装置，5%的NaOH作为吸收剂。Y形管上分别装有滴液漏斗和温度计。

在反应瓶中迅速加入 6g（0.045mol）无水三氯化铝和 14mL（22.4g，0.15mol）四氯化碳，用冰水浴冷却到 10～15℃。在搅拌下慢慢滴入 8mL(7.0g，0.090mol）无水苯及 7mL（11.2g，0.073mol）四氯化碳的混合液，约 10～15min 滴完，维持反应温度在 5～10℃之间[2]。滴加完毕，在 10℃左右继续搅拌 1h。然后改用冰水浴，在搅拌下慢慢滴加 100mL 水使其水解。改成蒸馏装置，在水浴上尽量蒸去四氯化碳及未反应的苯。再在石棉网上用小火加热蒸馏 0.5h，以除去残留的四氯化碳[3]，并促使二苯二氯甲烷水解完全。

冷却反应液，转移至分液漏斗中，分出有机层，水层用蒸出的四氯化碳萃取一次，合并后用无水硫酸镁干燥。常压下蒸去四氯化碳，当温度升至 90℃左右时停止加热，稍冷后再进行减压蒸馏，收集 156～159℃/133kPa(10mmHg）的馏分。产物冷却后固化[4]，熔点 47～48℃，产量约 6～7g（产率约 73.2%～85.4%）。

二苯酮有多种晶型，熔点分别为 α-型 49℃，β-型 26℃，γ-型 45～48℃，δ-型 51℃，其中 α-型最稳定。

方法二：由苯甲酰氯和无水苯在无水三氯化铝催化下制备

在 250mL 三口瓶上分别安装搅拌器、冷凝管和滴液漏斗，冷凝管上端装一氯化钙干燥管，后者再接气体吸收装置。

在反应瓶中迅速加入 7.5g（0.056mol）无水三氯化铝和 30mL（26.4g，0.34mol）无水苯。在搅拌下将 6mL（7.3g，0.052mol）新蒸馏过的苯甲酰氯自滴液漏斗在约 10min 内滴入反应瓶中。反应液由无色变为黄色，三氯化铝逐渐溶解。滴加完毕，在 50℃水浴上加热1.5～2h，至无氯化氢气体逸出，此时反应液为深棕色。将三口瓶浸入冰水浴中，搅拌下慢慢滴加 50mL 冰水和 25mL 浓盐酸的混合液，分解反应物。

将反应液转移至分液漏斗中，分出有机层，再依次用 15mL 5%的氢氧化钠及 15mL 水各洗涤一次，粗产物用无水硫酸镁干燥。

干燥后的液体按方法一处理，产量约 5g（产率约 54.9%）。

【注意事项】

(1) 本实验所用仪器和试剂均需充分干燥，否则影响反应顺利进行，装置中凡是和空气相通的部位，应安装干燥管。

(2) 若温度低于 5℃，则反应缓慢；高于 10℃时，则有焦油状物产生。

(3) 约可回收 14mL 四氯化碳，其中含少量苯。

(4) 冷却后有时不易得到结晶，这是由于形成低熔点（26℃）β-型二苯酮之故。也可用石油醚（30～60℃）进行重结晶，代替减压蒸馏。

【思考题】

(1) 方法一中为什么是四氯化碳过量而不是苯过量？如苯过量有什么结果？

(2) 方法一中反应完成后，加入水的目的是什么？

(3) 方法二中反应完成后，加入浓盐酸与冰水的混合液的目的是什么？

实验 24　环己酮的制备（Synthesis of Cyclohexanone）

【实验目的】

(1) 了解铬酸或过氧化氢氧化法制备环己酮的原理和方法；

(2) 掌握搅拌、滴加、萃取、蒸馏等相关的基本操作。

【实验原理】

环己酮是应用十分广泛的石油化工原料，本实验制备环己酮采用以下两种方法。

方法一：实验室制备脂肪或脂环醛酮，常用的方法是用铬酸氧化相应的醇。铬酸是重铬酸钠（或钾）和40%～50%硫酸混合而成。醇的铬酸氧化是一个放热反应，反应中需要严格控制温度。以铬酸为氧化剂，在一定条件下，环己醇氧化成环己酮：

$$3\ C_6H_{11}OH + Na_2Cr_2O_7 + 4H_2SO_4 \longrightarrow 3\ C_6H_{10}O + Cr_2(SO_4)_3 + Na_2SO_4 + 7H_2O$$

方法二：由过氧化氢氧化环己醇制备环己酮　铬酸氧化法制备环己酮，虽然收率较高，但对设备腐蚀严重，且生产过程中产生严重污染环境的铬酸盐化合物。过氧化氢由于价格便宜尤其是无公害的特点成为绿色化学理想的氧化剂。考虑到原料间的液-液非均相性，本实验以十六烷基三甲基溴化铵为相转移催化剂，用偏钒酸铵催化过氧化氢氧化环己醇制备环己酮，反应条件温和，后处理简单，对环境友好。

【基本操作预习】

电磁搅拌（http://202.118.167.67/jpkdata/video/yjhx22/yjhxsy/jiaoban-2.htm）

回流滴加（http://202.118.167.67/jpkdata/video/yjhx22/yjhxsy/hueiliu-3.htm）

分液漏斗（http://202.118.167.67/jpkdata/video/yjhx22/yjhxsy/fenyie06.htm）

蒸馏（http://202.118.167.67/jpkdata/video/yjhx22/yjhxsy/zhengliu-1.htm）

【实验步骤】

方法一：由铬酸氧化环己醇制备

(1) 铬酸溶液的配制　将20g(0.067mol) 重铬酸钠（$Na_2Cr_2O_7\cdot 2H_2O$）溶于60mL水中，在搅拌下慢慢加入14.8mL(27.2g，0.28mol) 浓硫酸，最后稀释至100mL，冷却至0℃。

(2) 环己酮的制备　在一个装配有50mL滴液漏斗、搅拌装置和回流冷凝管的250mL三口瓶中，依次加入5.3mL环己醇（5.1g，0.051mol）和25mL乙醚（17.8g，0.24mol），摇匀，冷却到0℃[1]。将已冷至0℃的50mL铬酸溶液分两次倒入滴液漏斗中，在剧烈搅拌下，10min内（为何控制时间?）将铬酸溶液滴入反应瓶中。加完后再继续剧烈搅拌20min，分出有机层[2]，水层用乙醚萃取（15mL×2），合并有机层[3]。有机层依次用15mL 5%碳酸钠、水洗涤（15mL×4），无水硫酸钠干燥[4]。干燥后粗产品转入蒸馏烧瓶中，用50～55℃水浴蒸馏回收乙醚，再蒸馏收集152～155℃馏分（用什么冷凝管?）。称重，产量约3.2～3.6g（产率为65.2%～73.3%）。

纯环己酮为无色液体，沸点155.6℃，d_4^{20} 0.9478，n_D^{20} 1.4507。

方法二：由过氧化氢氧化环己醇制备环己酮

在带有回流冷凝管和滴液漏斗的100mL三口瓶中加入56.7g（0.50mol）30%的过氧化氢、偏钒酸铵1.4g（0.012mol）及2.7g（0.0074mol）十六烷基三甲基溴化铵[5]。室温和电磁搅拌下滴加10.0mL（9.6g，0.096mol）环己醇，约10min滴加完毕。温度控制在60～65℃，电磁搅拌加热，反应6h。反应液冷至室温后用45mL乙醚分3次进行萃取，合并有机层用无水硫酸镁干燥后，先水浴蒸馏蒸出乙醚，再改用空气浴蒸馏收集152～155℃馏分，得产品环己酮。产量约为6.4g（产率约为68%）。

【注意事项】

(1) 铬酸氧化醇是一个放热反应，反应中需要严格控制温度以防反应过于剧烈。温度一般控制在55～60℃，温度过低反应困难，过高则副反应增多。

(2) 产物相对密度（0.9478）与水相差不大且在水中有一定的溶解度（2.4g/100mL水，31℃）。如果出现分层不明显的现象，可加入饱和食盐水或少量乙醚，再分层萃取。

(3) 废酸液不要触及皮肤，也不要随意丢弃，以防环境污染。

(4) 环己酮（容易燃烧!）可和水形成恒沸点混合物，沸点95℃，含环己酮38.4%。

(5) 没有相转移催化剂时反应仅在界面进行，反应速率十分缓慢。加入相转移催化剂十六烷基三甲基溴化铵后，可使反应由原来的液-液非均相转化为液-液均相，既加快了反应速率又提高了反应收率。当相转移催化剂的用量太大后，会导致环己醇被氧化成己二酸。

【思考题】

(1) 环己醇用铬酸氧化得到环己酮，用高锰酸钾氧化则得己二酸，为什么？

(2) 利用伯醇氧化制备醛时，为什么要将铬酸溶液加入醇中而不是反之？

(3) 蒸馏产物如何选择冷凝管？

实验25 苯亚甲基丙酮的制备（Synthesis of Benzalacetone）

【实验目的】

(1) 学习利用羟醛缩合反应增长碳链的原理和方法；

(2) 学习利用衍生物来鉴别羰基化合物；

(3) 掌握电磁搅拌操作技术。

【实验原理】

苯甲醛和丙酮在稀碱作用下发生羟醛缩合反应，生成苯亚甲基丙酮（4-苯基-3-丁烯-2-酮）。该有机物与2,4-二硝基苯肼反应可生成苯亚甲基丙酮衍生物2,4-二硝基苯腙。

$$C_6H_5CHO + CH_3COCH_3 \xrightarrow[-H_2O]{OH^-} C_6H_5CH{=}CHCOCH_3$$

$$C_6H_5CH{=}CHCOCH_3 + O_2N\text{-}C_6H_3(NO_2)\text{-}NHNH_2 \longrightarrow C_6H_5CH{=}CHC(CH_3){=}N\text{-}NH\text{-}C_6H_3(NO_2)_2$$

【基本操作预习】

回流滴加（http://202.118.167.67/jpkdata/video/yjhx22/yjhxsy/hueiliu-3.htm）

分液漏斗（http://202.118.167.67/jpkdata/video/yjhx22/yjhxsy/fenyie06.htm）

蒸馏（http://202.118.167.67/jpkdata/video/yjhx22/yjhxsy/zhengliu-1.htm）

【实验步骤】

(1) 苯亚甲苯丙酮的制备（丙酮过量） 在100mL三口瓶中，分别装上滴液漏斗、球形冷凝管和温度计，在电磁搅拌下依次加入22.5mL 10%氢氧化钠溶液和4mL(3.2g，0.056mol) 丙酮，然后自滴液漏斗中逐滴加入5.0mL(5.2g，0.049mol) 新蒸馏的苯甲醛[1]，控制滴加速率使反应物的温度保持在25～30℃[2]，滴完后再反应0.5h。

反应结束，加入1∶1盐酸，使反应液呈中性。用分液漏斗分出有机层，水层用乙醚(10mL×2) 萃取，合并有机层，用10mL饱和食盐水洗涤1次后，用无水硫酸镁干燥。干

燥后粗产品转入蒸馏烧瓶中，用水浴蒸馏回收乙醚（水浴温度55℃左右），然后减压蒸馏，收集120～130℃/0.93kPa(7mmHg)或133～140℃/2.13kPa(16mmHg)的馏分，得黏稠黄色油状液体，冷却后为淡黄色固体，约5g（产率约68.5%）。

纯的苯亚甲基丙酮为淡黄色固体，熔点42℃，沸点262℃。

(2) 苯亚甲基丙酮衍生物的制备　取0.5g苯亚甲基丙酮溶于20mL 95%的乙醇中，搅拌下，加入15mL 2,4-二硝基苯肼溶液(3)，静置10min后，析出结晶，抽滤后得到晶体。乙醇重结晶该晶体2次，每次用10mL，干燥后测定熔点（纯品223℃，一般自制品为218～221℃）。

【注意事项】

(1) 苯甲醛容易被空气氧化，使用前必须重新蒸馏，收集179℃馏分。为避免苯甲醛在重蒸时氧化，最好采用减压蒸馏，收集79℃/3333Pa或62℃/1333Pa的馏分，沸程2℃。储存时可加入0.5%的对苯二酚。

(2) 如苯甲醛滴加过快，反应温度太高，副产物会增多，产率会下降。

(3) 2,4-二硝基苯肼溶液的配制方法见附录四。

【思考题】

(1) 碱的浓度过大，温度过高对反应有何不利影响？

(2) 设计合成二苯亚甲基丙酮的实验方法和步骤。

实验26　苯亚甲基苯乙酮的制备
(Synthesis of Benzal Acetophenone)

【实验目的】

(1) 了解羟醛缩合反应制备α,β-不饱和醛酮的原理和方法；

(2) 熟悉机械搅拌、重结晶等操作技术；

(3) 了解超声辐射法在有机合成中的应用。

【实验原理】

羟醛缩合反应是一类极有用的反应。在氢氧化钠的水溶液或乙醇溶液中，苯甲醛和苯乙酮发生分子间羟醛缩合反应，可以得到产率很高的α,β-不饱和醛酮。这一反应称为克莱森-思米特（Clasin-Schmidt）反应，反应方程式如下：

$$C_6H_5\text{—}CHO + CH_3CO\text{—}C_6H_5 \xrightarrow[25\sim30^\circ C]{NaOH} \left[C_6H_5\text{—}\underset{OH}{CH}CH_2CO\text{—}C_6H_5 \right] \xrightarrow{-H_2O} C_6H_5\text{—}CH\text{—}CHCO\text{—}C_6H_5$$

【基本操作预习】

电动搅拌（http://202.118.167.67/jpkdata/video/yjhx22/yjhxsy/jiaoban-1.htm）

回流滴加（http://202.118.167.67/jpkdata/video/yjhx22/yjhxsy/hueiliu-3.htm）

减压过滤（http://202.118.167.67/jpkdata/video/yjhx22/yjhxsy/da_guolu03.htm）

【实验步骤】

方法一：在装有搅拌器、温度计和滴液漏斗的三口瓶中，加入25mL 10%氢氧化钠溶液、15mL乙醇和6mL（6.2g，0.052mol）苯乙酮。搅拌下由滴液漏斗滴加5mL(5.2g,

0.056mol）新蒸的苯甲醛，控制滴加速率并保持反应温度在25～30℃[1]之间，必要时用冷水浴冷却。滴加完毕，继续保持此温度搅拌0.5h。然后加入几粒苯亚甲基苯乙酮作为晶种[2]，室温下继续搅拌1～1.5h，即有固体析出。反应结束后，将三口瓶置于冰水浴中冷却15～30min，使结晶完全。

减压抽滤收集产物，用水充分洗涤，直至洗涤液对石蕊试纸显中性，然后用少量冷乙醇（5～6mL）洗涤结晶，挤压抽干，得苯亚甲基苯乙酮粗品[3]。粗产物用95%乙醇重结晶[4]（每克产物用4～5mL溶剂，若溶液颜色较深，可加少量活性炭脱色），得浅黄色片状结晶[5]，干燥，产量约6～7g（产率约为57.7%～67.3%），测熔点。

纯α-苯亚甲基苯乙酮为浅黄色片状结晶，熔点58℃，沸点345℃(分解)。

方法二：在50mL锥形瓶中，依次加入2.1mL 10%NaOH水溶液、2.5mL 95%乙醇、1.0mL（1.0g，0.0083mol）苯乙酮，冷却至室温，再加入0.8mL新蒸过的苯甲醛（0.8g，0.0075mol）。启动超声波发生器（500W，25kHz），将反应瓶置于超声波清洗槽中，使清洗槽中的水面略高于反应瓶中的液面。控制清洗槽中的水温在25～30℃，超声波辐射30～35min，停止反应[6]。将反应瓶置于冰水浴中冷却，使结晶完全。抽滤，用少量冷水洗涤产品至滤液呈中性。然后用2.5mL冷乙醇洗涤结晶，干燥。产量约1.36g（平均产率为87%）。

【注意事项】

（1）反应温度以25～30℃为宜。温度过高，副产物多；温度过低，产物发黏，不宜过滤和洗涤。

（2）一般在室温下搅拌1h后即可析出结晶，为引发结晶析出较快，最好加入事先制好的晶种。

（3）苯亚甲基苯乙酮能使某些人皮肤过敏，处理时注意勿与皮肤接触。

（4）苯亚甲基苯乙酮熔点低，重结晶应注意熔融和溶解的区别。

（5）苯亚甲基苯乙酮存在几种不同的晶型，通常得到的是片状的α-体，纯粹的α-体熔点为58℃，另外还有棱状或针状的β-体（熔点56～57℃）及γ-体（熔点48℃）。

（6）超声辐射法与经典法比较，不仅装置简单、操作简便。反应速度快、收率高，而且催化剂用量降低、对环境友好。

【思考题】

（1）本实验中NaOH起何作用？其浓度过高、用量过大对实验结果有何影响？

（2）本实验中可能会产生哪些副反应？实验中采取了哪些措施来避免副产物的生成？

（3）本实验中苯甲醛和苯乙酮的羟醛加成物为何不稳定会立即失水？

（4）写出苯甲醛与丙醛及丙酮（过量）在碱催化下缩合产物的反应式。

实验27　4-(2-呋喃基)-3-丁烯-2-酮的制备

[Synthesis of 4-(2- Furyl)-3-Butane-2-Ketone]

【实验目的】

（1）掌握利用羟醛缩合反应制备β-羟基醛（酮）的原理；

（2）巩固萃取、结晶、蒸馏等基本操作。

【实验原理】

羟醛缩合反应是一类极有用的反应。在氢氧化钠的水溶液中，呋喃甲醛和丙酮发生分子间羟醛缩合反应，可以得到4-(2-呋喃基)-3-丁烯-2-酮，反应方程式如下：

$$\text{(2-呋喃基)}-CHO + CH_3COCH_3 \xrightarrow{OH^-} \text{(2-呋喃基)}-\underset{}{\overset{OH}{\overset{|}{C}H}}-CH_2COCH_3 \xrightarrow{-H_2O} \text{(2-呋喃基)}-\underset{H}{C}=CHCOCH_3$$

【基本操作预习】

电磁搅拌（http://202.118.167.67/jpkdata/video/yjhx22/yjhxsy/jiaoban-2.htm）

分液漏斗（http://202.118.167.67/jpkdata/video/yjhx22/yjhxsy/fenyie06.htm）

回流滴加（http://202.118.167.67/jpkdata/video/yjhx22/yjhxsy/hueiliu-3.htm）

减压过滤（http://202.118.167.67/jpkdata/video/yjhx22/yjhxsy/da_guolu03.htm）

【实验步骤】

将装有温度计、回流冷凝管和滴液漏斗的100mL三口圆底烧瓶中加入3mL 5%氢氧化钠溶液和15mL(11.8g，0.20mol）丙酮，电磁搅拌并水浴加热至丙酮回流后，冷却至室温。然后用滴液漏斗慢慢滴加8.3mL(9.6g，0.10mol）新蒸的呋喃甲醛(1)，控温25～30℃，10min内滴加完，在此温度下继续搅拌反应约40min(2)。

反应结束后，反应液用0.1%HCl调pH=7～8，然后转移到分液漏斗中，用25mL二氯甲烷萃取2次，合并有机层，用无水硫酸镁干燥。干燥后粗产品转入蒸馏烧瓶中，常压蒸馏出有机层中的低沸点物质（丙酮和二氯甲烷）后，用40℃乙醇使粗产品溶解，于冰箱中冷却（或冰水浴冷却），待红色结晶析出，抽滤，产物干燥后测熔点（38～39℃），产量约为10g（产率约为73.5%）。

纯的4-(2-呋喃基)-3-丁烯-2-酮为红色结晶，熔点38～39℃，沸点112～115℃(1.33kPa)。

【注意事项】

(1) 呋喃甲醛在使用时最好重新蒸馏。

(2) 反应温度不宜过高，否则会增加副反应。

【思考题】

(1) 本实验采取了哪些措施来避免副产物的生成？

(2) 为什么本实验所用碱溶液不能过浓？

实验28 2-乙基-2-己烯醛的制备
(Synthesis of 2-Ethyl-2-Hexenal)

【实验目的】

(1) 学习利用羟醛缩合反应制备辛烯醛的原理和方法；

(2) 掌握有机物干燥、减压蒸馏等操作技术。

【实验原理】

具有α-活泼氢的醛在稀碱催化下，分子间发生羟醛缩合反应，首先生成β-羟基醛，提高反应温度，β-羟基醛进一步脱水，生成α,β-不饱和醛。这是有机合成中增长碳链的重要反应。

正丁醛在稀碱催化下进行羟醛缩合反应，生成2-乙基-3-羟基己醛，此化合物在加热条件下进一步脱水，生成2-乙基-2-己烯醛，一般称为辛烯醛。反应式如下：

$$2CH_3CH_2CH_2CHO \xrightarrow{\text{稀 NaOH}} CH_3CH_2CH_2\underset{OH}{CH}\overset{C_2H_5}{C}HCHO \xrightarrow[90℃]{-H_2O} CH_3CH_2CH_2CH{=}\underset{C_2H_5}{C}CHO$$

【基本操作预习】

电动搅拌（http：//202.118.167.67/jpkdata/video/yjhx22/yjhxsy/jiaoban-1.htm）

回流滴加（http：//202.118.167.67/jpkdata/video/yjhx22/yjhxsy/hueiliu-3.htm）

分液漏斗（http：//202.118.167.67/jpkdata/video/yjhx22/yjhxsy/fenyie06.htm）

减压蒸馏（http：//202.118.167.67/jpkdata/video/yjhx22/yjhxsy/zhengliu-4.htm）

【实验步骤】

在装有电动搅拌器、滴液漏斗、回流冷凝管的100mL三口瓶中[1]，加入5mL 5%氢氧化钠溶液，预热瓶内氢氧化钠溶液至60～70℃。在充分搅拌下，从滴液漏斗缓缓滴入13mL（约0.15mol，10.7g）正丁醛，滴加速率不宜太快[2]，约15min滴加完毕。加完后，在90℃水浴上加热搅拌1h，反应液渐渐地变为浅黄色或橙色。

将反应物转入50mL分液漏斗中，静置分层，分去水层，有机层用蒸馏水洗涤（5mL×3），然后转入一干燥的锥形瓶中，塞上塞子，放置一会儿后，溶液转为澄清透明，少量的水及絮状物沉入瓶底。如放置一段时间后，产品仍不变清，可加入适量的无水硫酸钠干燥。将干燥后的粗产品倒入蒸馏瓶中，减压蒸馏，收集60～70℃/1.33～4.0kPa（10～30mmHg）的馏分，产量6～7g（产率为63.2%～73.7%）。产品为无色或略带浅黄色的带腥味的液体[3]。纯的2-乙基-2-己烯醛为无色液体，沸点177℃（略有分解），d_4^{20} 0.848。

【注意事项】

（1）搅拌器接口处要注意密封，防止正丁醛挥发（正丁醛沸点为75.7℃）。

（2）反应是放热反应，滴加正丁醛的速率不宜太快。

（3）2-乙基-2-己烯醛易引起过敏现象，处理产品时勿与皮肤接触。

【思考题】

（1）本实验中，氢氧化钠起什么作用？碱的浓度过高、用量过大有什么不好？

（2）试写出过量甲醛在碱作用下，与乙醛反应的最终产物。

实验29　己二酸的制备（Synthesis of Adipic Acid）

【实验目的】

（1）学习用氧化法由环己醇制备己二酸的原理和方法；

（2）熟悉机械搅拌、浓缩、抽滤等操作技术。

【实验原理】

制备羧酸最常用的方法是烯、醇、醛等的氧化法。常用的氧化剂有硝酸、重铬酸钾（钠）的硫酸溶液、高锰酸钾、过氧化氢及过氧乙酸等。但其中用硝酸为氧化剂反应非常剧烈，伴有大量二氧化氮毒气放出，既危险又污染环境。因而本实验采用环己醇在高锰酸钾的碱性条件下发生氧化反应，然后酸化得到己二酸：

$$3\ \text{(cyclohexanol, OH)} + 8KMnO_4 + H_2O \longrightarrow 3HOOC(CH_2)_4COOH + 8MnO_2 + 8KOH$$

【基本操作预习】

电动搅拌（http://202.118.167.67/jpkdata/video/yjhx22/yjhxsy/jiaoban-1.htm）

回流滴加（http://202.118.167.67/jpkdata/video/yjhx22/yjhxsy/hueiliu-3.htm）

减压过滤（http://202.118.167.67/jpkdata/video/yjhx22/yjhxsy/da_guolu03.htm）

【实验步骤】

在装有电动搅拌器（或磁力搅拌器）、滴液漏斗、温度计的三口瓶（或烧杯）中，加入13g 高锰酸钾及 80mL 0.3mol/L 氢氧化钠，用水浴加热使溶液温度达 45℃。撤掉热水浴，再通过滴液漏斗（或滴管）慢慢滴加 3mL 环己醇（2.9g，0.029mol）[(1)]，滴加环己醇的过程维持反应温度在 50℃左右[(2)]。当醇加完后，待反应体系温度自然降至 40℃左右时，再在沸水浴中加热混合物 10～15min，使氧化反应完全并使二氧化锰沉淀凝结[(3)]。

检验高锰酸钾是否作用完全[(4)]。反应完全后趁热减压过滤，滤液加 8mL 浓盐酸酸化，然后小心加热，将滤出液浓缩至 20mL 左右[(5)]，在冰水浴中冷却至结晶完全。抽滤，用3mL 冷水洗涤结晶，将产品移入表面皿中，干燥后称重，产量约为 2～3g（产率为47.6%～71.4%）。若要得到纯净的已二酸，可用水进行重结晶。

纯的已二酸为白色棱状晶体，熔点 153℃，沸点 332.7℃。

【注意事项】

(1) 环己醇熔点为 25.1℃，在较低温度下为针状晶体，熔化时为黏稠液体，不易倒净。因此量取后可用少量水冲洗量筒，一并加入至滴液漏斗中，这样既可减少器壁黏附损失，也可因为少量水的存在而降低环己醇的熔点，避免在滴加过程中结晶堵塞滴液漏斗。

(2) 本反应强烈放热，环己醇切不可一次大量加入，否则反应太剧烈，可能引起爆炸。若滴加过快，反应过猛，会使反应物冲出反应器，若反应过于缓慢，未作用的环己醇将积蓄起来，一旦反应变得剧烈，则部分环己醇迅速被氧化也会引起爆炸。故做本实验时，必须特别注意控制环己醇的滴加速率，尤其在反应开始阶段，滴加速率更应慢一些。滴加环己醇时必须撤去热源，必要时用冷水冷却。

(3) 在沸水浴中加热并同时搅拌可使反应进行得更完全，但这一步必须在反应体系温度下降后方可进行。

(4) 取反应液一滴滴在滤纸上看是否有紫色，如还有紫色，可加少量固体亚硫酸氢钠以除去过量的高锰酸钾。

(5) 对浓缩反应结束后的溶液，宜掌握好体积。若浓缩液过多，因水溶解而损失；若浓缩液过少，部分无机盐析出，影响产物的纯度。

【思考题】

(1) 制备已二酸时，为什么必须严格控制滴加环己醇的速率和反应的温度？

(2) 制备羧酸的常用方法有哪些？

(3) 反应完后如果反应混合物呈淡紫红色，为什么要加入亚硫酸氢钠？

(4) 本实验得到的溶液为什么要用盐酸酸化？除用盐酸酸化外，是否还可用其他酸酸化？为什么？

实验30 肉桂酸的制备（Synthesis of Cinnamic Acid）

【实验目的】

（1）掌握通过珀金（Perkin）反应制备肉桂酸的方法；

（2）进一步掌握水蒸气蒸馏的原理、用途和操作方法；

（3）掌握固体有机物的提纯方法。

【实验原理】

芳香醛和酸酐在碱性催化剂的作用下，可以发生类似羟醛缩合的反应，生成α,β-不饱和芳香酸，这个反应称为Perkin反应。催化剂通常是相应酸酐的羧酸钾或钠盐，也可用碳酸钾或叔胺。

本实验分别用醋酸钾和碳酸钾为催化剂，苯甲醛和醋酸酐进行缩合反应制备肉桂酸：

$$C_6H_5CHO + (CH_3CO)_2O \xrightarrow[\text{或 } K_2CO_3]{CH_3CO_2K} C_6H_5CH{=}CHCO_2H + CH_3CO_2H$$

反应结束后，反应混合物中除生成的肉桂酸外，还有少量未反应的苯甲醛，可采用水蒸气蒸馏的方法除去。

【基本操作预习】

空气冷凝回流（http://202.118.167.67/jpkdata/video/yjhx22/yjhxsy/hueiliu-4.htm）

水蒸气蒸馏（http://202.118.167.67/jpkdata/video/yjhx22/yjhxsy/zhengliu-3.htm）

减压过滤（http://202.118.167.67/jpkdata/video/yjhx22/yjhxsy/da_guolu03.htm）

热过滤（http://202.118.167.67/jpkdata/video/yjhx22/yjhxsy/da_guolu02.htm）

【实验步骤】

方法一：用无水醋酸钾作缩合剂

在250mL三口瓶中依次加入3g无水醋酸钾[1]、7.5mL(8.1g，0.079mol）醋酸酐（新蒸）和5mL(5.2g，0.049mol）苯甲醛[2]，装上空气冷凝管及温度计，加热回流1.5～2h[3]，维持反应温度在150～170℃。

反应完毕后，将反应物趁热倒入500mL圆底烧瓶中，并以少量沸水冲洗反应瓶几次，使反应物全部转移至500mL烧瓶中。再慢慢加入适量的固体碳酸钠（约5～7.5g）[4]，使溶液pH等于8。然后进行水蒸气蒸馏（蒸除什么?），至馏出液无油珠为止。

残留液加入少量活性炭，装上回流冷凝管，煮沸5～10min，趁热过滤。在搅拌下往滤液中缓慢加入浓盐酸至溶液呈酸性（pH=3～4）。冷却，待结晶全部析出后，抽滤，以少量冷水洗涤，干燥，产量约4g（产率约54.1%）。可在热水或70%乙醇中进行重结晶，熔点131.5～132℃。

方法二：用无水碳酸钾作缩合剂

在250mL三口瓶中依次加入7g无水碳酸钾、5mL(5.2g，0.049mol）苯甲醛（新蒸）和14mL(15.1g，0.15mol）醋酸酐（新蒸），装上空气冷凝管及温度计，加热回流45min[5]，维持反应温度在150～170℃。由于有二氧化碳放出，最初反应会出现泡沫。

冷却反应混合物，加入40mL水浸泡几分钟，用玻璃棒或不锈钢匙轻轻捣碎瓶中的固体，进行水蒸气蒸馏（蒸除什么?），直至无油状物蒸出为止。将烧瓶冷却后，加入40mL 10%氢氧化钠至碱性（pH=8～9），使生成的肉桂酸形成钠盐而溶解。再加入90mL水，加热煮沸后加入少量活性炭脱色，趁热过滤。待滤液冷至室温后，在搅拌下，小心加入20mL

浓盐酸和20mL水的混合液，至溶液呈酸性（pH＝3～4）。冷却结晶，抽滤析出的晶体，并用少量冷水洗涤，干燥后称重，粗产物约4g（产率约54.1%）。可用热水或70%乙醇重结晶。

纯肉桂酸（反式）[6]为白色片状结晶，熔点133℃，沸点300℃。

【注意事项】

（1）无水醋酸钾需新鲜熔焙。将含水醋酸钾放入蒸发皿中加热至熔融，除尽水分后结成固体。再强热使固体熔化，趁热倒在金属板上，冷却后用研钵研碎，放入干燥器中待用。无水醋酸钾吸水性很强，操作要迅速。

（2）久置的苯甲醛会自行氧化成苯甲酸，混入产品中不易去除，影响产品纯度，故本实验所需的苯甲醛应事先蒸馏。

（3）开始加热不要过猛，以防醋酸酐受热分解而挥发，白色烟雾不要超过空气冷凝管高度的1/3。

（4）加入碳酸钠时最好分批加入，防止产生大量的CO_2气体使溶液冲出烧瓶。

（5）回流时加热强度不能太大，否则会把乙酸酐蒸出。

（6）肉桂酸有顺反异构体，通常得到的是反式异构体。

【思考题】

（1）用无水醋酸钾作缩合剂，回流结束后加入固体碳酸钠使溶液呈碱性，此时溶液中有哪几种化合物，各以什么形式存在？

（2）水蒸气蒸馏前如用氢氧化钠溶液代替碳酸钠碱化时有什么不好？

（3）本实验中如果原料中含有少量苯甲酸，对实验结果有何影响？应采取何措施？

（4）用丙酸酐和无水丙酸钾与苯甲醛反应，得到什么产物？写出反应式。

（5）在Perkin反应中，如使用与酸酐不同的羧酸盐，会得到两种不同的芳基丙烯酸，为什么？

实验31 香豆素-3-羧酸的合成

（Synthesis of Courmarin-3-Carboxylic Acid）

【实验目的】

（1）学习香豆素-3-羧酸的制备原理及制备方法；

（2）熟练回流、干燥、重结晶等操作技术。

【实验原理】

香豆素又称1,2-苯并吡喃酮、邻羟基肉桂酸内酯等。香豆素及其衍生物广泛存在于自然界，是一些植物精油的重要成分，常用作定香剂，用于配制香水、香精等。此外香豆素类化合物具有重要的生物活性，近年来，已成为国内外许多药学工作者的研究重点，广泛应用于医药、农药等行业中。

由于天然植物中香豆素的含量很低，大量香豆素是通过合成得到的。1868年，Perkin用水杨醛和乙酸酐首先在碱性条件下缩合，经酸化后生成邻羟基肉桂酸，接着在酸性条件下闭环成香豆素：

$$\text{(o-HO)C_6H_4CHO} + (CH_3CO)_2O \xrightarrow{CH_3COOK} \text{(o-HO)C_6H_4CH{=}CH{-}COOK} \xrightarrow{H_3O^+}$$

OH, CH═CH—COOH $\xrightarrow{H_3O^+}$ (香豆素结构)

Perkin 反应存在反应时间长、反应温度高、产率低等缺点。本实验采用改进的方法进行合成，用水杨醛和丙二酸酯在有机碱的催化下，在较低温度下合成香豆素的衍生物，这种合成方法称为克内文纳格尔（Knoevenagel）反应。水杨醛与丙二酸酯在六氢吡啶催化下，制得香豆素-3-羧酸乙酯，然后在碱性条件下酯基和内酯基都被水解，然后酸化再次闭环内酯化即生成香豆素-3-羧酸。

(水杨醛：OH, CHO) + $CH_2(COOC_2H_5)_2$ $\xrightarrow{\text{六氢吡啶 (N-H)}}$ (香豆素-3-甲酸乙酯：$COOC_2H_5$, O, O) $\xrightarrow{NaOH}$

(COONa, COONa, ONa) $\xrightarrow{HCl}$ (香豆素-3-羧酸：COOH, O, O)

【基本操作预习】

回流（http://202.118.167.67/jpkdata/video/yjhx22/yjhxsy/hueiliu-1.htm）

减压过滤（http://202.118.167.67/jpkdata/video/yjhx22/yjhxsy/da_guolu03.htm）

热过滤（http://202.118.167.67/jpkdata/video/yjhx22/yjhxsy/da_guolu02.htm）

【实验步骤】

（1）香豆素-3-甲酸乙酯的合成　在干燥[(1)]的 100mL 圆底烧瓶中，加入 4.2mL(4.9g，0.040mol) 水杨醛、6.8mL(7.2g，0.045mol) 丙二酸乙酯、25mL 无水乙醇、0.5mL 六氢吡啶和 2 滴冰醋酸，放入几粒沸石，装上回流冷凝管，冷凝管口接一氯化钙干燥管，在水浴[(2)]上加热回流 2h。稍冷后将反应物转移到锥形瓶中，加入 30mL 水，置于冰浴中冷却。待结晶完全后，过滤，晶体每次用 2～3mL 30%冰冷过的乙醇洗涤 2～3 次。粗产物为白色晶体，经干燥后质量约为 6～7g，熔点 92～93℃。粗产物用 25%乙醇水溶液重结晶后，熔点 93℃。

（2）香豆素-3-羧酸的合成　在 100mL 圆底烧瓶中加入 4g 香豆素-3-甲酸乙酯、3g 氢氧化钠、20mL 95%乙醇和 10mL 水，放入几粒沸石，装上回流冷凝管，用水浴加热至酯溶解后，再继续回流 15min。稍冷后，在搅拌下将反应混合物加到盛有 10mL 浓盐酸和 50mL 水的烧杯中，立即有大量白色晶体析出。在冰浴中冷却使结晶完全。抽滤，用少量冰水洗涤晶体，压干，干燥后质量约为 3g（产率约为 31.6%），熔点 188℃。粗品可用水重结晶。

纯的香豆素-3-羧酸为白色晶体，熔点 190℃（分解）。

【注意事项】

（1）该步实验所用仪器及试剂必须干燥，否则对实验产率有很大影响。

（2）该反应为发热反应，温度过高时，碳链易断裂，副产物增加，会引起树脂化反应，导致产物不易被分离，大大降低反应产率。

【思考题】

（1）试写出利用 Knoevenagel 反应制备香豆素-3-羧酸的反应机理。

（2）反应中加入醋酸的目的是什么？

（3）在酸化羧酸盐得羧酸沉淀而析出的操作中如何减少酸的损失、提高酸的产量？

实验32 乙酰水杨酸的制备（Synthesis of Acetylsalicylic Acid）

【实验目的】

（1）掌握乙酰水杨酸的制备方法；

（2）巩固重结晶、熔点测定等基本操作。

【实验原理】

乙酰水杨酸，又称阿司匹林（Aspirin），是一种常用的解热镇痛药。制备方法是用少量的浓硫酸或磷酸作催化剂，以水杨酸和乙酸酐为原料来制备。

主反应：

$$o\text{-}HOC_6H_4CO_2H + (CH_3CO)_2O \xrightarrow{H^+} o\text{-}CH_3COOC_6H_4CO_2H + CH_3CO_2H$$

副反应：

$$o\text{-}HOC_6H_4CO_2H \xrightarrow{H^+} -O-C_6H_4-C(=O)-O-C_6H_4-C(=O)-O-C_6H_4-C(=O)-O- + H_2O$$

利用乙酰水杨酸能与碳酸氢钠反应生成水溶性的钠盐，而副产物聚合物不能溶于碳酸氢钠的性质，将它们分开，达到分离的目的。

【基本操作预习】

减压过滤（http://202.118.167.67/jpkdata/video/yjhx22/yjhxsy/da_guolu03.htm）

热过滤（http://202.118.167.67/jpkdata/video/yjhx22/yjhxsy/da_guolu02.htm）

熔点（http://202.118.167.67/jpkdata/video/yjhx22/yjhxsy/rongdian.htm）

【实验步骤】

在干燥的锥形瓶中加入3.2g（0.023mol）水杨酸、8mL（8.6g，0.084mol）乙酸酐[1]和5滴浓硫酸，摇动锥形瓶使水杨酸全部溶解后，控制水浴温度85～90℃，加热5～10min。冷至室温，即有乙酰水杨酸结晶析出（若无结晶析出，可用玻棒摩擦瓶壁并将反应物置于冰水浴中冷却使结晶产生）。大量晶体析出后，加入50mL水，将混合物继续在冰水浴中冷却使结晶完全。减压过滤，少量冷水洗涤结晶。

将粗产物转移至150mL烧杯中，在搅拌下加入饱和碳酸氢钠溶液至晶体溶解，溶液呈碱性无二氧化碳气泡产生。抽滤，用5～10mL水冲洗漏斗，合并滤液，倒入预先盛有7mL浓HCl和15mL水配成的溶液的烧杯中，搅拌均匀，至溶液呈酸性即有乙酰水杨酸沉淀析出。将烧杯置于冰浴中冷却，使结晶完全。减压过滤，用少量冷水洗涤2～3次，干燥，产量约为3g（产率约为83.3%）[2]。

为了得到更纯的产品，取以上干燥的粗产品1g，加入少量的乙酸乙酯（约需2～3mL），安装冷凝管水浴加热溶解。如有不溶物出现，可用预热过的玻璃漏斗趁热过滤。将滤液冷至室温，应有晶体析出。如不析出结晶，可在水浴上稍加浓缩，并将溶液置于冰水中冷却，或用玻璃棒摩擦瓶壁，抽滤收集产物，干燥后测熔点，熔点134～136℃[3]。

乙酰水杨酸为白色针状晶体，熔点 135℃。

【注意事项】

(1) 乙酸酐应是新蒸的，收集 139～140℃馏分。

(2) 为了检验产品中是否还有水杨酸，可利用与 $FeCl_3$ 发生颜色反应的性质。取几粒结晶加入盛有 5mL 水的试管中，加入 1～2 滴 1%三氯化铁溶液，观察有无颜色反应。如果发生颜色反应，说明产物中仍有水杨酸。

(3) 乙酰水杨酸易受热分解，因此熔点不很明显，它的分解温度为 128～135℃。测定熔点时，应先将热载体加热至 120℃左右，然后放入样品测定。

【思考题】

(1) 制备阿司匹林时，加入浓硫酸的作用是什么？

(2) 反应中有哪些副产物？应如何除去？

(3) 阿司匹林在沸水中受热时，分解而得到一种溶液，后者对三氯化铁呈阳性试验，为什么？

实验 33 2,4-二氯苯氧乙酸的制备
(Synthesis of 2,4-Dichlorophenoxyacetic Acid)

【实验目的】

(1) 掌握芳环上温和条件下的卤代反应及 Williamson 醚合成法；

(2) 熟悉各种氯化反应的原理及操作方法；

(3) 练习多步合成操作。

【实验原理】

2,4 - 二氯苯氧乙酸 (2,4-Dichlorophenoxy Acetic Acid，又名 2,4-D)，可用作除草剂和植物生长调节剂。合成路线有两条：一是将苯酚先氯化后再与氯乙酸在碱性条件下作用而成。二是以苯酚和氯乙酸在碱性条件下通过 Williamson 醚合成法先制成苯氧乙酸，然后再通过两步氯化分别得到对氯苯氧乙酸和 2,4-二氯苯氧乙酸，前者又称防落素，能减少农作物落花落果。后者又名除莠剂，可选择除去杂草，二者都是植物生长调节剂。本实验采用第二种路线，反应式如下：

$$ClCH_2COOH \xrightarrow{Na_2CO_3} ClCH_2COONa \xrightarrow[NaOH]{C_6H_5OH} C_6H_5{-}OCH_2COONa \xrightarrow{HCl} C_6H_5{-}OCH_2COOH$$

$$C_6H_5{-}OCH_2COOH + HCl + H_2O_2 \xrightarrow{FeCl_3} Cl{-}C_6H_4{-}OCH_2COOH$$

$$Cl{-}C_6H_4{-}OCH_2COOH + NaOCl \xrightarrow{H^+} 2,4\text{-}Cl_2C_6H_3{-}OCH_2COOH$$

芳环上的氯化作为芳环的亲电取代反应，一般是在氯化铁催化下与氯气反应，本实验通过浓盐酸加过氧化氢和用次氯酸钠在酸性介质中氯化，避免了直接使用氯气带来的危险和不便。其反应如下：

$$2HCl + H_2O_2 \longrightarrow Cl_2 + 2H_2O$$

$$HOCl + H^+ \rightleftharpoons H_2\overset{+}{O}Cl$$

$$2HOCl \rightleftharpoons Cl_2O + H_2O$$

H_2O^+Cl 和 Cl_2O 也是良好的氯化试剂。

【基本操作预习】

电磁搅拌（http://202.118.167.67/jpkdata/video/yjhx22/yjhxsy/jiaoban-2.htm）

减压过滤（http://202.118.167.67/jpkdata/video/yjhx22/yjhxsy/da _ guolu03.htm）

热过滤（http://202.118.167.67/jpkdata/video/yjhx22/yjhxsy/da _ guolu02.htm）

回流滴加（http://202.118.167.67/jpkdata/video/yjhx22/yjhxsy/hueiliu-3.htm）

分液漏斗（http://202.118.167.67/jpkdata/video/yjhx22/yjhxsy/fenyie06.htm）

熔点（http://202.118.167.67/jpkdata/video/yjhx22/yjhxsy/rongdian.htm）

【实验步骤】

(1) 苯氧乙酸的制备

在装有可控温电磁搅拌器、回流冷凝管和滴液漏斗的 100mL 三口瓶中，加入 3.8g (0.040mol) 氯乙酸和 5mL 水混合后，开动搅拌，慢慢滴加饱和碳酸氢钠溶液（约需 7mL）至溶液 pH 为 7～8[1]。然后加入 2.5g（0.027mol）苯酚，再慢慢滴加 35%的氢氧化钠溶液至反应混合物 pH 为 12。将反应物在搅拌下加热至微沸状态反应约 0.5h。反应过程中 pH 会下降，应补加 35%氢氧化钠溶液，保持 pH 为 12，再继续加热 15min，使反应完全[2]。将反应液转入锥形瓶中，冷却至室温以下，边摇边滴加浓盐酸，至 pH 为 3～4，有固体析出[3]。充分冷却，待结晶析出完全后，抽滤，粗产物用冷水洗涤 2～3 次，在 60～65℃下干燥，称重，产量为 3.5～4g，测熔点。粗产物可直接用于对氯苯氧乙酸的制备。

纯的苯氧乙酸为无色片状或针状结晶，熔点为 98～99℃，沸点为 285℃（略带分解）。

(2) 对氯苯氧乙酸的制备

在装有搅拌器，回流冷凝管和滴液漏斗的 100mL 三口瓶中加入 3g（0.02mol）上述制备的苯氧乙酸和 10mL 冰醋酸。将三口瓶置于水浴加热，同时开动搅拌。待反应瓶内温度上升至 55℃时，加入少许（约 20mg）三氯化铁和 10mL 浓盐酸，继续升温至 60℃时，在 10min 内滴加 3mL 33%过氧化氢[4]，滴加完毕后保持此温度（60℃）再反应 20min。若有结晶，可适当升高温度使固体全溶，反应液转入烧杯中。经冷却、结晶、抽滤、水洗、干燥，得粗品对氯苯氧乙酸。粗品用 1∶3 乙醇-水重结晶，产量约为 3g。

纯对氯苯氧乙酸为无色针状结晶，熔点为 158～159℃。

(3) 2,4-二氯苯氧乙酸（2,4-D）的制备

在 250mL 锥形瓶中，加入 2g（0.0132mol）对氯苯氧乙酸和 24mL 冰醋酸，搅拌使固体溶解。将锥形瓶置于冰浴中冷却至 20℃以下，在摇荡下分批加入 20mL 5%的次氯酸钠溶液[5]。然后将锥形瓶从冰浴中取出，待反应液升至室温后再保持 5min，此时颜色变深。加水 50mL，用 6mol/L 的盐酸酸化至刚果红试纸变蓝（需几毫升盐酸?）。分液漏斗中用乙醚 (25mL×3) 萃取，合并醚层液。用 25mL 水洗涤后，再用 25mL 10%的碳酸钠溶液萃取醚层（小心！有二氧化碳气体逸出），分离得到碱性萃取液（产物）。碱性萃取液加入 25mL 水后，用浓盐酸酸化至刚果红试纸变蓝，析出 2,4-二氯苯氧乙酸晶体。经冷却，抽滤、水洗、干燥后称重，产量为 1.4g。粗品可用四氯化碳重结晶。

纯 2,4-二氯苯氧乙酸为白色晶体，熔点为 138℃。

【注意事项】

(1) 为了防止氯乙酸水解成羟乙酸，先加入饱和碳酸钠使氯乙酸变成氯乙酸钠，但加入

速度要慢。

（2）反应过程中溶液 pH 会下降，若 pH<8，应补加 NaOH 溶液使 pH 保持 12 左右。

（3）盐酸不能用量过多，否则会生成镁盐而溶于水，导致产量降低。若未见沉淀生成，可再补加 2～3mL 浓盐酸。

（4）严格控温，滴加 H_2O_2 要慢，让生成的 Cl_2 充分参加反应。Cl_2 有刺激性，注意开窗通风。

（5）若次氯酸钠过量，会使产量降低。

【思考题】

（1）说明本实验中各步反应 pH 的目的和意义？

（2）对氯苯氧乙酸制备反应所使用的冰乙酸起什么作用？所用的三氯化铁又起什么作用？

（3）为什么 2,4-二氯苯氧乙酸的制备反应结束后，先要加入一定量的水，然后再进行酸化和萃取？若不加水直接酸化和萃取是否可以？

实验 34　呋喃甲酸和呋喃甲醇的制备

（Synthesis of 2-Furoic Acid and 2-Furanmethanol）

【实验目的】

（1）学习利用坎尼扎罗（Cannizzaro）反应由呋喃甲醛制备呋喃甲酸和呋喃甲醇的原理和方法；

（2）进一步巩固液体产物和固体产物纯化的方法。

【实验原理】

在浓的强碱作用下，不含 α-活泼氢的醛类可以发生分子间自身氧化还原反应（歧化反应），一分子醛被氧化成酸，而另一分子醛则被还原为醇，此反应称为 Cannizarro 反应：

$$2\ \text{(呋喃)-CHO} \xrightarrow{\text{浓NaOH}} \text{(呋喃)-CH}_2\text{OH} + \text{(呋喃)-COONa}$$

$$\text{(呋喃)-COONa} \xrightarrow{\text{HCl}} \text{(呋喃)-COOH} + \text{NaCl}$$

由于呋喃甲醇在乙醚中的溶解度大于在水中的溶解度，因此可用乙醚萃取呋喃甲醇，使其与呋喃甲酸钠分离，然后酸化呋喃甲酸钠游离出来。

【基本操作预习】

电磁搅拌（http://202.118.167.67/jpkdata/video/yjhx22/yjhxsy/jiaoban-2.htm）

减压过滤（http://202.118.167.67/jpkdata/video/yjhx22/yjhxsy/da_guolu03.htm）

热过滤（http://202.118.167.67/jpkdata/video/yjhx22/yjhxsy/da_guolu02.htm）

蒸馏（http://202.118.167.67/jpkdata/video/yjhx22/yjhxsy/zhengliu-1.htm）

分液漏斗（http://202.118.167.67/jpkdata/video/yjhx22/yjhxsy/fenyie06.htm）

【实验步骤】

在 100mL 烧杯中，加入 10mL 40% 氢氧化钠溶液和 2g 聚乙二醇（相对分子质量

400)[1]，充分搅匀后置于冰水浴中冷却至约 5℃。搅拌[2]下从滴液漏斗（或用滴管）慢慢滴入 8.3mL（9.6g，约 0.10mol）新蒸馏过的呋喃甲醛[3]，反应温度保持在 8～12℃[4]，加完后室温下继续搅拌反应 25min，得淡黄色浆状物。

在搅拌下加入适量（约 15mL）水，至沉淀恰好完全溶解，此时溶液呈暗红色。将溶液转入分液漏斗中，用乙醚（10mL×4）萃取溶液，合并乙醚萃取液，加入无水碳酸钠或无水硫酸镁干燥。水浴蒸馏除去乙醚，然后蒸馏呋喃甲醇，收集 169～172℃的馏分，产量约为 4g（产率约为 81.6%）。

纯呋喃甲醇为无色透明液体，沸点 171℃，d_4^{20} 1.1285，n_D^{20} 1.4868。

经乙醚萃取后的水溶液内主要含呋喃甲酸钠，在搅拌下缓慢加入浓盐酸酸化，至 pH 为 2～3（约 3mL）[5]。充分冷却，结晶后抽滤，用少量水洗涤 1～2 次。粗品用水重结晶[6]，得白色针状结晶的呋喃甲酸[7]，产量约为 3.0g（产率约为 53.5%）。

纯呋喃甲酸为白色针状晶体，熔点 133℃，沸点 230℃。

【注意事项】

（1）聚乙二醇为相转移催化剂，使反应时间缩短，产率提高。本实验也可不加聚乙二醇，继续搅拌反应时间 30min。

（2）由于歧化反应是在两相间进行的，因此必须充分搅拌。

（3）呋喃甲醛存放过久会变成棕褐色甚至黑色，用时往往含有水分。使用前需蒸馏，收集 155～162℃馏分，最好减压蒸馏，收集 54～55℃/2.27kPa(17mmHg) 的馏分，新蒸馏过的呋喃甲醛为无色或浅黄色的液体。

（4）反应温度若高于 12℃，则反应难以控制，致使反应物变成深红色；若温度过低，则反应过慢，可能积累一些氢氧化钠。一旦发生反应，则过于猛烈，增加副反应，影响产量及纯度。

（5）酸要加够，以保证 pH 为 3 左右，使呋喃甲酸充分游离出来，这是影响呋喃甲酸收率的关键。

（6）重结晶呋喃甲酸粗品时，不要长时间加热回流，否则呋喃甲酸会部分分解，出现焦油状物。

（7）从水中得到的呋喃甲酸呈叶状体，100℃时有部分升华，故呋喃甲酸应置于 80～85℃的烘箱内慢慢烘干或自然晾干。

【思考题】

（1）反应过程中，析出的黄色浆状物是什么？

（2）本实验根据什么原理分离呋喃甲酸和呋喃甲醇？

（3）能否用无水氯化钙干燥呋喃甲醇的乙醚提取液？为什么？

（4）反应结束后加水溶解的沉淀是什么？

（5）乙醚萃取过的水溶液，若用 50%的硫酸酸化，是否合适？

实验 35　苯甲酸与苯甲醇的制备
(Synthesis of Benzoic Acid and Benzyl Alcohol)

【实验目的】

（1）掌握利用 Cannizzaro 反应制备苯甲酸和苯甲醇的原理；

（2）学会苯甲酸和苯甲醇的分离方法；

（3）巩固萃取、蒸馏、重结晶等基本操作。

【实验原理】

不含 α-H 原子的醛，在浓碱溶液作用下，发生歧化反应，生成相应的羧酸盐和醇。本实验中，生成的苯甲酸钠水溶性较好，而苯甲醇易溶于乙醚等有机溶剂，据此，将反应混合物中的苯甲酸钠和苯甲醇分离。酸化苯甲酸钠溶液，用重结晶法得到苯甲酸；有机相经洗涤除杂、干燥、蒸馏得苯甲醇。反应式如下：

$$2C_6H_5CHO + NaOH \longrightarrow C_6H_5COONa + C_6H_5CH_2OH$$

$$C_6H_5COONa + HCl \longrightarrow C_6H_5COOH + NaCl$$

【基本操作预习】

分液漏斗（http://202.118.167.67/jpkdata/video/yjhx22/yjhxsy/fenyie06.htm）

减压过滤（http://202.118.167.67/jpkdata/video/yjhx22/yjhxsy/da_guolu03.htm）

热过滤（http://202.118.167.67/jpkdata/video/yjhx22/yjhxsy/da_guolu02.htm）

蒸馏（http://202.118.167.67/jpkdata/video/yjhx22/yjhxsy/zhengliu-1.htm）

【实验步骤】

预先在 125mL 锥形瓶中配制 11g NaOH 和 11mL 水的溶液，冷却至室温后，将 12.6mL（13.2g，0.12mol）新蒸的苯甲醛[(1)]分次加入，每次约加 3mL，每次加完后应盖紧瓶塞，振摇，使之充分混合。瓶中混合物最终变成白色糊状物，静置 24h 以上[(2)]。

向反应混合物中加入足够量的水（约 50mL），微热，不断搅拌使苯甲酸盐全部溶解。然后将此溶液倒入分液漏斗，用 30mL 乙醚分三次萃取苯甲醇。合并乙醚萃取液，并保存好分出的水溶液。

将乙醚萃取液依次用 5mL 饱和亚硫酸氢钠溶液、10mL 10%碳酸钠溶液和 10mL 水洗涤。分出的乙醚溶液用无水硫酸镁干燥。将干燥好的乙醚萃取溶液转移到圆底烧瓶中，水浴加热蒸出乙醚。乙醚蒸完后，改用空气冷凝管，在电热套中继续加热蒸馏，收集 198～204℃的馏分。产量约 4.5g（产率约 67.1%）。

纯苯甲醇为无色液体，沸点 205.2℃，d_4^{20} 1.0419，n_D^{20} 1.5396。

在不断搅拌下，向前面保存的乙醚萃取过的水溶液中缓慢滴加 40mL 浓盐酸、40mL 水和 25g 碎冰的混合物，至 pH 小于 3[(3)]。充分冷却使苯甲酸完全结晶，抽滤、烘干、冷却，称量。产量约 7.0g（产率约为 92.5%）。欲得到更纯的产品，可用水为溶剂重结晶。

纯苯甲酸为无色针状晶体，熔点 122.4℃，沸点 249.6℃。

【注意事项】

（1）苯甲醛容易被空气氧化，使用前应重新蒸馏，收集 179℃馏分。最好减压蒸馏，收集 90℃/5.332kPa（40mmHg）的馏分。

（2）充分振摇是反应成功的关键，如混合充分，放置 24h 后混合物在瓶内固化，苯甲醛气味消失。

（3）也可采用在冰水浴冷却下，用浓盐酸酸化至刚果红试纸变蓝。

【思考题】

（1）苯甲醛为什么要在实验前重蒸？苯甲醛长期放置后含有什么杂质？如果不除去，对本实验会有什么影响？

（2）本实验的两种产物是根据什么原理分离提纯的？用饱和亚硫酸氢钠溶液和 10%碳

酸钠溶液洗涤乙醚萃取液的目的是什么？

(3) 乙醚萃取后的溶液用盐酸酸化到中性是否合适？为什么？

实验 36　乙酸丁酯的制备（Synthesis of *n*-Butyl Acetate）

【实验目的】

(1) 学习和掌握合成乙酸丁酯的原理和方法；

(2) 学习分水器的原理并掌握其使用方法。

【实验原理】

以乙酸（也称醋酸）和正丁醇为原料，在浓硫酸的催化作用下，经加热生成乙酸丁酯。反应式为：

$$CH_3COOH + CH_3(CH_2)_2CH_2OH \xrightleftharpoons{H_2SO_4} CH_3COOCH_2(CH_2)_2CH_3 + H_2O$$

酯化反应是可逆反应，而且室温下反应速率很慢。加热或加入催化剂（本实验用硫酸作催化剂）可使酯化反应速率大大加快。同时为了提高产率，采用使反应物乙酸过量和移除生成物水的方法，使酯化反应趋于完全。

为了将反应中生成的水除去，采用共沸蒸馏分水法，使生成的酯和水以共沸物的形式蒸出，冷凝后通过分水器分出水层，油层则回到反应瓶中。

【基本操作预习】

乙酸丁酯制备（http://202.118.167.67/jpkdata/video/yjhx22/yjhxsy/yisuan15.htm）

回流分水（http://202.118.167.67/jpkdata/video/yjhx22/yjhxsy/hueiliu-2.htm）

分液漏斗（http://202.118.167.67/jpkdata/video/yjhx22/yjhxsy/fenyie06.htm）

蒸馏（http://202.118.167.67/jpkdata/video/yjhx22/yjhxsy/zhengliu-1.htm）

【实验步骤】

在 100mL 圆底烧瓶中加入 10mL(8.1g，0.11mol) 正丁醇及 7mL(7.3g，0.12mol) 冰醋酸，混合均匀。小心加入 3～4 滴浓硫酸[1]，充分振摇，加入 1～2 粒沸石，装上分水器及回流冷凝管[2]，并在分水器中预先加水至略低于支管口。加热回流，当分水器中的水超过支管而流回烧瓶时，可打开活塞放掉一小部分水[3]，保持分水器中水层液面在原来的高度。当分水器中的水不再增加时，表示反应完毕，停止加热，记录分出的水量[4]。

待反应混合物冷却后，将分水器中分出的酯层和圆底烧瓶中的反应液一起倒入分液漏斗中，分别用 25mL 水、10mL 10％碳酸钠[5]、10mL 水洗涤。将酯层倒入一干燥的锥形瓶中，加入无水硫酸镁干燥[6]。将干燥后的液体小心移入 25mL 蒸馏瓶中，加热蒸馏，收集沸点 124～126℃的馏分，产量约 7.5g（产率约 58.7％）。

纯乙酸丁酯是无色液体，沸点 126.5℃，d_4^{20} 0.8764，n_D^{20} 1.3941。

【注意事项】

(1) 滴加浓硫酸时，要边加边摇，以免局部炭化，必要时可用冷水冷却。

(2) 本实验利用共沸混合物除去酯化反应中生成的水。共沸物的沸点：乙酸丁酯-正丁醇-水的沸点为 90.7℃（含乙酸丁酯 63.0％，水 29％）；正丁醇-水的沸点为 93℃（含丁醇 55.5％）；乙酸丁酯-正丁醇的沸点为 117.6℃（含乙酸丁酯 32.8％）；乙酸丁酯-水的沸点为 90.7℃（含乙酸丁酯 72.9％）。共沸混合物冷凝为液体时，分为两层，上层为含少量水的酯和醇，下层主要是水。

(3) 随时分出分水器中的水，既要保证有机物流回反应瓶中，又要防止水回到反应瓶中。

(4) 根据分出的总水量（扣除预先加到分水器中的水量），可以粗略地估计酯化反应完成的程度。

(5) 碳酸钠溶液洗涤时产生的大量二氧化碳气体要及时从分液漏斗中放出。

(6) 干燥一定要充分，否则乙酸丁酯和水形成低沸点的共沸物，影响产率。

【思考题】

(1) 粗产品中含有哪些杂质？

(2) 本实验是根据什么原理来提高乙酸丁酯的产率的？

(3) 本实验应得到无色透明的液体，而有的同学得到的却是浑浊的液体，为什么？

实验 37 乙酸乙酯的制备（Synthesis of Ethyl Acetate）

【实验目的】

(1) 了解利用有机酸合成酯的一般原理和方法；

(2) 掌握蒸馏、分液漏斗的使用等操作。

【实验原理】

在浓硫酸催化下，乙酸和乙醇发生酯化反应生成乙酸乙酯：

$$CH_3COOH + CH_3CH_2OH \xrightleftharpoons[110\sim120℃]{H_2SO_4} CH_3COOC_2H_5 + H_2O$$

为了提高反应产率，本实验采用加入过量的乙醇及不断把反应生成的酯和水蒸出的方法。反应时需要控制温度，若温度过高，将有乙醚等副产物生成：

$$2CH_3CH_2OH \xrightleftharpoons[140℃]{H_2SO_4} CH_3CH_2OCH_2CH_3 + H_2O$$

【基本操作预习】

回流（http://202.118.167.67/jpkdata/video/yjhx22/yjhxsy/hueiliu-1.htm）

分液漏斗（http://202.118.167.67/jpkdata/video/yjhx22/yjhxsy/fenyie06.htm）

蒸馏（http://202.118.167.67/jpkdata/video/yjhx22/yjhxsy/zhengliu-1.htm）

回流滴加（http://202.118.167.67/jpkdata/video/yjhx22/yjhxsy/hueiliu-3.htm）

【实验步骤】

方法一：

在 250mL 三口瓶中，加入 9mL(0.15mol，7.1g) 95%乙醇，摇动下慢慢加入 12mL(0.21mol，22.1g) 浓硫酸使混合均匀，并加入几粒沸石。三口瓶的中间口安装蒸馏装置，旁边两侧口分别安装温度计和滴液漏斗，温度计的水银球和滴液漏斗末端应浸入液面以下，距瓶底约 0.5～1cm。

在滴液漏斗内加入 14mL(0.23mol，11.2g) 95%乙醇和 14.3mL(0.25mol，14.7g) 冰醋酸的混合液，先向瓶内滴入 3～4mL 混合液，然后将三口瓶加热到 110～120℃，这时蒸馏管口应有液体流出，再自滴液漏斗慢慢滴入其余的混合液，控制滴加速率和馏出速率大致相等，并维持反应温度在 110～120℃之间[(1)]。滴加完毕后，继续加热 15min，直至温度升高到 130℃不再有馏出液为止[(2)]。

摇动下向馏出液中慢慢加入饱和碳酸钠溶液（约 10mL），轻轻摇动锥形瓶，直到无二氧化碳气体逸出（或用 pH 试纸调节至 pH 约为 7～9），然后将混合液转入分液漏斗中，分去下层水溶液。有机层依次用 10mL 饱和食盐水洗涤一次，饱和氯化钙洗涤两次，每次 10mL(3)。有机层倒入一干燥的锥形瓶中，用无水硫酸镁干燥(4)。

将干燥后的有机层倾析到 25mL 蒸馏瓶中，加热蒸馏，收集 73～78℃馏分，产量约为 10g（产率约为 45.4%）。

纯乙酸乙酯为无色而有香味的液体，沸点 77.1℃，d_4^{20} 0.9003，n_D^{20} 1.3723。

方法二：在 100mL 圆底烧瓶中加入 23mL（0.40mol，18.2g）无水乙醇和 14.3mL（0.25mol，14.7g）冰醋酸，摇动下慢慢加入 7.5mL 浓硫酸，混匀后，投入几粒沸石，然后装上冷凝管，小火加热回流 0.5h。

反应液冷却后，将回流装置改成蒸馏装置，接受瓶用冷水冷却。加热蒸出生成的乙酸乙酯，直到馏出液体积约为反应液总体积的 1/2 为止。

馏出液中慢慢加入饱和碳酸钠溶液，直至不再有 CO_2 气体产生（约需 25min），然后将混合液转入分液漏斗，分去下层水溶液，酯层先用 10mL 饱和食盐水洗涤，再用 10mL 饱和氯化钙洗涤，最后用蒸馏水洗一次，分出水层，有机层倒入一干燥的锥形瓶中，用无水硫酸镁干燥。将干燥后的酯层进行蒸馏，收集 73～78℃的馏分，产量约 10 g（产率约为 45.4 %）。

【注意事项】

（1）温度不宜过高，否则会增加副产物乙醚的含量。滴加速率太快会导致乙酸和乙醇来不及作用而被蒸出。

（2）在馏出液中除了酯和水外，还含有少量未反应的乙醇和乙酸，同时含有副产物乙醚。故必须用碱除去其中的酸，并用饱和氯化钙除去未反应的醇，否则会影响酯的产率［见注意事项（4）］。

（3）当有机层用碳酸钠洗过后，如果直接用氯化钙溶液洗涤，会产生絮状碳酸钙沉淀，使分离变得困难，故两步操作间需用水洗。由于乙酸乙酯在水中有一定的溶解度，为了尽量减少损失，用饱和食盐水来代替水洗。

（4）乙酸乙酯与水或乙醇可分别生成共沸混合物，若三者共存则生成三元共沸混合物。因此，有机层中的乙醇不除净或干燥不够时，由于形成低沸点共沸混合物，从而影响酯的产率。

【思考题】

（1）酯化反应有何特点？在实验中采取了哪些措施使反应向生成酯的方向进行？

（2）本实验若采用醋酸过量，该做法是否合适？为什么？

（3）蒸出的粗乙酸乙酯中主要有哪些杂质？如何除去？

（4）干燥剂能否用无水氯化钙代替无水硫酸镁？

（5）酯化反应中，催化剂硫酸的量，一般只需醇质量的 3%就够了，本实验为何加了 12mL 浓硫酸？

实验 38　乙酸异戊酯的制备（Synthesis of Isoamyl Acetate）

【实验目的】

（1）了解利用有机酸合成酯的一般原理及方法；

(2) 掌握蒸馏、分液漏斗的使用等操作。

【实验原理】

在浓硫酸催化下，乙酸和异戊醇发生酯化反应生成乙酸异戊酯，制备时要控制反应温度以免副产物增多。

主反应：

$$CH_3COOH + (CH_3)_2CHCH_2CH_2OH \xrightleftharpoons{H^+} CH_3COOCH_2CH_2CH(CH_3)_2 + H_2O$$

副反应：

$$(CH_3)_2CHCH_2CH_2OH \xrightleftharpoons{H^+} (CH_3)_2CHCH_2CH_2OCH_2CH_2CH(CH_3)_2 + H_2O$$

$$(CH_3)_2CHCH_2CH_2OH \xrightleftharpoons{H^+} (CH_3)_2C{=}CHCH_3 + H_2O$$

为了提高反应的产率，原料之一乙酸需过量。

【基本操作预习】

回流（http://202.118.167.67/jpkdata/video/yjhx22/yjhxsy/hueiliu-1.htm）

分液漏斗（http://202.118.167.67/jpkdata/video/yjhx22/yjhxsy/fenyie06.htm）

蒸馏（http://202.118.167.67/jpkdata/video/yjhx22/yjhxsy/zhengliu-1.htm）

【实验步骤】

将10.8mL(0.10mol，8.8g) 异戊醇和12.8mL(0.22mol，13.5g) 冰醋酸加入50mL干燥的圆底烧瓶中，摇动下慢慢加入2.5mL浓硫酸，混匀后[(1)]加入几粒沸石，装上回流冷凝管，小火加热回流1h。

将反应物冷至室温，小心转入分液漏斗中，用25mL冷水洗涤烧瓶，并将其合并到分液漏斗中。振摇后静置，分出下层水溶液，有机层先用5%碳酸氢钠溶液洗涤两次[(2)]，每次15mL（水溶液对pH试纸呈碱性）。然后再用10mL饱和的氯化钠水溶液[(3)]洗涤。分出水层，有机层倒入一干燥的锥形瓶中，用1～2g无水硫酸镁干燥。干燥后的粗产物倾析到圆底烧瓶中，蒸馏收集138～143℃馏分，产量约9g（产率约68.2%）。

纯的乙酸异戊酯为无色透明液体，沸点142.5℃，d_4^{20} 0.8670，n_D^{20} 1.4003。

【注意事项】

(1) 假如浓硫酸与有机物混合不均匀，加热时会使有机物炭化，溶液发黑。

(2) 用碳酸氢钠溶液洗涤时，会产生大量的二氧化碳，因此开始要打开顶塞，摇动分液漏斗至无明显气泡产生后再塞住瓶口振摇，并注意及时放气。

(3) 氯化钠饱和液不仅降低酯在水中的溶解度（0.16g/100mL），而且可以防止乳化，有利分层，便于分离。

【思考题】

(1) 制备乙酸乙酯时，使用过量的醇，本实验为何要用过量的乙酸？如使用过量的异戊醇有什么不好？

(2) 画出分离提纯乙酸异戊酯的流程图，各步洗涤的目的何在？

实验39 乙酰乙酸乙酯的制备（Synthesis of Ethyl Acetoacetate）

【实验目的】

(1) 学习乙酰乙酸乙酯的制备方法，加深对酯缩合反应的理解；

（2）掌握减压蒸馏的操作方法；

（3）掌握无水操作技术。

【实验原理】

具有 α-H 的酯和另一分子酯在醇钠的作用下生成 β-羰基酯的反应称为酯缩合反应。两分子的乙酸乙酯在乙醇钠的作用下缩合，再经水解生成乙酰乙酸乙酯：

$$2CH_3CO_2C_2H_5 \xrightarrow{NaOC_2H_5} Na^+[CH_3COCHCO_2C_2H_5]^- + C_2H_5OH$$

$$Na^+[CH_3COCHCO_2C_2H_5]^- \xrightarrow{HOAc} CH_3COCH_2CO_2C_2H_5 + NaOAc$$

实验中的乙醇钠由金属钠与乙酸乙酯中残留的乙醇作用得到。一旦反应开始，乙醇就可以不断生成，并和金属钠继续作用生成乙醇钠。由于乙酰乙酸乙酯具有酸性，因此反应得到的是乙酰乙酸乙酯的钠盐，因此加醋酸使之变为乙酰乙酸乙酯。

【基本操作预习】

回流（http://202.118.167.67/jpkdata/video/yjhx22/yjhxsy/hueiliu-1.htm）

分液漏斗（http://202.118.167.67/jpkdata/video/yjhx22/yjhxsy/fenyie06.htm）

减压蒸馏（http://202.118.167.67/jpkdata/video/yjhx22/yjhxsy/zhengliu-4.htm）

【实验步骤】

在干燥的 100mL 圆底烧瓶中加入 2.5g(0.11mol) 金属钠[1]和 12.5mL 二甲苯，装上带氯化钙干燥管的回流冷凝管，加热回流。待金属钠熔融后，停止加热，立即拆去冷凝管，用橡皮塞塞紧圆底烧瓶，用力来回摇振，使钠分散成尽可能小而均匀的细珠。

放置片刻，待钠珠沉至瓶底后，将二甲苯倾倒入回收瓶中（切勿倒入水槽或废物缸，以免引起火灾）。迅速向瓶中加入 27.5mL（0.28mol，24.7g）乙酸乙酯[2]，并立即重新装上冷凝管，并在其顶端装一氯化钙干燥管。反应随即开始，并有氢气泡逸出。如反应不开始或很慢时，可加热并保持微沸状态，直至金属钠几乎全部作用完为止[3]，反应约需 1.5h。此时生成的乙酰乙酸乙酯钠盐为橘红色透明溶液（有时析出黄白色沉淀）。

待反应物稍冷后，在振摇下加入 50% 的醋酸溶液，直到反应液呈弱酸性为止（约需 15mL）[4]，此时，所有的固体物质均已溶解。将反应液转入分液漏斗，加入等体积的饱和氯化钠溶液，用力振摇后静置分出有机层，用无水硫酸钠干燥。干燥后的有机层倾析到蒸馏瓶中，常压蒸去未作用的乙酸乙酯，将剩余液移入 25mL 克氏蒸馏瓶进行减压蒸馏[5]，收集 88℃/30mmHg，产量约 5g（产率约 27.5%）。

纯的乙酰乙酸乙酯为无色透明溶液，沸点 180.4℃(分解)，d_4^{20} 1.0282，n_D^{20} 1.4194。

【注意事项】

（1）金属钠遇水即燃烧、爆炸，故使用时应严格防止与水接触，一般将其储存在煤油中。在称量或切片过程中应当迅速，以免空气中水汽侵蚀或被氧化。

（2）乙酸乙酯必须绝对干燥，但其中应含有 1%～2% 的乙醇。其提纯方法如下：将普通乙酸乙酯用饱和氯化钙溶液洗涤 2～3 次，再用熔焙过的无水碳酸钾干燥，然后蒸馏收集 76～78℃馏分。

（3）一般要使钠全部溶解，但很少量未反应的钠并不妨碍进一步操作。

（4）用醋酸中和时，开始有固体析出，继续加酸并不断振摇，固体会逐渐消失，最后得到澄清的液体。如尚有少量固体未溶解时，可加少许水使之溶解。但应避免加入过量的醋酸，否则会增加酯在水中的溶解度而降低产量。另外当酸度过高时，会促进副产物“去水乙酸”的生成，降低产量。

(5) 乙酰乙酸乙酯在常压蒸馏时，很易分解而降低产量，故采用减压蒸馏法。乙酰乙酸乙酯沸点与压力的关系如表 3-1 所示。

表 3-1 乙酰乙酸乙酯沸点与压力的关系

压力/mmHg	760	80	60	40	30	20	18	14	12
沸点/℃	180	100	97	92	88	82	78	74	71

注：1mmHg≈133Pa。

【思考题】

(1) Claisen 酯缩合反应的催化剂是什么？本实验为什么可以用金属钠代替？

(2) 仪器未经干燥处理，对反应有什么影响？为什么？

(3) 用 50%醋酸溶液中和时要注意什么问题？乙酸浓度过高、过量对反应有何影响？

(4) 为何用饱和氯化钠溶液洗涤而不用水洗涤？

(5) 什么是互变异构现象？如何用实验证明乙酰乙酸乙酯是两种互变异构体的平衡混合物？

实验 40 乙酰苯胺的制备 (Synthesis of Acetanilide)

【实验目的】

(1) 学习合成乙酰苯胺的原理和方法；

(2) 熟练掌握空气冷凝回流、热过滤和抽滤等操作。

【实验原理】

乙酰苯胺可通过苯胺与乙酰氯、醋酸酐和冰醋酸等酰化试剂作用制备。其中乙酰氯反应最剧烈。醋酸酐次之，冰醋酸最慢。由于乙酰氯、醋酸酐与苯胺反应过于剧烈，而冰醋酸与苯胺反应比较平稳，容易控制，且价格也最为便宜，故本实验采用冰醋酸作酰基化试剂。反应式为：

$$CH_3COOH + C_6H_5NH_2 \rightleftharpoons C_6H_5NHCOCH_3 + H_2O$$

由于该反应是可逆的，故在反应时一方面加入过量的冰醋酸，一方面及时除去生成的水来提高产率。

【基本操作预习】

空气冷凝回流 (http://202.118.167.67/jpkdata/video/yjhx22/yjhxsy/hueiliu-4.htm)

热过滤 (http://202.118.167.67/jpkdata/video/yjhx22/yjhxsy/da_guolu02.htm)

减压过滤 (http://202.118.167.67/jpkdata/video/yjhx22/yjhxsy/da_guolu03.htm)

【实验步骤】

在 50mL 的圆底烧瓶（或锥形瓶）中加入 5mL (0.055mol，5.1g) 新蒸馏苯胺[1]、7.5mL (0.13mol，7.8g) 冰醋酸以及少许锌粉[2]（约 0.1g），装上一支短的韦氏分馏柱[3]，顶端插上蒸馏头和温度计，蒸馏头支管直接和接液管相连，用锥形瓶（或试管）收集馏出液。

用加热套小火加热反应瓶，至反应物沸腾，调节加热温度，保持温度在 105℃左右，反应约 40～60min 后，反应中生成的水（含少量乙酸）可完全蒸出。当温度计的读数发生上下波动时（有时反应容器中出现白雾），说明反应已经终止，应停止加热。

在不断搅拌下将反应混合物趁热倒入盛有100mL冷水的烧杯中[4]，用玻璃棒充分搅拌，冷却至室温，使乙酰苯胺结晶成细颗粒状完全析出。用布氏漏斗抽滤析出的固体，并用5～10mL冷水洗涤以除去残留的酸液。

将所得粗产品移入盛有100mL热水的烧杯中，加热煮沸，使之完全溶解，若有未溶解的油珠[5]，可再补加一些热水，直至油珠完全溶解[6]。停止加热，待稍冷后加入约0.5g粉末活性炭[7]，在搅拌下再次加热煮沸2～3min，然后趁热用保温漏斗过滤或用预先加热好的布氏漏斗减压[8]过滤。将滤液冷却至室温，得到白色片状结晶。减压过滤，尽量挤压以除去晶体中的水分。将产品移至一个预先称重的表面皿中，晾干或在100℃以下烘干，产量约为5g（产率约61.6%）。

乙酰苯胺为白色片状固体，沸点304℃，熔点114.3℃。

【注意事项】

(1) 苯胺久置后由于氧化而带有颜色，会影响乙酰苯胺的质量，故需要采用新蒸馏的无色或淡黄色的苯胺。并且苯胺有毒，不要吸入其蒸气或接触皮肤。

(2) 锌粉的作用是防止苯胺氧化，同时起着沸石的作用，故本实验不另加沸石。但不能加得过多，否则在后处理中会出现不溶于水的氢氧化锌。

(3) 也可用一空气冷凝管，冷凝管上端装一温度计和玻璃弯管，玻璃弯管再连接试管，接收馏出液。

(4) 反应物冷却后，固体产物立即析出，沾在瓶壁不易处理。故须趁热在搅动下倒入冷水中，以除去过量的醋酸及未作用的苯胺（它可成为苯胺醋酸盐而溶于水）。

(5) 油珠是熔融状态的含水乙酰苯胺，因其密度大于水，故沉降于器底。

(6) 乙酰苯胺于不同温度在100mL水中的溶解度为：25℃，0.56g；80℃，3.5g；100℃，5.2g。在以后各步加热煮沸时，会蒸发掉一部分水，需随时补加热水。本实验重结晶时水的用量最好使溶液在80℃左右为饱和状态。

(7) 在加入活性炭时，一定要等溶液稍冷后才能加入。不要在溶液沸腾时加入活性炭，否则会引起突然暴沸，致使溶液冲出容器。

(8) 事先将布氏漏斗用铁夹夹住，倒悬在沸水浴上，利用水蒸气进行充分预热。这一步如果没有做好，乙酰苯胺晶体将在布氏漏斗内析出，引起操作上的麻烦和造成损失。吸滤瓶应放在水浴中预热，切不可直接放在石棉网上加热。

【思考题】

(1) 为何反应温度控制在105℃？温度再高有什么影响？

(2) 根据理论计算，反应完成时应产生多少水？为什么实际收集的液体量要比理论量多？

(3) 在重结晶中，为什么要加入活性炭？为什么要稍冷时加入？

(4) 欲提高乙酰苯胺收率应注意哪些操作？

实验41　对溴乙酰苯胺的制备（Synthesis of *p*-Bromine Acetanilide）

【实验目的】

(1) 掌握实验室制备对溴乙酰苯胺的实验方法；

(2) 明确化学反应中的官能团保护技术；

（3）初步掌握电动搅拌操作技术和反应废气吸收技术。

【实验原理】

在乙酰苯胺分子中乙酰氨基是邻对位定位基。发生溴代反应时，由于乙酰苯胺中乙酰氨基的位阻作用，乙酰苯胺的溴代主要在苯环对位进行，即主产物是对溴乙酰苯胺。反应式如下：

$$C_6H_5NHCOCH_3 \xrightarrow[CH_3COOH]{Br_2} p\text{-}BrC_6H_4NHCOCH_3\ (95\%) + o\text{-}BrC_6H_4NHCOCH_3\ (5\%)$$

【基本操作预习】

电动搅拌（http://202.118.167.67/jpkdata/video/yjhx22/yjhxsy/jiaoban-1.htm）

回流滴加（http://202.118.167.67/jpkdata/video/yjhx22/yjhxsy/hueiliu-3.htm）

热过滤（http://202.118.167.67/jpkdata/video/yjhx22/yjhxsy/da_guolu02.htm）

减压过滤（http://202.118.167.67/jpkdata/video/yjhx22/yjhxsy/da_guolu03.htm）

【实验步骤】

在装有电动搅拌器、温度计、滴液漏斗和带有气体吸收装置的回流冷凝管的250mL四口瓶中，加入36mL(37.4g，0.62mol）冰醋酸和13.5g（约0.10mol）乙酰苯胺，开动搅拌装置，温热水浴溶解乙酰苯胺。当乙酰苯胺溶解完毕后，在搅拌下将6mL冰醋酸和16g溴（5.1mL，0.20mol）的混合溶液从滴液漏斗缓慢滴入烧瓶中(1)。每滴1滴溴，待颜色消除后再滴第2滴。滴加完毕后维持温度在45℃，搅拌反应1h。提高温度至60℃，搅拌至混合物基本无色为止。

将混合物倒入盛有200mL冷水的烧杯中，加入少量亚硫酸氢钠溶液洗涤（除掉少量残余的溴）。玻璃棒搅拌10min，冷至室温。减压过滤，滤渣用冷水洗涤至中性，干燥，产量约为20g（产率约为93.4%）(2)。粗产品可用95%乙醇重结晶，熔点166～168℃。

对溴乙酰苯胺为浅黄色晶体，熔点167℃。

【注意事项】

（1）溴具有强刺激性、腐蚀性，能引起严重灼伤。使用时若不慎触及皮肤，应立即用大量水冲洗，用酒精擦洗至无溴液，涂以鱼肝油软膏。使用溴时应特别当心，应戴防护手套和眼镜，并在通风橱中进行。

（2）该反应条件下主要得到95%的对溴乙酰苯胺和5%的邻溴乙酰苯胺。通常可利用对位异构体比邻位异构体在同一溶剂中溶解度小的规律，经分级结晶将两者分离。对溴乙酰苯胺熔点为167℃，邻溴乙酰苯胺熔点为99℃。

【思考题】

（1）哪些反应需要安装电动搅拌器？

（2）反应时溴的滴加速率过快有什么副作用？

（3）气体吸收装置的玻璃漏斗为什么不能完全扣在碱性溶液中？

实验42 丁二酸酐的制备（Synthesis of Butanedioic Anhydride）

【实验目的】

（1）掌握丁二酸酐的合成原理；

(2) 巩固回流干燥操作、冷却结晶操作和减压过滤操作。

【实验原理】

丁二酸在脱水剂醋酸酐的作用下加热可生成丁二酸酐:

$$\begin{matrix} CH_2COOH \\ | \\ CH_2COOH \end{matrix} + (CH_3CO)_2O \longrightarrow \begin{matrix} CH_2CO \\ | \\ CH_2CO \end{matrix}\!\!>O + 2CH_3COOH$$

【基本操作预习】

回流 (http://202.118.167.67/jpkdata/video/yjhx22/yjhxsy/hueiliu-1.htm)

减压过滤 (http://202.118.167.67/jpkdata/video/yjhx22/yjhxsy/da_guolu03.htm)

【实验步骤】

在50mL干燥的圆底烧瓶里加入4g(0.034mol) 丁二酸和6.4mL(6.9g, 0.068mol) 新蒸馏过的醋酸酐[1],装上球形冷凝管及氯化钙干燥管[2]。在沸水浴中加热,间歇振荡,待丁二酸酐完全溶解成澄清溶液后,再继续加热1h以促使反应完全。

移去水浴,反应物用冷水浴充分冷却,使丁二酸酐晶体完全析出。减压过滤,用玻璃瓶塞将粗产物中的液体挤压出去,再用甲基叔丁基醚洗涤两次,每次用5mL。晶体在室温下晾干。产量约为2g (产率约为66.7%)。

纯的丁二酸酐为透明晶体,熔点119.6℃。

【注意事项】

(1) 由于醋酸酐刺激眼睛,应在通风橱内加入试剂。

(2) 所用的仪器必须是干燥的,由于醋酸酐和丁二酸酐具有很强的吸水性,整个操作过程必须防止水汽进入。

【思考题】

(1) 还可以用什么方法从丁二酸制丁二酸酐?

(2) 醋酸酐在此实验中的作用是什么?

实验43 苯胺的制备[1] (Synthesis of Aniline)

【实验目的】

(1) 掌握酸性介质中金属还原的方法和操作;

(2) 巩固水蒸气蒸馏的操作方法;

(3) 巩固普通蒸馏的操作方法。

【实验原理】

芳香族硝基化合物在酸性介质中还原是制备芳香胺的主要方法。实验室常用的还原剂有Sn-HCl、Fe-HCl、Zn-HOAc、Fe-HOAc等。其中Sn-HCl的还原速率较快,Fe作为还原剂的反应时间较长,但成本低廉;如用乙酸代替盐酸,还原时间能显著缩短,但是所需Fe的量大大增加。Fe作为还原剂曾在工业上广泛应用,但因残渣铁泥难以处理,并污染环境,已被催化氢化代替。本实验以硝基苯为原料,Fe-HAc为还原剂合成苯胺:

$$4C_6H_5NO_2 + 9Fe + 4H_2O \xrightarrow{H^+} 4C_6H_5NH_2 + 3Fe_3O_4$$

【基本操作预习】

回流 (http://202.118.167.67/jpkdata/video/yjhx22/yjhxsy/hueiliu-1.htm)

水蒸气蒸馏（http://202.118.167.67/jpkdata/video/yjhx22/yjhxsy/zhengliu-3.htm）

分液漏斗（http://202.118.167.67/jpkdata/video/yjhx22/yjhxsy/fenyie06.htm）

蒸馏（http://202.118.167.67/jpkdata/video/yjhx22/yjhxsy/zhengliu-1.htm）

【实验步骤】

在 500mL 圆底烧瓶中加入 27g（0.48mol）还原铁粉、50mL 水及 3mL（0.053mol，3.2g）冰醋酸，振荡使之充分混合。装上回流冷凝管，小火加热煮沸约 10min[(2)]，移去热源待稍冷后，从冷凝管顶端分批加入 15.5mL(0.15mol，18.6g) 硝基苯，每次加完后要用力振摇，使反应物充分混合[(3)]。加完后，将反应物加热回流 0.5h，并时常摇动，使还原反应完全[(4)]，此时，冷凝管回流液应不再呈现硝基苯的黄色。

将反应瓶改为水蒸气蒸馏装置，进行水蒸气蒸馏，至馏出液变清，再多收集 20mL 馏出液，共需收集约 150mL。将馏出液转入分液漏斗，分出有机层，水层用食盐饱和[(5)]（约需35～40g 食盐）后，每次用 20mL 乙醚萃取 3 次。合并苯胺层和醚萃取液，用粒状氢氧化钠干燥。

将干燥后的苯胺醚溶液进行蒸馏，先蒸去乙醚，然后将剩余的溶液转移到 25mL 干燥的蒸馏瓶中，改用空气冷凝管蒸馏，收集 180～185℃ 馏分[(6)]，产量约 9～10g（产率为 64.4%～71.6%）。

纯苯胺为无色液体，沸点 184.1℃，d_4^{20} 1.0217，n_D^{20} 1.5863。

【注意事项】

(1) 苯胺有毒，操作时应避免与皮肤接触或吸入其蒸气。若不慎触及皮肤时，应先用水冲洗，再用肥皂和温水洗涤。

(2) 该步骤的目的是使铁粉活化，缩短反应时间。铁-醋酸作为还原剂时，铁首先与醋酸作用，产生醋酸亚铁，它实际是主要的还原剂，在反应中进一步被氧化生成碱式醋酸铁。碱式醋酸铁与铁及水作用后生成醋酸亚铁，和醋酸可以再起上述反应。所以总的看来，反应中主要是水作为供质子剂提供质子，铁提供电子完成还原反应。

(3) 该反应强烈放热，反应放出的热足以使溶液沸腾，故加入硝基苯时，不需要加热。

(4) 由于反应是固液两相反应，因此需要经常振荡反应混合液。硝基苯为黄色油状物，如果回流液中黄色油状物消失而转变成乳白色油珠（由于游离苯胺引起），表示反应已完成。还原作用必须完全，否则残留在反应液中的硝基苯，在以下几步提纯过程中很难分离，因而影响产品纯度。反应完成后，圆底烧瓶壁上黏附的黑褐色物质，可用 1∶1(体积比) 盐酸水溶液温热除去。

(5) 在 20℃时，每 100mL 水可溶解 3.4g 苯胺，为了减少苯胺损失，根据盐析原理，加入精盐使馏出液饱和，原来溶于水中的绝大部分苯胺就呈油状物析出。

(6) 纯苯胺为无色液体，但在空气中由于氧化而呈淡黄色，加入少许锌粉重新蒸馏，可去掉颜色。

【思考题】

(1) 如果以盐酸代替醋酸，则反应后要加入饱和碳酸钠至溶液呈碱性后，才进行水蒸气蒸馏，这是为什么？本实验为何不进行中和？

(2) 有机物质必须具备什么性质，才能采用水蒸气蒸馏提纯，本实验为何选择水蒸气蒸馏法把苯胺从反应混合物中分离出来？

(3) 在水蒸气蒸馏完毕时，先灭火焰，再打开 T 形管下端弹簧夹，这样做行吗？为什么？

(4) 如果最后制得的苯胺中含有硝基苯，应如何加以分离提纯？

(5) 本实验在合成中为什么要经常振摇反应混合物？

(6) 干燥苯胺时为什么用粒状氢氧化钠作干燥剂，而不用硫酸钠或氯化钙？

实验 44　对硝基苯胺的制备（Synthesis of *p*-nitroaniline）

【实验目的】

(1) 学习和掌握制备对硝基苯胺的原理和方法；

(2) 熟练掌握重结晶的操作。

【实验原理】

由于苯胺中氨基是强活化基团，直接硝化易得到多取代的产物，而且苯胺还易被氧化，因此本实验采用氨基保护的方法，由乙酰苯胺出发制备对硝基乙酰苯胺，然后在酸性条件下水解得到对硝基苯胺。

在乙酰苯胺分子中乙酰氨基是邻对位定位基。发生硝化反应时，产物是邻对位硝基乙酰苯胺的混合物。本实验中，乙酰苯胺在混酸体系中进行低温（如 5℃）硝化，可抑制邻位硝基乙酰苯胺的生成，主要产物是对硝基乙酰苯胺。若在 40℃ 硝化，则有 25% 邻硝基乙酰苯胺生成。

主反应：

$$C_6H_5-NH-\overset{O}{\overset{\|}{C}}-CH_3 + HONO_2 \xrightarrow{H_2SO_4} O_2N-C_6H_4-NH-\overset{O}{\overset{\|}{C}}-CH_3 + H_2O$$

$$O_2N-C_6H_4-NH-\overset{O}{\overset{\|}{C}}-CH_3 + H_2O \xrightarrow{H_2SO_4} O_2N-C_6H_4-NH_2 + CH_3COOH$$

副反应：

$$C_6H_5-NH-\overset{O}{\overset{\|}{C}}-CH_3 + H_2O \xrightarrow{H_2SO_4} C_6H_5-NH_2 + CH_3COOH$$

$$C_6H_5-NH-\overset{O}{\overset{\|}{C}}-CH_3 + HONO_2 \xrightarrow{H_2SO_4} o\text{-}NO_2-C_6H_4-NH-\overset{O}{\overset{\|}{C}}-CH_3 + H_2O$$

【基本操作预习】

减压过滤（http：//202.118.167.67/jpkdata/video/yjhx22/yjhxsy/da_guolu03.htm）

热过滤（http：//202.118.167.67/jpkdata/video/yjhx22/yjhxsy/da_guolu02.htm）

薄层色谱（http：//202.118.167.67/jpkdata/video/yjhx22/yjhxsy/sepufa-3.htm）

【实验步骤】

(1) 对硝基乙酰苯胺的制备　在 100mL 锥形瓶内放入 5g（约 0.037mol）乙酰苯胺和 5mL(5.3g，0.088mol) 冰醋酸[(1)]。用冷水冷却，一边摇动锥形瓶，一边慢慢地加入 10mL 浓硫酸。乙酰苯胺逐渐溶解。将所得溶液放在冰盐浴中冷却到 0～2℃。一边摇动锥形瓶，一边用滴管慢慢地滴加混酸[(2)]，保持反应温度不超过 5℃[(3)]，混酸加完后，继续搅拌 30min。

从冰盐浴中取出锥形瓶，在室温下放置 30min，并时时搅拌，使反应趋向完全。然后在搅拌下把反应混合物倒入 20mL 水和 20g 碎冰的混合物中，对硝基乙酰苯胺立刻呈固体析出。放置约 10min，减压过滤，尽量挤压掉粗产物中的酸液，用冰水洗涤三次，每次用 10mL[4]。称取粗产物 0.2g（样品 A），放在空气中晾干，其余部分用 95%乙醇进行重结晶[5]。减压过滤从乙醇中析出的对硝基乙酰苯胺，用少许冷乙醇洗涤，尽量挤压去乙醇。将得到的对硝基乙酰苯胺（样品 B）放在空气中晾干，干燥后称重。

将所得乙醇母液在水浴上蒸发到其原体积的 2/3。如有不溶物，则进行减压过滤，保存母液（样品 C）。

将三种样品 A、B 和 C 进行薄层色谱分析。实验条件如下。

展开剂：甲苯：乙酸乙酯＝4：1(体积)。

吸附剂：硅胶 G。

显色方法：晾干后用碘蒸气熏，出现棕黄色斑点，应立即用铅笔标记下来并计算比移值 R_f。

(2) 对硝基乙酰苯胺的酸性水解　在 50mL 圆底烧瓶中放入 4g 对硝基乙酰苯胺和 20mL 70%硫酸[6]，投入沸石，装上回流冷凝管，加热回流 10～20min[7]。将透明的热溶液倒入 100mL 冷水中，搅拌均匀，再逐渐加入 20%氢氧化钠溶液，使对硝基苯胺沉淀下来[8]。

冷却后减压过滤。滤饼用冷水洗去碱液后，在水中进行重结晶，干燥后称重（理论产量 5.5g）。

纯对硝基苯胺为黄色针状晶体，熔点 148.5℃。

【注意事项】

(1) 乙酰苯胺可以在低温下溶解于浓硫酸中，但速率较慢，加入冰醋酸可加速其溶解。

(2) 混酸是硝酸与硫酸以适当比例配制成的混合物，主要用于有机物的硝化，比单独用硝酸进行硝化的效果好。回收的废酸经过处理可以循环使用。本实验混酸的配制方法：在 100mL 烧杯中，加入浓硫酸 1.4mL，在冰盐浴中冷却，将 2.2mL 浓硝酸缓缓地加入烧杯中，混合均匀后备用。

(3) 乙酰苯胺与混酸在 5℃下作用，主要产物是对硝基乙酰苯胺；在 40℃下作用，则生成约 25%的邻硝基乙酰苯胺。

(4) 用水洗涤沉淀，以去除夹杂在其中的无机酸。

(5) 利用邻硝基乙酰苯胺和对硝基乙酰苯胺在乙醇中溶解度的不同，在乙醇中进行重结晶，可除去溶解度较大的邻硝基乙酰苯胺，也可用下法除去粗产物中的邻硝基苯胺。将粗产物放入一个盛有 20mL 水的锥形瓶中，在不断搅拌下分次加入碳酸钠粉末，直到混合液对酚酞试纸显碱性。将反应混合物加热至沸腾，这时对硝基乙酰苯胺不水解，而邻硝基乙酰苯胺则水解为邻硝基苯胺。混合物冷却到 50℃时，迅速减压过滤，尽量挤压掉溶于碱液中的邻硝基苯胺，再用水洗涤并挤压去水分，取出晾干。

(6) 70%硫酸的配制方法：在搅拌下把 4 份（体积）浓硫酸小心地加到 3 份（体积）冷水中。

(7) 可取 1mL 反应液加到 2～3mL 水中，如溶液仍清澈透明，表示水解反应已完全。

(8) 原先的固体对硝基苯胺的盐酸盐，在加入碱后，才能形成对硝基苯胺。

【思考题】

(1) 对硝基苯胺是否可从苯胺直接硝化来制备？为什么？

(2) 如何除去对硝基乙酰苯胺粗产物中的邻硝基乙酰苯胺？

(3) 在重结晶操作中，必须注意哪几点才能使产物产率高，质量好？

实验 45　三乙基苄基氯化铵的制备
(Synthesis of Triethylbenzylammonium Chloride)

【实验目的】

(1) 了解相转移催化、季铵盐等概念及季铵盐的制法；

(2) 掌握相转移催化剂 TEBA 的制备方法。

【实验原理】

三乙基苄基氯化铵（triethylbenzylammonium chloride，TEBA）是一种季铵盐，常用作多相反应中的相转移催化剂（PTC）。它具有盐类的特性，是结晶形的固体，能溶于水，在空气中极易吸湿分解。TEBA 可由三乙胺和氯化苄直接作用制得，反应式如下：

$$C_6H_5-CH_2Cl+N(C_2H_5)_3 \xrightarrow{\triangle} C_6H_5-CH_2N^+(C_2H_5)_3Cl^-$$

反应一般可在二氯乙烷、苯、甲苯、乙醇等溶剂中进行。若使用非质子极性溶剂如二甲基甲酰胺（DMF）做溶剂，不仅反应时间可缩短，而且可提高产率。

【基本操作预习】

电动搅拌（http：//202.118.167.67/jpkdata/video/yjhx22/yjhxsy/jiaoban-1.htm）

电磁搅拌（http：//202.118.167.67/jpkdata/video/yjhx22/yjhxsy/jiaoban-2.htm）

回流滴加（http：//202.118.167.67/jpkdata/video/yjhx22/yjhxsy/hueiliu-3.htm）

减压过滤（http：//202.118.167.67/jpkdata/video/yjhx22/yjhxsy/da_guolu03.htm）

【实验步骤】

方法一：在装有电磁（或电动）搅拌器和回流冷凝管的 100mL 三口瓶中，加入 5.5mL（约 6.1g，0.048mol）氯化苄、7mL（约 5.1g，0.050mol）三乙胺和 19mL 1,2-二氯乙烷[(1)]，搅拌下加热回流 1h，冷却，抽滤，用少量 1,2-二氯乙烷洗涤沉淀，40℃烘干后称重，产量约 10g[(2)]。

方法二：在装有电磁搅拌器、回流冷凝管和温度计的 150mL 三口瓶中，加入 5.5mL（约 6.1g，0.048mol）氯化苄、7mL（约 5.1g，0.050mol）三乙胺、4mL DMF 和 1mL 乙酸乙酯，搅拌加热，控制温度在 104℃左右保持回流反应 1h 后，冷却至近 80℃时，在搅拌下缓缓加入 4mL 苯，然后充分冷却使铵盐沉淀。如不析出沉淀，可用玻棒摩擦玻璃壁促使结晶析出，抽滤，用少量二氯甲烷或无水乙醚洗涤，烘干称重，计算产率。

【注意事项】

(1) 氯化苄对眼睛有强烈的刺激、催泪作用，取用时最好在通风柜中。久置的氯化苄常伴有苄醇和水，使用前应进行蒸馏。

(2) TEBA 为季铵盐化合物，极易在空气中吸潮分解，应保存在干燥器中。

【思考题】

(1) 为什么使用 DMF 做溶剂时能缩短反应时间和提高产率？

(2) 反应器为什么要干燥？如果反应体系中有水，会造成什么结果？

(3) 为什么季铵盐能作为相转移催化剂？

实验 46 (±)-苯基乙醇酸的合成 (Synthesis of Mandelic Acid)

【实验目的】

(1) 学习相转移催化合成的基本原理和技术;

(2) 掌握 (±)- 苯基乙醇酸的实验室合成方法。

【实验原理】

苯基乙醇酸俗名扁桃酸,可做医药中间体,也可单独作为尿路感染的药物。

利用氯化苄基三乙基铵作为相转移催化剂,将苯甲醛、氯仿和氢氧化钠在同一反应器中进行混合,通过卡宾加成、重排反应生成目标产物。此化学方法合成的是外消旋体。反应式如下:

$$CHCl_3 + NaOH \longrightarrow Cl_2C:$$

$$C_6H_5CHO \xrightarrow{Cl_2C:} C_6H_5\text{-}CH\overset{O}{—}CCl_2 \xrightarrow{\text{重排}} \xrightarrow{OH^-} \xrightarrow{H^+} C_6H_5CH(OH)COOH$$

【基本操作预习】

电磁搅拌 (http://202.118.167.67/jpkdata/video/yjhx22/yjhxsy/jiaoban-2.htm)

回流滴加 (http://202.118.167.67/jpkdata/video/yjhx22/yjhxsy/hueiliu-3.htm)

分液漏斗 (http://202.118.167.67/jpkdata/video/yjhx22/yjhxsy/fenyie06.htm)

热过滤 (http://202.118.167.67/jpkdata/video/yjhx22/yjhxsy/da_guolu02.htm)

减压过滤 (http://202.118.167.67/jpkdata/video/yjhx22/yjhxsy/da_guolu03.htm)

【实验步骤】

在装有回流冷凝管、滴液漏斗和温度计的 250mL 三口瓶中,加入 6mL 苯甲醛 (约 6.2g,0.058mol)、10mL 氯仿和约 1 g 氯化苄基三乙基铵,电磁搅拌下加热(1)。当温度升至 56℃时,滴液漏斗中滴加 60mL 30%的氢氧化钠溶液,滴加过程中保持反应温度在 60~65℃ (约 20min 滴完)。继续搅拌 40min,反应温度控制在 65~70℃。

三口瓶中加入 80mL 水后,转入分液漏斗中,分别用 15mL 乙醚连续萃取两次,合并醚层。用浓盐酸酸化水层至 pH=2~3,再分别用 15mL 乙醚连续萃取两次,合并所有醚层,用无水硫酸镁干燥。

水浴下蒸除乙醚即得扁桃酸粗品。粗产品转移至表面皿,空气中晾干、称重、计算产率。扁桃酸粗品可用甲苯重结晶(2)。

纯的扁桃酸为白色晶体,熔点为 120~122℃。

【注意事项】

(1) 此反应是两相反应,剧烈搅拌反应物有利于加速反应。

(2) 扁桃酸粗品加入少量甲苯 (约 2~3mL),加热回流,补充甲苯至晶体完全溶解,趁热过滤,冷却析出晶体后,抽滤。

【思考题】

(1) 什么叫"相转移催化剂",相转移催化剂在本实验中有什么作用?

(2) 反应结束后,为何先用水稀释?后用乙醚萃取,目的是什么?

（3）反应液经酸化后，为何再次用乙醚萃取？

实验47 硝基苯的制备[1]（Synthesis of Nitrobenzene）

【实验目的】

（1）学习硝基苯的制备方法；

（2）学习Y形管和空气冷凝管的使用方法。

【实验原理】

苯与混酸在50～55℃下，可生成硝基苯，反应式如下：

$$C_6H_6 + HNO_3 \xrightarrow[50\sim55℃]{H_2SO_4(浓)} C_6H_5NO_2 + H_2O$$

【基本操作预习】

电动搅拌（http：//202.118.167.67/jpkdata/video/yjhx22/yjhxsy/jiaoban-1.htm）

回流滴加（http：//202.118.167.67/jpkdata/video/yjhx22/yjhxsy/hueiliu-3.htm）

分液漏斗（http：//202.118.167.67/jpkdata/video/yjhx22/yjhxsy/fenyie06.htm）

蒸馏（http：//202.118.167.67/jpkdata/video/yjhx22/yjhxsy/zhengliu-1.htm）

【实验步骤】

在100mL锥形瓶中，加入18mL浓硝酸，在冷却和摇荡下慢慢加入20mL浓硫酸制成混合酸备用[2]。

在250mL三口瓶上，分别装置搅拌器、温度计（水银球深入液面下）及Y形管，Y形管的上口分别安装滴液漏斗和回流冷凝管，冷凝管上端连一玻璃弯管，并用橡皮管连接通入水槽。瓶内放入18mL（0.20mol，15.8g）苯，开动搅拌，自滴液漏斗逐渐加入上述制好的冷的混合酸。控制滴加速率使反应温度维持在50～55℃之间，勿超过60℃[3]。必要时可用冷水浴冷却。滴加完毕后，将三口瓶在60℃左右的热水浴上继续搅拌15～30min。

待反应物冷至室温后，倒入盛有100mL水的烧杯中，充分搅拌后让其静置，待硝基苯沉降后尽可能倾出酸液（倒入废物缸）。粗产品转入分液漏斗，依次用等体积的水、5%氢氧化钠溶液、水洗涤后[4]，用无水氯化钙干燥。

将干燥好的硝基苯倾析到蒸馏瓶，接空气冷凝管，加热蒸馏，收集205～210℃馏分[5]，产量约18g（产率约为72.0%）。

纯的硝基苯为淡黄色的透明液体，沸点210.8℃，d_4^{20} 1.2037，n_D^{20} 1.5562。

【注意事项】

（1）硝基化合物对人体有较大的毒性，吸入多量蒸气或被皮肤接触吸收，均会引起中毒！所以处理硝基苯或其他硝基化合物时必须谨慎小心，如不慎触及皮肤，应立即用少量乙醇擦洗，再用肥皂及温水洗涤。

（2）若使用硝酸直接反应时，极易得到较多的二硝基苯，为此用混合酸进行硝化。

（3）硝化反应为放热反应，温度若超过60℃时，有较多的二硝基苯生成，且也有部分硝酸和苯挥发逸去。

（4）洗涤硝基苯时，特别是用氢氧化钠溶液洗涤时，不可过分用力振荡，否则使产品乳化而难以分层。若遇此情况，可加入固体氯化钙或氯化钠饱和，或加数滴酒精，静置片刻，即可分层。

（5）因残留在烧瓶中的二硝基苯在高温时易发生剧烈分解而爆炸，故蒸产品时不可蒸干或使蒸馏温度超过 214℃。

【思考题】

（1）本实验为什么要控制反应温度在 50～55℃之间？温度过高有什么不好？

（2）粗产品硝基苯依次用水、碱液、水洗涤的目的何在？

（3）甲苯和苯甲酸硝化的产物是什么？你认为在反应条件上有何差异，为什么？

（4）如粗产品中有少量硝酸没有除掉，在蒸馏过程中会发生什么现象？

实验 48　甲基橙的制备（Synthesis of Methyl Orange）

【实验目的】

（1）了解重氮化反应和偶合反应的原理；

（2）掌握甲基橙制备的原理和实验方法，进一步了解重氮盐制备的技术及反应条件；

（3）学习用冰盐浴控制温度的方法；

（4）巩固抽滤、洗涤、重结晶等基本操作。

【实验原理】

甲基橙是一种偶氮类染料，主要用作酸碱指示剂。甲基橙是由对氨基苯磺酸与亚硝酸作用经重氮化反应得到对氨基苯磺酸重氮盐，再与 *N*,*N*-二甲基苯胺的醋酸盐在弱酸性介质中偶合得到。偶合反应首先得到的是亮红色的酸式甲基橙，称为酸性黄，在碱中酸性黄转变为橙黄色的钠盐，即甲基橙。

反应式如下：

$$H_2N-C_6H_4-SO_3H + NaOH \longrightarrow H_2N-C_6H_4-SO_3Na + H_2O$$

$$H_2N-C_6H_4-SO_3Na \xrightarrow[HCl\ 0\sim5^\circ C]{NaNO_2} \left[HO_3S-C_6H_4-\overset{+}{N}\equiv N\right]Cl^- \xrightarrow[HOAc\ 0\sim5^\circ C]{C_6H_5N(CH_3)_2}$$

$$\left[HO_3S-C_6H_4-N{=}N-C_6H_4-\overset{+}{N}H(CH_3)_2\right]OAc^- \xrightarrow{NaOH}$$

酸性黄(红色)

$$HO_3S-C_6H_4-N{=}N-C_6H_4-N(CH_3)_2 + NaOAc + H_2O$$

甲基橙

【基本操作预习】

减压过滤（http：//202.118.167.67/jpkdata/video/yjhx22/yjhxsy/da _ guolu03.htm）

热过滤（http：//202.118.167.67/jpkdata/video/yjhx22/yjhxsy/da _ guolu02.htm）

【实验步骤】

（1）制备重氮盐　在 100mL 烧杯中放置 10mL 5%的氢氧化钠溶液及 2.1g(0.011mol) 对氨基苯磺酸晶体[(1)]，温热溶解后冷至室温。将 0.8g(0.012mol) 亚硝酸钠溶于 6mL 水中(若不能全溶，可加入适量水)，加入上述烧杯内，用冰盐浴冷至 0～5℃；在不断搅拌下，将 3mL 浓盐酸与 10mL 水配成的溶液慢慢滴加到上述混合溶液中，并将温度控制在 5℃以下[(2)]。滴加完后用淀粉-碘化钾试纸检验，在 8～10s 内试纸能显出蓝色即可[(3)]，然后在冰盐

浴中继续搅拌15min左右[4]。

(2) 偶联反应　在试管中滴加1.3mL（约1.2g，0.0099mol）*N*,*N*-二甲基苯胺和1.0mL(1.1g，0.018mol) 冰醋酸，混合均匀，在不断搅拌下慢慢将此溶液滴加到上述制备的重氮盐溶液中，温度控制在5℃以下。加完后，在室温下继续搅拌10min，此时有红色的酸性黄沉淀，然后在冷却下搅拌，慢慢加入25mL 5%的氢氧化钠溶液，直至反应物变为橙色，这时，反应液呈碱性[5]，粗制的甲基橙呈细粒状沉淀析出[6]。将反应物在沸水浴上加热5min，冷至室温，再在冰水浴中冷却，使甲基橙完全析出。抽滤收集结晶，依次用少量水、乙醇、乙醚洗涤，压干。

粗产品可用1%氢氧化钠进行重结晶[7]（每克粗产物约需25mL），待结晶析出完全，抽滤，依次用少量水、乙醇、乙醚洗涤，压干，得片状结晶，产量约2.5g（产率约76.5%）。

将少许甲基橙溶于水中，加几滴稀盐酸，然后再用稀氢氧化钠中和，观察颜色变化。

纯的甲基橙为橙红色鳞状晶体或粉末，熔点300℃。

【注意事项】

(1) 实验用的对氨基苯磺酸为二水合物，若用无水对氨基苯磺酸，只需1.7g。对氨基苯磺酸是两性化合物，酸性比碱性强，以酸性内盐存在，所以它能与碱作用成盐而不能与酸作用成盐。

(2) 重氮化过程中，应严格控制温度，反应温度若高于5℃，生成的重氮盐易水解为酚，产率降低。

(3) 重氮化反应中，亚硝酸应稍过量，用淀粉-碘化钾试纸检验时显蓝色，如果不显蓝色，还需补充适量亚硝酸钠溶液，并充分搅拌到试纸刚呈蓝色。但要注意亚硝酸不应过量太多，否则会引起一系列副反应。

$$2HNO_2 + 2KI + 2HCl \longrightarrow I_2 + 2NO + 2H_2O + 2KCl$$

(4) 在此时往往析出白色固体对氨基苯磺酸的重氮盐，这是因为重氮盐在水中可以离解，形成中性内盐，在低温时难溶于水而形成细小晶体析出。

(5) 可用pH试纸检验溶液是否呈碱性。

(6) 若反应物中含有未作用的*N*,*N*-二甲基苯胺醋酸盐，在加入氢氧化钠后，就会有难溶于水的*N*,*N*-二甲基苯胺析出，影响产物的纯度及产率。湿的甲基橙在空气中受光的照射后，颜色很快变深，所以一般得紫红色粗产物。

(7) 重结晶操作要迅速，否则由于产物呈碱性，在温度高时易变质，颜色变深。用乙醇和乙醚洗涤的目的是使其迅速干燥。

【思考题】

(1) 何谓重氮化反应？为什么此反应必须在低温、强酸性条件下进行？

(2) 本实验中，制备重氮盐时，为什么要把对氨基苯磺酸变成钠盐？本实验若改成下列操作步骤：先将对氨基苯磺酸与盐酸混合，再滴加亚硝酸钠溶液进行重氮化反应，可以吗？为什么？

(3) 若制备重氮盐时温度超过5℃，会有什么影响？

(4) 用淀粉-碘化钾试纸检验的原理是什么？

(5) 试解释甲基橙在酸碱介质中的变色原因，并用反应式表示。

第 4 章　天然有机化合物的提取

（Extraction of Natural Organic Compound）

天然有机物指的是从天然动、植物体内衍生出来的有机化合物。许多天然产物的提取物具有重要的生理效能，可用作药物、香料和染料。天然产物的提取、分离和鉴定是有机化学中十分活跃的研究领域。

天然产物的提取分离和鉴定是一项十分复杂的工作。有机化学中常用的蒸馏、萃取、结晶等提纯方法曾经在分离天然产物过程中发挥了重要的作用，现在各种色谱手段如薄层色谱、柱色谱、气相色谱和液相色谱等越来越多地用于天然产物的提取和分离上。分离纯化后的天然产物即可利用红外、紫外、质谱或核磁共振谱等波谱技术进行分子结构分析。

本章介绍了几种较为典型的天然产物的提取分离方法。

实验 49　从茶叶中提取咖啡因

（Isolation of Caffeine from Tea Leaves）

【实验目的】

（1）学习使用索氏提取器的原理和方法；

（2）熟悉萃取、蒸馏、结晶、抽滤等操作；

（3）学习升华的基本操作。

【实验原理】

茶叶中含有多种生物碱，其中以咖啡碱即咖啡因为主，约占其干重的 1%～5%，其结构式为：

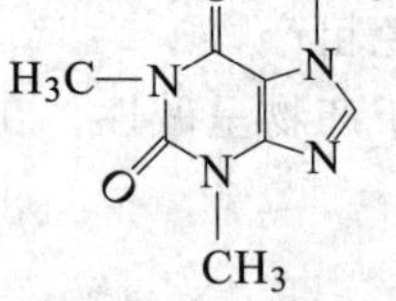

其化学名称为 1,3,7-三甲基-2,6-二氧嘌呤，属黄嘌呤衍生物。咖啡因是弱碱性化合物，味苦，能溶于氯仿、水、乙醇等溶剂中。咖啡因含结晶水时为白色针状结晶，在 100℃时失去结晶水，并开始升华，在 120～178℃时升华迅速。现在制药工业多用合成方法来制取咖啡因。

咖啡因能兴奋高级神经中枢和心脏，扩张冠状血管，并有利尿作用。咖啡因与解热镇痛药合用可增强镇痛效果。

本实验可用两种方法提取：一是用索氏提取器提取，然后浓缩、升华得到咖啡因晶体（http：//202.118.167.67/jpkdata/video/yjhx22/yjhxsy/cayie16.htm）；二是利用咖啡因的极性，选择合适的有机溶剂从茶叶中萃取咖啡因，然后浓缩、冷却结晶、抽滤、干燥后得到

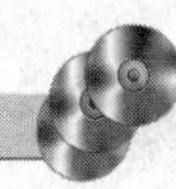

咖啡因晶体。

【实验步骤】

(1) 方法一　按图2-26安装好索氏提取装置[1]。称取8g茶叶末装入滤纸筒中，轻轻压实，放入索氏提取器中[2]，另外在圆底烧瓶中加入100mL 95%乙醇，放入1～2粒沸石，小火加热至沸腾，连续提取1h，此时提取液的颜色变得很淡，待提取器中的液体刚虹吸下去时，立即停止加热。

稍冷后，改成蒸馏装置，回收乙醇。当蒸馏瓶中液体剩约8mL时，立即停止蒸馏[3]，将残留液倒入蒸发皿中，加入约4g生石灰[4]。在蒸气浴上加热蒸干，其间应不断搅拌，并压碎块状物，然后将蒸发皿移至石棉网上焙烧，除尽水分。

在蒸发皿上盖一张用大头针刺有许多小孔的圆形滤纸，取一个合适的玻璃漏斗罩在滤纸上［见图2-32(a)］，用砂浴小心加热升华，控制砂浴温度在220℃左右[5]。当滤纸上出现大量白色晶体时，停止加热，揭开漏斗和滤纸，观看咖啡因的颜色形状，仔细用小刀将附在其上的咖啡因刮下。残渣经拌和后用较大的火加热片刻，使升华完全。合并两次收集的咖啡因，测定熔点。

纯净的咖啡因为白色针状晶体，熔点234.5℃。

(2) 方法二　在400mL烧杯中，将12g碳酸钠溶于150mL蒸馏水中。称取15g茶叶用纱布包好放入烧杯内，用小火煮沸30min。冷却后，取出茶叶并挤压使液体流回烧杯中。将烧杯中黑色液体转移到分液漏斗中，加入30mL二氯甲烷，振摇后静置分层[6]。有机层转入250mL干燥的锥形瓶中，水层再用30mL二氯甲烷萃取一次，合并有机层，加适量无水硫酸镁振摇，使溶液清亮、透明。

把干燥后的二氯甲烷溶液转移到100mL干燥的圆底烧瓶中，加入沸石，水浴蒸馏回收二氯甲烷，蒸干后烧瓶壁上有固体物出现。含咖啡因的残渣用丙酮-石油醚重结晶。将蒸去二氯甲烷的残渣，在回流下逐步加入丙酮使固体完全溶解。然后滴加60～90℃石油醚，使溶液恰好浑浊，冷却结晶，抽滤，收集产物，干燥后称重、测熔点。

【注意事项】

(1) 索式提取器的虹吸管极易折断，装置仪器和取拿时要特别小心。

(2) 圆柱形的滤纸筒大小要合适，既能紧贴器壁，又能方便取放。其高度不能超过虹吸管；滤纸包茶叶时要严密，防止漏出堵塞虹吸管。

(3) 瓶中的乙醇不可蒸得太干，否则残液很黏，转移时损失很大，可以加入3～5mL乙醇以利于转移。

(4) 生石灰起吸水和中和作用，以除去部分酸性杂质。

(5) 升华操作是实验成败的关键。升华过程中，始终都需用小火间接加热，慢速升温，若温度太高或太快，会使产物冒烟炭化。指示升华的温度计应贴近蒸发皿底部，正确反映出升华的温度。若无砂浴，也可将蒸发皿底部稍离开石棉网进行加热，并在附近悬挂温度计指示温度。

(6) 若界面处产生乳化层，可在一小玻璃漏斗的颈口放置一小团棉花，棉花上放置约1cm厚的无水硫酸镁，从分液漏斗直接将下层的有机相滤入干燥的锥形瓶中。

【思考题】

(1) 试述索氏提取器的萃取原理，它和一般的浸泡萃取比较有哪些优点？

(2) 进行升华操作时应注意哪些问题？

(3) 除可用乙醇提取外，还可采用哪些溶剂提取？

(4) 从茶叶中提取的粗咖啡因呈绿色，为什么？

(5) 蒸馏回收二氯甲烷时，馏出液为何出现浑浊？

(6) 提取咖啡因时方法一中用到生石灰，方法二中用到碳酸钠，它们各起什么作用？

实验 50　红辣椒中色素的分离（Isolation of Pigments from Pimiento）

【实验目的】

(1) 学习从红辣椒中提取分离红色素的方法；

(2) 巩固薄层色谱和柱色谱方法分离和提取天然产物的原理和实验方法。

【实验原理】

红辣椒中含有多种色素，已知的有辣椒红、辣椒玉红素和β-胡萝卜素，它们都属于类胡萝卜素类化合物，从结构上说都属于四萜化合物。其中辣椒红是以脂肪酸酯的形式存在的，它是辣椒显深红色的主要因素。辣椒玉红素可能也是以脂肪酸酯的形式存在的。

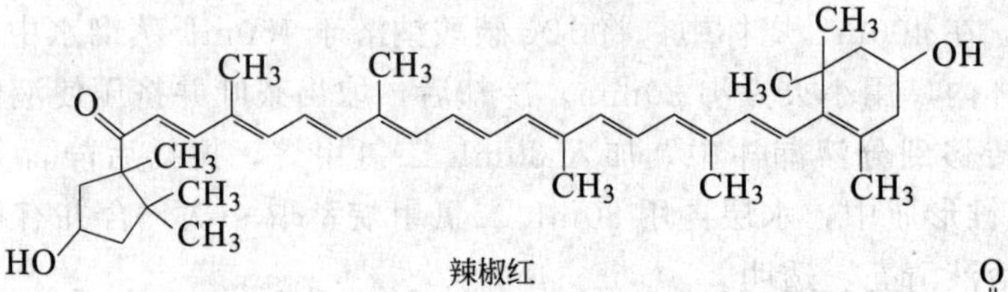

辣椒红

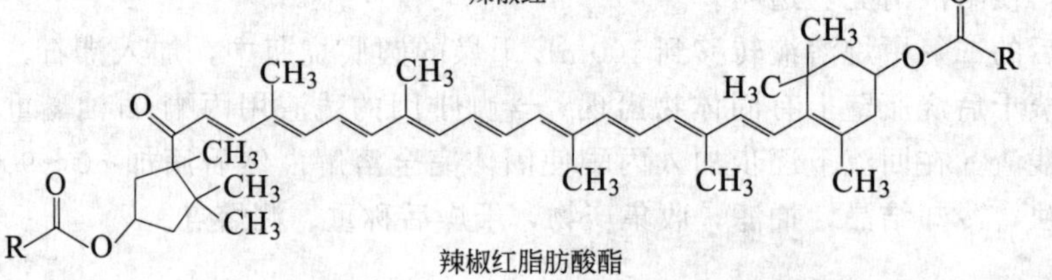

辣椒红脂肪酸酯

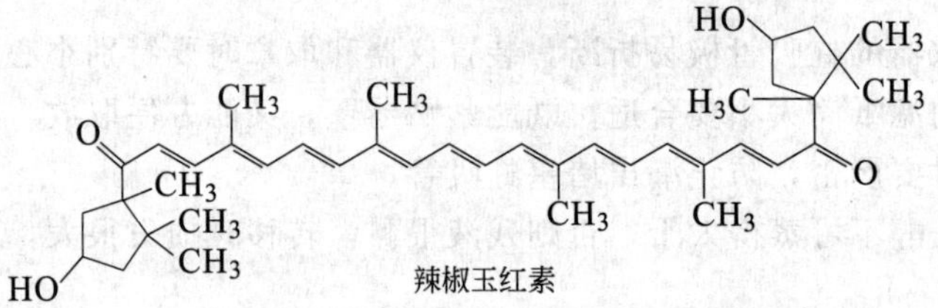

辣椒玉红素

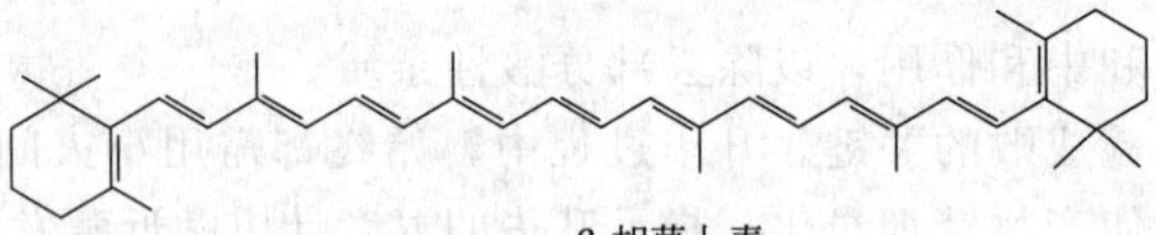

β-胡萝卜素

本实验是以二氯甲烷为萃取溶剂，从红辣椒中萃取出色素，经浓缩后用薄层色谱法作初步分析，再用柱色谱法分离出红色素，用红外光谱鉴定并测定其紫外吸收光谱。

【实验步骤】

(1) 色素的提取和浓缩　将干的红辣椒剪碎研细，称取 2g，置于 25mL 圆底烧瓶中，加入 20mL 二氯甲烷和 2～3 粒沸石，装上回流冷凝管，水浴加热回流 30～40min[1]，冷至室温后抽滤。将所得滤液用水浴加热蒸馏浓缩至约 5mL 残液，即为混合色素的浓缩液。

(2) 薄层色谱分离　用实验 11 中所述方法铺制硅胶薄层板（2.5cm×7.5cm）6块，晾干并活化后取出一块，用毛细点样管汲取前面制得的混合色素浓缩液点样，用石油醚（30～60℃）：二氯甲烷＝1∶3（体积比）的混合液作展开剂[2]，展开后记录各斑点的位移、颜色并计算其 R_f。已知最大的三个斑点是辣椒红的脂肪酸酯、辣椒玉红素和 β-胡萝卜素，试根据它们的结构分别指出这三个斑点的归属。

(3) 柱色谱分离　选用内径 1cm、长约 20cm 的色谱柱，按照实验 11 中所述的方法，用硅胶 10g(100～200 目）在二氯甲烷中装柱。柱装好后用滴管汲取混合色素的浓缩液[3]，仍按照实验 11 中的方法将混合液加入柱顶。小心冲洗内壁后改用石油醚：二氯甲烷＝3∶8（体积比）的石油醚（30～60℃)-二氯甲烷混合液洗脱[4]，用不同的接受瓶分别接收先流出柱子的三个色带。当第三个色带完全流出后停止洗脱。

(4) 柱效和色带的薄层检测　取 3 块硅胶薄层板，画好起始线，用不同的毛细点样管点样。每块板上点两个样，其中一个是混合色素浓缩液，另一个分别是第一、第二、第三色带。仍用体积比为 1∶3 的石油醚-二氯甲烷混合液作展开剂展开。比较各色带的 R_f，指出各色带是何化合物？观察各色带点样展开后是否有新的斑点产生，评估柱色谱分离是否达到了预期效果。

(5) 红色素的红外光谱鉴定和紫外吸收　将柱中分得的红色带浓缩蒸发至干，充分干燥后用溴化钾压片法作红外光谱图，与红色素纯样品的谱图相比较，并说明在 3100～3600cm^{-1}区域中为什么没有吸收峰？

用自己分得的红色素作紫外光谱，确定 λ_{max}。

【注意事项】

(1) 也可采用索式提取。

(2) 本展开剂一般能获得良好的分离效果。如果样点分不开或严重拖尾，可酌减点样量或稍增二氯甲烷比例。

(3) 混合色素浓缩液应留出 1～2 滴作第（4）步使用。

(4) 此洗脱剂一般可获得良好的分离效果。如色带分不开，可酌增二氯甲烷的比例。

【思考题】

(1) 色谱柱中有气泡会对分离带来什么影响？如何除去气泡？

(2) 如果欲直接用纸色谱法以乙酸乙酯展开辣椒色素的提取液，试比较辣椒红脂肪酸酯、辣椒玉红素和 β-胡萝卜素的 R_f？

实验 51　菠菜叶色素的分离（Isolation of Pigments from Spinach）

【实验目的】

(1) 学习从菠菜叶中提取色素的原理和方法；

(2) 学习柱色谱、薄层色谱法的方法。

【实验原理】

绿色植物的叶、茎中都含有叶绿素（绿）、叶黄素（黄色）和胡萝卜素（橙色）等各种天然色素。

叶绿素属于卟啉化合物，有 A 和 B 两种异构体，不溶于水，而溶于苯、乙醚、氯仿和丙酮等有机溶剂中。叶绿素 A 为蓝黑色固体，在乙醇溶液中呈蓝绿色；叶绿素 B 为暗绿色固体，在乙醇溶液中呈黄绿色。叶绿素是植物进行光合作用必需的催化剂。

胡萝卜素是一种橙黄色的天然色素，属于四萜，有 α、β、γ 三种异构体。三种异构体在结构上的区别只在于分子的末端。在植物体中，以 β-异构体的含量最高。

叶黄素是一种黄色色素，是胡萝卜素的羟基衍生物，较易溶于乙醇，在石油醚中溶解度较小。秋天，植物的叶绿素被破坏后，叶黄素的颜色才被显示出来。

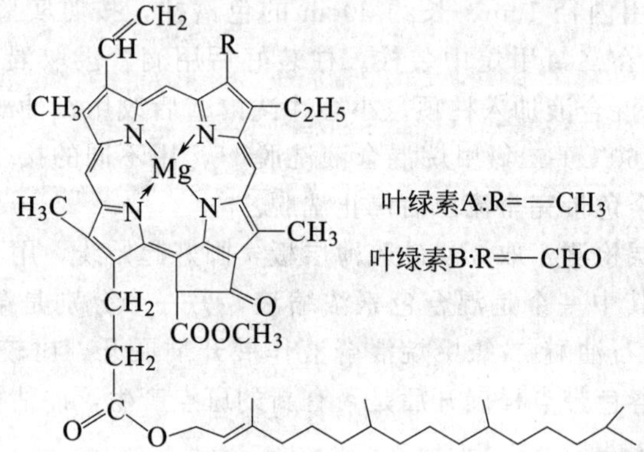

叶绿素A:R=—CH_3

叶绿素B:R=—CHO

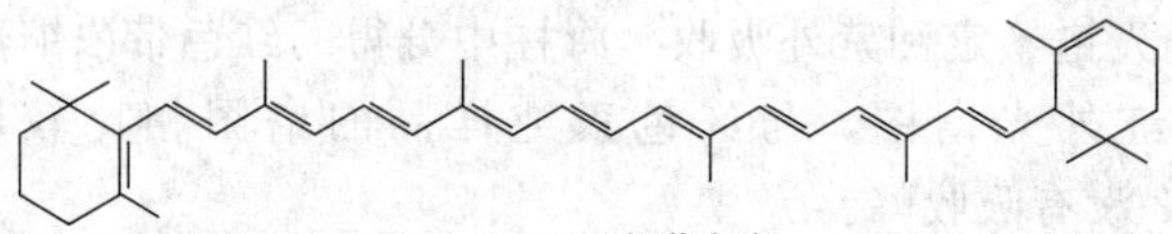

α-胡萝卜素

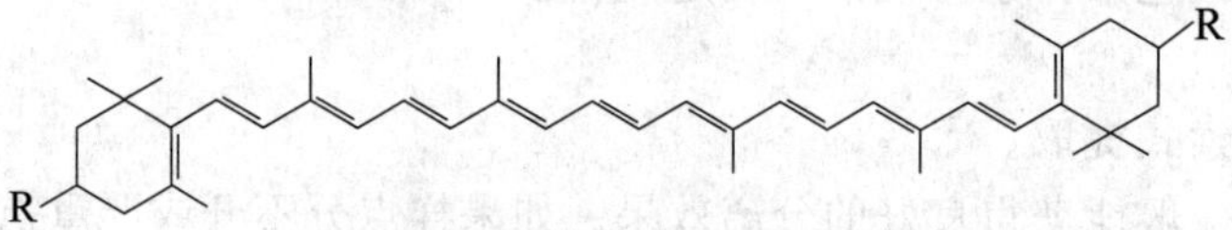

β-胡萝卜素(R=H),叶黄素(R=OH)

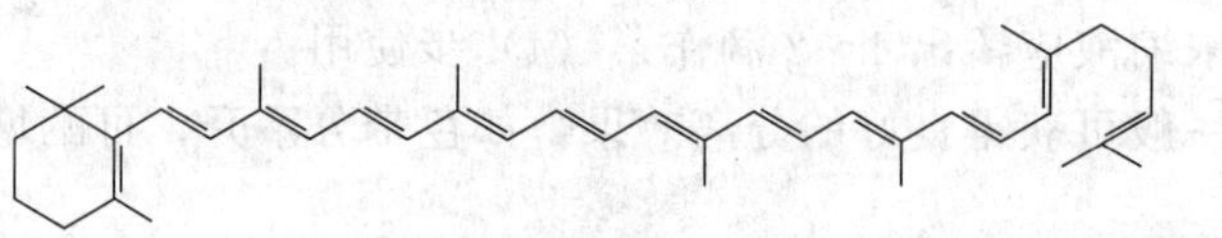

γ-胡萝卜素

本实验以石油醚（30～60℃）和乙醇为混合溶剂，从菠菜叶中提取上述各种色素，再用薄层色谱和柱色谱法进行分离。

柱色谱分离时，因胡萝卜素的极性最小，用石油醚-丙酮即可将其洗脱；叶黄素的极性稍强，可增加洗脱剂中丙酮的比例；叶绿素的极性最大，可改用极性较强的混合溶剂。

【实验步骤】

（1）菠菜叶色素的提取　称取 5g 洗净后的新鲜（或冷冻）菠菜叶[1]，剪碎后放于研钵中，加入 10mL 2∶1（体积比）的石油醚和乙醇的混合溶液，适当研磨约 5min 后[2]，减压过滤，滤渣放回研钵，用 20mL 体积比为 2∶1 的石油醚-乙醇混合溶液萃取 2 次，每次需研磨并且抽滤。

合并深绿色萃取滤液，转入分液漏斗中，加入 10mL 饱和 NaCl 溶液洗涤[3]，分去水层，有机层再用等体积的蒸馏水洗涤两次[4]。将有机层转入一干燥的小锥形瓶中，加 2g 无水 Na_2SO_4 干燥。干燥后的提取液滤入圆底烧瓶，常压蒸馏（或旋转蒸发）回收有机溶剂，剩余约 5mL 停止蒸馏，得菠菜色素粗品浓缩液。

(2) 薄层色谱分离　取4块显微镜载玻片，用硅胶G经0.5%羧甲基纤维素钠溶液调制后制板，晾干后于110℃活化1h。

展开剂：a. 石油醚：丙酮=4：1（体积比）；

b. 石油醚：乙酸乙酯=3：2（体积比）。

在薄板上点样后，小心放入加有展开剂的层析缸中，当溶剂前沿上升至距薄板的上端1cm时，取出薄板，在前沿处画一直线，晾干，并进行测量，分别计算R_f。

分别用展开剂a和展开剂b，比较不同展开剂系统的展开效果。观察斑点在板上的位置，并排列出胡萝卜素、叶绿素和叶黄素的R_f的大小顺序。注意在更换展开剂时，应干燥层析缸，不允许将前一种展开剂带入后　系统中。

(3) 柱色谱分离　在长20cm、内径为1cm色谱柱中加入2/3高度的石油醚，用20g色谱用中性氧化铝（150～160目）进行干法装柱（见柱色谱基本操作）。

将上述菠菜色素浓缩液用滴管小心加到色谱柱顶部，加完后打开下端活塞，放出溶剂，使液面下降到柱面以上1mm左右，关闭活塞，加入数滴石油醚，重新打开活塞，重复数次，使有色物质全部进入柱体内。

在色谱柱顶部安装一滴液漏斗，内装石油醚-丙酮（体积比为9：1）洗脱剂进行洗脱，保持流出速率。当第一个有色物质流出时换另一个锥形瓶接收，即得橙黄色溶液，这就是胡萝卜素。可以点板测定R_f或进行紫外光谱分析。

用体积比为7：3的石油醚-丙酮继续进行洗脱，分出第二个黄色带，这就是叶黄素[5]。再用体积比为3：1：1的丁醇-乙醇-水洗脱，可以得到蓝绿色的叶绿素A和黄绿色的叶绿素B。将分离得到的三种物质进行薄层分析测定R_f，与前面薄层色谱的结果进行比较。

(4) 紫外光谱测定　将柱色谱操作中接收到的第一色带用石油醚稀释后加到1cm的比色杯中，以石油醚对照，利用紫外-可见分光光度计测定其在400～600nm范围内的吸收，确定最大吸收波长。

【注意事项】

(1) 菠菜叶用新鲜或冷冻的均可，若用冷冻的，解冻后要包在纸内轻压吸去水分。

(2) 不要研成糊状，否则会给分离造成困难。

(3) 用饱和NaCl溶液洗涤，以防止萃取液形成乳浊液。

(4) 洗涤时要轻轻振摇，以防产生乳化现象。

(5) 从嫩绿的菠菜得到的提取液中，叶黄素的含量很少，不容易分出黄色色带。

【思考题】

(1) 比较叶绿素、叶黄素和胡萝卜素三种色素的极性，为什么胡萝卜素在色谱柱中移动最快？

(2) 若实验时不小心将斑点浸入展开剂中，会产生什么后果？

(3) 样品斑点过大对分离效果会产生什么影响？

实验52　从黄连中提取黄连素

(Extraction of Berberine from Rbizoma Coptidis)

【实验目的】

(1) 学习从中药中提取生物碱——黄连素的原理和方法；

（2）进一步熟练掌握固液提取的装置及方法。

【实验原理】

黄连为多年生草本植物，为我国名贵药材之一。黄连中含有多种生物碱，主要有效成分为黄连素（俗称小檗碱，berberine）。含黄连素的植物很多，如黄柏、三颗针、伏牛花、白屈菜、南天竹等均可作为提取黄连素的原料，但以黄连和黄柏含量为高。

黄连素是一种抗菌药物，用于治疗细菌性痢疾、肠炎、上呼吸道感染和急性肠胃炎等。我国现用合成法生产医用黄连素药物。自然界中，黄连素主要以季铵碱的形式存在，作为药品使用时常以其盐酸盐的形式存在。其结构式为：

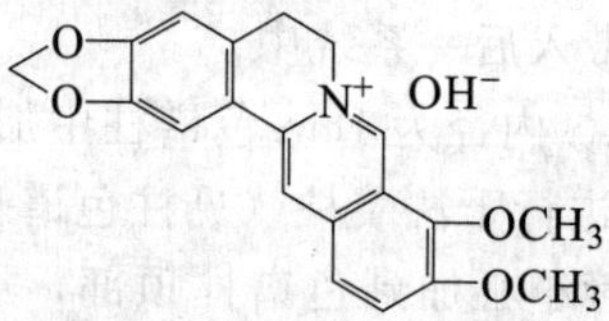

黄连素是黄色的针状结晶，其水溶液具有黄绿色荧光，微溶于冷水和冷乙醇，较易溶于热水和热乙醇中，难溶于丙酮、氯仿、乙醚及苯。盐酸盐难溶于冷水，但易溶于热水，而硫酸盐则易溶于水，本实验就是利用这些性质来提取黄连素的。

【实验步骤】

（1）方法一　称取 5g 中药黄连，剪碎，加入到盛有 100mL[2mL 浓硫酸与 98mL 水（体积比 1∶49）] 硫酸溶液的烧杯中，搅拌加热至微沸[1]，并保持微沸约 30min。其间应适当加水，保持原有的体积。冷却后抽滤，将滤液用 1∶1 的盐酸调至 pH 为 1～2，然后加食盐饱和（约 10g），放置 5h 即析出盐酸黄连素，抽滤，得到粗产品。

将粗产品加热水煮沸至刚好溶解，用石灰乳调节到 pH 为 8.5～9.8，稍冷，滤除杂质，蒸发浓缩至 10mL 左右，用冰水浴冷却，即有黄连素结晶析出。抽滤得黄连素晶体。在50～60℃的烘箱中慢慢烘干。测熔点，称重，晶体留作薄层色谱使用。

纯的黄连素为黄色针状晶体，熔点 145℃。

（2）方法二　称取 5g 中药黄连，剪碎磨成粉状，装入滤纸筒中，放入索氏提取器中，在烧瓶中加入 80～100mL 乙醇，水浴加热回流提取，直到提取液颜色较浅为止（约 2.5h），待冷凝液刚刚虹吸下去时，立即停止加热。稍冷后，改成蒸馏装置[2]，用水浴加热蒸馏，把提取液中的大部分乙醇蒸出（回收），残液为棕红色糖浆时，停止蒸馏。然后往残液中加入 1% 醋酸（约 30～40mL）加热溶解，趁热抽滤以除去不溶物，然后往滤液中滴加1∶1盐酸至溶液浑浊为止（pH 为 1～2），冰水浴冷却，即有盐酸黄连素析出。后续步骤同方法一。

（3）黄连素的薄层色谱分离　参照薄层色谱法制备氧化铝薄层板 2 块。向 10mL 1% 羧甲基纤维素钠溶液中加入 5g Al_2O_3，搅拌，铺在 8cm×3cm 的玻璃板上，活化。

取少量黄连素结晶溶于 2mL 乙醇中（必要时可在水浴中加热片刻）。在离薄层板一端 1cm 处，用铅笔（勿用红蓝铅笔）轻轻画一直线。取毛细点样管插入样品溶液中，于铅笔画线处轻轻点样 1～2 次。

以 9∶1（体积比）的氯仿和甲醇为展开剂[3]，小心倒入 200mL 的广口瓶中（作展开槽用）。将点好样品的薄层板小心放入瓶中，点样一端在下，浸入展开剂内约 0.5cm。盖好瓶盖，细心观察展开剂前沿上升到离板的上端约 1cm 处时取出，即用铅笔在前沿处画一记号，晾干，计算黄连素的 R_f。

【注意事项】

(1) 如果温度过高，溶液剧烈沸腾，则黄连中的果胶等物质也被提取出来，使得后面的过滤难以进行。

(2) 也可用旋转蒸发器进行减压蒸馏操作，除去并回收乙醇。

(3) 也可用硅胶 G 作为吸附剂对产品进行薄层色谱，展开剂为正丁醇：乙醇：水（体积比）=7：1：2 的溶剂。

【思考题】

(1) 在黄连素的提取实验中，用稀硫酸浸泡黄连，而后又加入盐酸，析出黄连素。反之可行吗？为什么？

(2) 本实验黄连素的提取方法是根据黄连素的什么性质来设计的？

(3) 调 pH 为何用石灰乳，用氢氧化钠是否可以？为什么？

实验 53　从烟草中提取烟碱（Extraction of Nicotine from Tobacco）

【实验目的】

(1) 学习从烟草中提取烟碱的基本原理和方法，初步了解烟碱的一般性质；

(2) 进一步学习水蒸气蒸馏法分离提纯有机物的基本原理和操作技术。

【实验原理】

烟草中含有多种生物碱，除主要成分烟碱（约含 2%～8%）外，还含有去甲基烟碱（即降烟碱）、假木贼碱（即新烟碱）和至少七种微量的生物碱。烟碱是由吡啶和 *N*-甲基四氢吡咯两种杂环组成的含氮碱，又称尼古丁，纯品为无色油状液体，沸点 246℃，具有旋光性（左旋），能溶于水和许多有机溶剂。其结构式为：

N　N　CH_3

烟碱是含氮的碱性物质，很容易与盐酸反应生成烟碱盐酸盐而溶于水，因此可用稀盐酸提取，在酸的提取液中加入强碱 NaOH 后可使烟碱游离出来。游离烟碱在 100℃左右具有一定的蒸气压，因此，可用水蒸气蒸馏法分离提取。

由于烟碱分子内有两个氮原子，故碱性比吡啶强，可以使红色石蕊试纸变蓝，也可以使酚酞试剂变红。烟碱与其他生物碱一样，可以与生物碱试剂，如碘化汞钾、柠檬酸、磷钨酸、苦味酸（2,4,6-三硝基苯酚）等形成难溶性化合物，容易被高锰酸钾氧化而生成烟酸。

【实验步骤】

(1) 烟碱的提取　称取烟叶 5g 于 100mL 圆底烧瓶中，加入 10%HCl 溶液 50mL，装上球形冷凝管回流 20min。待瓶中反应混合物冷却后倒入烧杯中，在不断搅拌下慢慢滴加 40%NaOH 溶液至呈明显的碱性(1)（用红色石蕊试纸检验）。然后将混合物转入 500mL 长颈圆底烧瓶中（或三口瓶），安装好水蒸气蒸馏装置进行水蒸气蒸馏(2)，收集约 40mL 提取液(3)后，停止烟碱的提取。

(2) 烟碱的一般性质

① 碱性试验　取一支试管，加入 10 滴烟碱提取液，再加入 1 滴 0.1%酚酞试剂，振荡，

观察有何现象？

② 烟碱的氧化反应　取一支试管，加入20滴烟碱提取液，再加入1滴0.5% $KMnO_4$溶液和3滴5% Na_2CO_3溶液，摇动试管，微热，观察溶液颜色是否变化，有无沉淀产生？

③ 与生物碱试剂反应

a. 取一支试管，加入10滴烟碱提取液，然后逐滴滴加饱和苦味酸[4]，边加边振荡，观察有无黄色沉淀生成。

b. 另取一支试管，加入10滴烟碱提取液和5滴0.5% HAc溶液，再加入5滴碘化汞钾试剂，观察有无沉淀生成？

【注意事项】

(1) 目的是使烟碱盐酸盐转变成游离烟碱，以便于随水蒸气蒸出。

(2) 蒸馏时不能沸腾太剧烈，以免很细的固体物产生泡沫，冲出蒸馏瓶进入接受瓶，影响提取物的质量。

(3) 烟碱是剧毒物，致死剂量约为60mg，因此操作时务必小心。如不慎手上沾有烟碱提取液，应用水冲洗后再用肥皂擦洗。

(4) 苦味酸是一种烈性炸药，使用时应注意正确操作和安全防护。

【思考题】

(1) 为何要用盐酸溶液提取烟碱？

(2) 水蒸气蒸馏提取烟碱时，为何要用40% NaOH溶液中和至呈明显的碱性？

(3) 与普通蒸馏相比，水蒸气蒸馏有何特点？

实验54　从花椒籽中提取花椒油
(Extraction of Pepper Oil from Pepper Seeds)

【实验目的】

(1) 熟悉水蒸气蒸馏的原理、应用条件及应用范围；

(2) 学习并掌握水蒸气蒸馏、溶剂萃取、常压蒸馏等基本操作。

【实验原理】

花椒油是一种香精油，存在于植物组织的腺体或细胞内，也可存在于植物的各个部位，但更多地存在于植物的籽和花中。常用的调味品花椒籽中含有较多的花椒油，主要成分为花椒烯、水芹烯、香叶醇、香茅醇、乙醇香叶酯等。它不溶于水，溶于乙醇、乙醚等有机溶剂。

花椒油具有一定的挥发性，可用水蒸气蒸馏，从花椒中分离出来，然后用乙醚萃取馏出液中的花椒油，最后蒸除乙醚即可得到花椒油。

【实验步骤】

(1) 花椒油的提取　在水蒸气发生瓶中加入约占容器2/3的水，旋开T形管的螺旋夹，开始加热。称取10g花椒粉装入250mL圆底烧瓶中，加入50mL水[1]，安装好仪器装置。当有大量水蒸气产生并从T形管的支管冲出时，立即旋紧螺旋夹，水蒸气便进入蒸馏瓶中，开始蒸馏[2]。与此同时，接通冷却水，用锥形瓶收集馏出物。调节加热速率，控制馏出液的速率约为每秒钟2～3滴。如由于水蒸气的冷凝而使蒸馏瓶内液体量增加，可适当加热蒸馏瓶。当馏出液无明显油珠、澄清透明时，打开T形管的螺旋夹，与大气保持相通，然后

移去热源，关闭冷凝水，停止水蒸气蒸馏，否则可能发生倒吸现象。

(2) 花椒油的分离　在馏出液中加入 30～50g 食盐进行饱和后，将馏出液倒入分液漏斗中，每次用 15mL 乙醚萃取两次，静置分层，弃去水层，合并萃取醚层，用少量无水 Na_2SO_4 干燥醚层。

将干燥后的馏出液用玻璃丝棉慢慢滤入干燥、洁净并预先称重的 50mL 圆底烧瓶中，安装蒸馏装置，用电热套小心加热回收乙醚，残留物即为花椒油[3]。称重，计算得率。

花椒油为黄色液体，具有花椒的特殊辛香气味，d_4^{15} 0.866～0.867，n_D^{20} 1.467～1.469，$[\alpha]_D^{20}$ +7°～−13°。

【注意事项】

(1) 250mL 烧瓶中加水量不能太多，否则瓶中液体跳溅剧烈会冲出烧瓶。

(2) 整个蒸馏过程中应保持气路畅通，谨防蒸馏瓶中气管堵塞。

(3) 所得花椒油量很少，操作时要仔细。

【思考题】

(1) 与普通蒸馏相比，水蒸气蒸馏有何特点？在什么情况下采用水蒸气蒸馏的方法进行分离提取？

(2) 停止水蒸气蒸馏时，为什么要先打开螺旋夹，再停止加热？

(3) 用乙醚萃取馏出液中的花椒油之前，为什么要加入食盐使馏出液饱和？

实验 55　花生油的提取 (Extraction of Peanut Oil)

【实验目的】

(1) 学习液-固萃取的原理和方法；

(2) 巩固索氏提取器的原理及操作技术。

【实验原理】

油脂是高级脂肪酸甘油酯的混合物，种类繁多，均可溶于乙醚、苯、石油醚等脂溶性有机溶剂，常采用有机溶剂连续萃取法从油料作物中萃取得到。

本实验以烘干粉碎的花生粉为原料，以沸程为 60～90℃的石油醚为溶剂，在索氏提取器中进行油脂的连续提取，然后蒸馏回收溶剂，即得花生粗油脂，粗油脂中含有一些脂溶性色素、游离脂肪酸、磷脂、胆固醇及蜡等杂质。索氏提取器提取的原理见 2.6.3 节。

【实验步骤】

称取 10g 花生粉[1]（提前烘干并粉碎）装入滤纸筒[2]内密封好，放入索氏提取器中。向十燥洁净的烧瓶内加入 65mL 石油醚和几粒沸石，连接好装置（见图 2-26）。接通冷凝水，用电加热套加热，回流提取 1.5～2h，控制回流速率 1～2 滴/s[3]。当最后一次提取器中的石油醚虹吸到烧瓶中时，停止加热。

冷却后，将提取装置改成蒸馏装置，用电加热套小心加热回收石油醚[4]。待温度计读数明显下降时，停止加热，烧瓶中的残留物为粗油脂。待烧瓶内油脂冷却后，将其倒入一量筒内量取体积，计算油脂的得率（粗油脂的密度为 0.9g/mL)。

花生油为淡黄透明液体，d_4^{15} 0.911～0.918，n_D^{20} 1.468～1.472。

【注意事项】

(1) 花生仁研得越细，提取速率越快。但太细的花生粉会从滤纸缝中漏出，堵塞虹吸管或随石油醚流入烧瓶中。

(2) 滤纸筒的直径要略小于提取器的内径，其高度要超过虹吸管，但样品高度不得高于虹吸管的高度。

(3) 回流速率不能过快，否则冷凝管中冷凝的石油醚会被上升的石油醚蒸气顶出而造成事故。

(4) 蒸馏时加热温度不能太高，否则油脂容易焦化。

【思考题】

(1) 试述索氏提取器的萃取原理。它和一般的浸泡萃取比较有哪些优点？

(2) 本实验采取哪些措施以提高花生油的出油率？

第5章 有机化合物的性质实验

(Property Experiments of Organic Compounds)

有机化合物的性质实验包括元素分析及官能团分析两方面的定性分析内容。通过元素分析可知某一有机化合物的元素组成，为元素的定量分析和官能团定性分析奠定基础。官能团定性分析是利用有机化合物中各官能团所具有的不同特性，能与某些试剂作用产生的特殊颜色或沉淀等现象，而与其他化合物区别。官能团定性实验具有操作简便、反应快的特点，对确定有机化合物的结构有很大帮助。

随着科学的发展，在有机分析领域中已出现多种现代化的分析仪器，其中色谱、质谱、核磁共振、红外光谱及紫外光谱等已普遍应用于有机化合物的分离、纯化及结构鉴定，然而经典的化学法目前仍为一种很有效的方法。本章主要介绍官能团定性实验。

实验56 烃的性质（Properties of Hydrocarbons）

【实验目的】

（1）掌握烃的主要化学性质，进一步理解不同烃类的性质与结构的关系；

（2）熟悉乙炔的制备方法及各种烃的鉴别方法。

【实验原理】

乙炔通常采用电石和水反应制备。烷烃和环烷烃（如环己烷）只含有单键σ-键，在一般条件下比较稳定，特殊条件下可发生一些反应，如取代反应。

不饱和烃（烯烃、炔烃）含有碳碳双键或三键，易发生加成和氧化反应。如烯烃和炔烃可以与溴发生加成反应，使溴的红棕色消失。当两者被酸性高锰酸钾溶液氧化时，使紫色高锰酸钾溶液褪色生成褐色的二氧化锰沉淀。

与 $AgNO_3$ 或 Cu_2Cl_2 的氨溶液生成白色或砖红色沉淀可用以鉴别端炔［(H)RC≡CH］。

芳香烃由于具有芳香性，容易发生亲电取代反应而不易发生氧化和加成反应。苯环上的氢常被—X、—NO_2、—SO_3H、—R、—COR等取代。必须注意发生二取代时，第二个取代基取代的活性和位置与第一个取代基的性质有关。

【实验步骤】

（1）乙炔的制备　在250mL干燥的蒸馏烧瓶中放入少许干净的河砂，小心加入6g碳化钙（电石），瓶口装上恒压漏斗[1]，烧瓶支管连接装有饱和硫酸铜溶液的洗气瓶[2]，如图5-1所示，恒压漏斗中加入15mL饱和食盐水[3]，小心打开活塞使食盐水慢慢滴入烧瓶中，即有乙炔生成，注意控制反应速率。

（2）与溴的四氯化碳溶液反应　于干燥的试管中加入2mL 2%溴的四氯化碳溶液，加入4滴试样（用乙炔时，则在试管溶液中通入乙炔气体1～2min，下同），振荡，观察实验现象并解释。

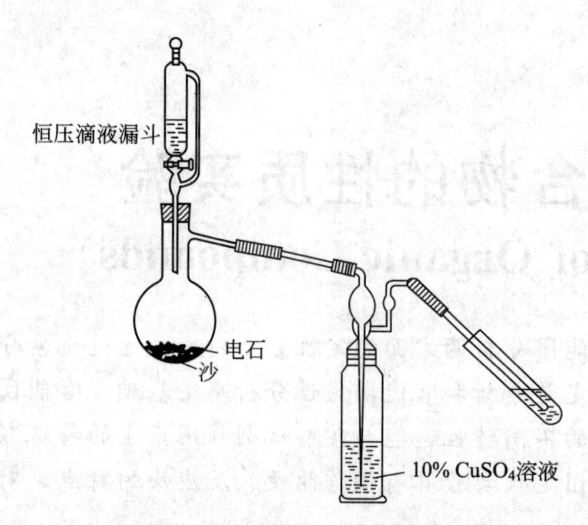

图 5-1　乙炔制备实验装置

试样：环己烷、环己烯、乙炔、苯。

(3) 与高锰酸钾溶液反应　于干燥的试管中加入 2mL 1%高锰酸钾溶液，加入 2 滴试样，振荡，观察实验现象并解释。

试样：环己烷、环己烯、乙炔、苯。

(4) 鉴别炔类化合物的反应[4]

① 与硝酸银的氨溶液反应　在试管中加入 1mL 2%硝酸银溶液，加入 1 滴 10%氢氧化钠溶液，再滴入 2%氨水使生成沉淀而又完全溶解，再多加 2 滴，通入乙炔气体，观察现象并解释，所得产物应用 1∶1 硝酸处理。

② 与氯化亚铜氨溶液的反应　取绿豆粒大小的固体氯化亚铜溶于 1mL 水中，再滴加浓氨水至沉淀完全溶解，通入乙炔气体，观察现象并解释，所得产物应用 1∶1 硝酸处理。

(5) 芳香烃的硝化反应　在干燥的试管中加入 3mL 浓 HNO_3，在冷却下逐滴加入 4mL 浓 H_2SO_4，冷却振荡，然后将混酸分成两份，分别在冷却下滴加 1mL 苯、甲苯，充分振荡，置于 60℃水浴中加热数分钟，然后分别倾入 10mL 冷水中，观察现象并解释[5]。

【注意事项】

(1) 使用恒压滴液漏斗，可保持反应器和漏斗中的压力平衡，保证食盐水顺利加入。

(2) 碳化钙中常含有硫化钙、磷化钙等杂质，它们与水作用，产生硫化氢、磷化氢等气体夹杂在乙炔中，使乙炔具有恶臭，故通过饱和硫酸铜溶液，把这些杂质氧化除去。

(3) 饱和食盐水代替水，可以平稳而均匀地产生乙炔。

(4) 干燥的乙炔银及乙炔亚铜受热或振动时易发生爆炸，所以鉴定试验完毕后，应立即加浓盐酸或硝酸使之分解，以免发生危险。

(5) 硝基苯有苦杏仁味，有毒，吸入过量或被皮肤吸收可引起中毒。

【思考题】

(1) 由电石制取乙炔时，所得乙炔可能含有哪些杂质？在实验中应如何除去这些杂质？

(2) 实验中生成的金属炔化物为什么要用硝酸处理？

(3) 现有 3 个试剂瓶，分别装有石油醚（主要为戊烷和己烷）、环己烯和苯乙炔，如何用化学方法鉴别？

(4) 甲苯的硝化为何比苯容易？

实验 57　卤代烃的性质（Properties of Halohydrocarbons）

【实验目的】

(1) 理解不同烃基结构和卤原子对卤代烃化学反应活性的影响；

(2) 掌握卤代烃的鉴别方法。

【实验原理】

卤代烃主要化学性质是能发生亲核取代反应（S_N），由于反应物的结构不同、反应条件

差异和亲核试剂的强弱等因素的影响，卤代烃的亲核取代反应分为单分子亲核取代反应（S_N1）和双分子亲核取代反应（S_N2）两种。一般情况下，极性溶剂、叔卤代烃（烯丙型卤代烃）主要以S_N1机理进行；非极性溶剂、伯卤代烃主要以S_N2机理进行。

不同烃基结构的卤代烷发生S_N2反应时，反应活性的顺序为：CH_3X＞伯卤代烷＞仲卤代烷＞叔卤代烷。

不同烃基结构的卤代烷发生S_N1反应时，反应活性的顺序为：叔卤代烃＞仲卤代烃＞伯卤代烃＞CH_3X。

烃基结构相同时，不同的卤原子由于其离去倾向不同而反应速率不同，RI＞RBr＞RCl＞RF，故碘离子可以取代其他卤代烃中的卤原子。

不同结构的卤代烯烃、卤代芳烃发生亲核取代反应的活性不同，活性顺序为：

烯丙基型卤代烃
苄基型卤代烃 ＞卤代烷烃＞ 乙烯基型卤代烃
芳基型卤代烃

利用不同卤代烃发生亲核取代反应活性的差异，与$AgNO_3$的醇溶液反应时，由于生成卤化银的速率不同，可以鉴别各种不同类型的卤代烃。活泼卤代烷通常在3min内生成沉淀，中等活性的卤代烷温热生成沉淀，乙烯基型和芳基型卤代烃加热也不产生沉淀。

【实验步骤】

（1）与硝酸银的反应[(1)]

① 烃基结构对反应活性的影响　取4支干燥的试管，各加入饱和硝酸银乙醇溶液1mL，然后分别加入2～3滴试样，振荡试管，观察现象并解释[(2)]。

试样：1-氯丁烷、2-氯丁烷、2-甲基-2-氯丙烷、苄氯。

② 不同卤原子对反应活性的影响　取3支干燥的试管，各加入饱和硝酸银乙醇溶液1mL，然后分别加入2～3滴试样，观察现象并解释。

试样：1-氯丁烷、1-溴丁烷、1-碘丁烷。

（2）与碘化钠丙酮溶液的反应　取5支干燥的试管，各加入2mL 15%碘化钠无水丙酮溶液，然后分别加入2～3滴试样，混匀，记录生成沉淀的时间，若5min没有沉淀生成，可置于50℃水浴（勿超过50℃）中加热1～2min，冷却，观察现象并解释。

试样：1-溴丁烷、2-溴丁烷、2-甲基-2-溴丙烷、烯丙基氯、溴苯。

【注意事项】

（1）所用试管一定要用蒸馏水冲洗1～2次，且经干燥，否则由于自来水中含有微量的氯离子与硝酸银-乙醇溶液反应生成沉淀，干扰实验结果。

（2）实验现象不明显时可微热。

【思考题】

（1）硝酸银的反应中为什么要用醇溶液而不用水溶液？

（2）卤原子在不同的反应中为什么总是RI＞RBr＞RCl？

实验58　醇和酚的性质（Properties of Alcohols and Phenols）

【实验目的】

（1）进一步认识醇类和酚的重要性质；

（2）掌握醇和酚的鉴别方法。

【实验原理】

在醇中由于羟基能够和水分子之间形成氢键，因此，低级的一元醇和多元醇在水里的溶解度较大。

醇的主要化学性质为取代反应、脱水反应和氧化反应。醇可与活泼金属钠反应放出氢气、生成强碱（RONa），醇钠遇水时可水解得到醇和氢氧化钠；伯醇、仲醇、叔醇与氢卤酸的反应速率明显不同，因此可与卢卡斯（Lucas）试剂反应，根据呈现浑浊的快慢（叔醇＞仲醇＞伯醇），鉴别六个碳以下的伯醇、仲醇、叔醇。

伯醇、仲醇容易发生氧化反应，可使高锰酸钾溶液褪色，可鉴别醇类（伯醇或仲醇），叔醇一般不被氧化。

多元醇能与新制的氢氧化铜反应生成能溶于水的绛蓝色或蓝紫色配合物，可鉴别邻位多元醇。

酚类化合物具有弱酸性，与强碱作用下生成酚盐而溶于水，酸化后可使酚游离出来；大多数酚与三氯化铁溶液作用生成有颜色的配合物，鉴别酚类化合物；酚羟基对芳香环上的亲电取代反应具有活化作用，使苯环易发生取代反应，如苯酚和饱和溴水生成三溴苯酚白色沉淀，此反应也可鉴别苯酚；酚类化合物容易被氧化，生成有色物质。

【实验步骤】

（1）醇的性质

① 比较醇的同系物在水中的溶解度　在 4 支试管中各加入 2mL 水，然后分别滴加甲醇、乙醇、丁醇、辛醇各 10 滴，振荡观察溶解情况，如已溶解则再加 10 滴样品，观察，从而可得出什么结论？

② 醇钠的生成及水解(1)　在一干燥的试管中，加入 1mL 无水乙醇(2)，投入 1 小粒钠，观察现象，检验气体，待金属钠完全消失后，向试管中加入 2mL 水，滴加酚酞指示剂，观察现象并解释。

③ 醇与 Lucas 试剂的反应　在 3 支干燥的试管中，分别加入 0.5mL 正丁醇、仲丁醇、叔丁醇，再加入 2mL Lucas 试剂，充分振荡后静置，保持 26～27℃，观察最初 5min 及 1h 后混合物的变化，并解释(3)。

④ 与 $KMnO_4$ 溶液的反应　在试管中加入 1mL 试样，滴入 2 滴 1% $KMnO_4$ 溶液，振荡，微热观察现象并解释。

试样：乙醇、异丙醇、叔丁醇。

⑤ 多元醇与 $Cu(OH)_2$ 的反应　用 6mL 5% NaOH 及 10 滴 10% $CuSO_4$ 溶液配制成新鲜的 $Cu(OH)_2$，然后一分为二，取 5 滴多元醇样品滴入新鲜的 $Cu(OH)_2$ 中，观察现象并解释。

试样：乙二醇、甘油。

（2）酚的性质

① 苯酚的酸性　在试管中盛放饱和苯酚水溶液 1mL，用玻璃棒蘸取一滴于 pH 试纸上测定其酸性。

两支试管分别取 2mL 苯酚饱和水溶液，第一份中逐滴加入 5% 氢氧化钠至澄清后，滴加稀盐酸至酸性，观察实验现象并解释；第二份中加入 1mol/L 碳酸氢钠，观察实验现象并解释。

② 苯酚与溴水作用　取饱和苯酚水溶液 2 滴，用水稀释至 2mL，逐滴滴入饱和溴水，

产生白色沉淀，继续滴加至淡黄色，将混合物煮沸 1～2min，冷却，再加入 1% KI 溶液数滴及 1mL 苯，用力振荡，观察现象并解释(4)。

③ 苯酚的硝化 在干燥的试管中加入 0.5g 苯酚，滴入 1mL 浓硫酸(5)，沸水浴加热并振荡，冷却后加水 3mL，小心地逐滴加入 2mL 浓 HNO_3 振荡(6)，置沸水浴加热至溶液呈黄色，取出试管，冷却，观察现象并解释。

④ 苯酚的氧化 取饱和苯酚水溶液 3mL，置于干燥的试管中，加 5% Na_2CO_3 0.5mL 及 0.5% $KMnO_4$ 1mL，振荡，观察现象。

⑤ 酚与 $FeCl_3$ 反应 取饱和酚水溶液 2 滴放入试管中，加入 2mL 水，用力振动，再加入 1 滴新配制的 1% $FeCl_3$ 溶液，观察现象(7)。

试样：苯酚、对苯二酚、连苯三酚。

【注意事项】

(1) 本实验应在绝对无水条件下进行，另外除醇外，某些醛、酮、羧酸等含活泼氢的物质也能和钠反应放出氢气，因此在实际工作中很少利用此性质鉴定醇类。

(2) 醇与钠反应时一定要用无水乙醇，未反应完的金属钠要用醇处理，不能直接倒入水中。

(3) 在实验室中常用它来鉴别 6 个碳以下的一元醇。6 个碳以下的一元醇可以溶解在卢卡斯试剂中，而生成的卤代烃因不溶而呈现浑浊，根据呈现浑浊的快慢即可鉴别不同的醇。6 个碳以上的醇类不溶于卢卡斯试剂，与试剂混合即变为浑浊，观察不出反应是否发生。卢卡斯试剂配制方法见附录四。

(4) 苯酚与溴水反应生成 2,4,6-三溴苯酚白色沉淀，继续加溴水则生成 2,4,4,6-四溴-2,5-环己二烯酮黄色沉淀，此沉淀易溶于苯，与碘化钾在酸性溶液中反应析出碘，本身被还原为 2,4,6-三溴苯酚。

(5) 由于苯酚易被浓硝酸氧化，因此加入浓硝酸之前先进行磺化，利用磺酸基将邻、对位保护起来，用—NO_2 置换—SO_3H，所以本实验顺利完成的关键步骤是磺化这一步要较完全。

(6) 加浓硝酸前溶液必须充分冷却，否则会有冲出的危险。

(7) 大多数酚都能与 $FeCl_3$ 反应生成有色配合物，通常呈现的颜色为绿色、蓝色、紫色等。生成何种颜色，取决于化合物的结构。

【思考题】

(1) 什么情况下可用 Lucas 试剂鉴别伯醇、仲醇与叔醇？

(2) 做乙醇与钠反应的实验时，为什么要用无水乙醇，而做醇的氧化实验时可以用 95% 的乙醇？

(3) 如何鉴别醇和酚？

实验 59 醛和酮的性质（Properties of Aldehydes and Ketones）

【实验目的】

(1) 进一步加深对醛、酮主要化学性质的认识；

(2) 掌握鉴别醛、酮的化学方法。

【实验原理】

醛和酮的主要化学性质是易于发生亲核加成反应，如与2,4-二硝基苯肼反应生成腙，产物为黄色或橙色晶体，可用于鉴别醛和酮；与饱和亚硫酸氢钠的加成反应中，由于空阻效应，只有醛和脂肪族甲基酮能与过量的亚硫酸氢钠的饱和溶液（40%）在室温下反应，生成白色沉淀析出。

醛和酮的α-H受羰基的影响，可发生卤代反应。具有CH_3CO—R(H)结构的醛和甲基酮以及具有$CH_3CH(OH)$—H(R)结构的醇能发生碘仿反应，生成黄色结晶碘仿（CHI_3），可用于上述结构化合物的鉴别。

醛可以与席夫（Schiff）试剂（又称品红试剂）反应，显示红色，酮则不反应，并且醛中只有甲醛与Schiff试剂反应显示红色，再加硫酸后不褪色。此反应不仅可区别醛和酮，而且可把甲醛和其他醛区别开。

醛比酮易被氧化，不仅能被强氧化剂如铬酸氧化，而且可被弱氧化剂氧化成羧酸，如与托伦（Tollen）试剂作用，可生成沉淀Ag，可用来鉴别醛；脂肪醛与费林（Fehling）试剂或本尼迪克（Benedict）试剂作用，可生成氧化亚铜砖红色沉淀，而芳香醛和酮则不反应。

【实验步骤】

（1）醛、酮的亲核加成反应

① 与2,4-二硝基苯肼反应　取4支试管，各加入1mL 2,4-二硝基苯肼[1]，分别滴加1～2滴试样，摇匀静置，观察结晶颜色。

试样：甲醛、乙醛、丙酮、苯甲醛。

② 与饱和$NaHSO_3$溶液反应　在4支试管中分别加入2mL新配制的饱和$NaHSO_3$溶液，分别滴加1mL试样，振荡后置于冰水中冷却数分钟，观察沉淀析出的相对速度[2]。

试样：苯甲醛、乙醛、丙酮、3-戊酮。

（2）醛、酮α-H的活泼性——碘仿实验　在5支试管中，分别加入1mL蒸馏水和3～4滴试样，再分别加入1mL 10%NaOH溶液，然后滴加KI-I_2溶液[3]至溶液呈黄色，继续振荡，溶液的浅黄色消失，析出浅黄色沉淀，若无沉淀，则放在50～60℃水浴中温热几分钟（若溶液变成无色，应补加KI-I_2溶液），观察结果。

试样：乙醛、丙酮、乙醇、异丙醇、1-丁醇。

（3）醛、酮的区别

① 与Schiff试剂反应　在5支试管中分别加入1mL Schiff试剂[4]，然后分别滴加2滴试样，振荡摇匀，放置数分钟，然后分别向溶液中逐滴加入浓硫酸，边滴边摇，观察现象。

试样：甲醛、乙醛、丙酮、苯乙酮、3-戊酮。

② 与Tollen试剂反应　在5支洁净的试管中分别加入1mLTollen试剂，再分别加入2滴试样，摇匀，静置，若无变化，可用50～60℃水浴温热几分钟，观察现象[5]。

试样：甲醛、乙醛、苯甲醛、丙酮、环己酮。

③ 与Benedict试剂反应　在4支试管中分别加入Benedict试剂[6]各1mL，摇匀分别加入3～4滴试样，摇匀，沸水浴加热3～5min，观察现象。

试样：甲醛、乙醛、苯甲醛、丙酮。

④ 与Fehling试剂反应　用Fehling试剂[7]代替Benedict试剂重复上面的实验，观察现象。

⑤ 与铬酸试剂反应　在6支试管中分别加入1滴试样，然后分别加入1mL丙酮，振荡

摇匀后再加入铬酸试剂数滴，边加边摇，观察现象[8]。

试样：丁醛、叔丁醇、异丙醇、环己酮、苯甲醛、乙醇。

(4) 未知物的鉴定　环戊烷、苯甲醛、丙酮、环己烯、正丁醛、环己醇。

【注意事项】

(1) 2,4-二硝基苯肼有毒，操作时要小心。如不慎滴在手上，应先用少量醋酸擦拭，再用水冲洗。试剂的配制方法见附录四。

(2) 若无沉淀，可用玻璃棒摩擦试管或加 3mL 左右乙醇并摇匀，再观察现象。试剂的配制方法见附录四。

(3) $KI-I_2$ 溶液配制方法见附录四。

(4) Schiff 试剂的配制方法见附录四。

(5) 银镜实验中，试管一定要洗干净，否则会出现黑色沉淀而不是银镜。Tollen 试剂的配制方法见附录四。

(6) Benedict 试剂的配制方法见附录四。

(7) 费林试剂由 A、B 两种溶液组成，A 为硫酸铜溶液，B 为酒石酸钾钠和氢氧化钠溶液，使用时等量混合组成费林试剂。其中酒石酸钾钠的作用是使铜离子形成配合物而不致在碱性溶液中生成氢氧化铜沉淀。试剂的配制方法见附录四。

(8) 伯醇、仲醇和脂肪醛与铬酸试剂反应，在 5s 内铬酸的橘红色消失并形成绿色、蓝绿色沉淀或乳浊液，芳香醛需 30～60s，叔醇和酮在相同条件下，数分钟内不产生明显变化。这是一种准确迅速鉴别醛和酮的方法，可用丙酮做空白试验。试剂的配制方法见附录四。

【思考题】

(1) Tollen 试剂为什么要现用现配？实验完毕后，应该加入硝酸少许，立刻煮沸洗去银镜，为什么？

(2) 如何用简单的化学方法鉴定下列化合物：环己烷、环己烯、环己醇、苯甲醛、丙酮、叔丁醇。

(3) 在与 $NaHSO_3$ 加成反应中，为什么要用新配制而且是饱和的亚硫酸氢钠溶液？

(4) 有一位同学做了两次 Tollen 实验，实验时既没有按要求进行，又没有做好记录，结果两次实验的现象是：①所有的试剂反应都很难有金属银生成；②丙酮也出现了银镜，而丙酮是化学纯。分析产生这些现象的原因。

实验 60　羧酸及衍生物的性质
(Properties of Carboxylic Acids and its Derivatives)

【实验目的】

(1) 掌握羧酸及其衍生物的主要化学性质，了解物质结构与性质之间的关系；

(2) 掌握羧酸及其衍生物的鉴别方法。

【实验原理】

羧酸的官能团是羧基 (—COOH)，具有明显的酸性，且酸性比碳酸强，可与碳酸氢钠反应，放出二氧化碳，可鉴别羧酸。

一般羧酸无还原性，但甲酸和草酸结构特殊，它们能在酸性介质中与高锰酸钾作用，被氧化成二氧化碳和水，反应液由紫色褪为无色，由此可与其他羧酸区别。

一元羧酸一般不易脱羧，二元羧酸加热比较容易脱羧，如草酸加热可脱去二氧化碳。

羧酸中的羟基可被其他原子和基团取代后生成羧酸衍生物，羧酸衍生物主要有酰卤、酸酐、酯和酰胺等，它们都可以发生水解、醇解、氨解等反应，其中，酰卤反应最快，酸酐次之，酰胺最慢。

乙酰乙酸乙酯在水溶液中存在烯醇式和酮式结构的互变异构现象，两种结构平衡共存，因此它既具有烯醇化合物的性质（例如与三氯化铁溶液显色，使溴水褪色等），又具有羰基化合物的性质（如与羰基试剂反应）。

【实验步骤】

（1）羧酸的性质

① 酸性　将甲酸、乙酸各5滴及草酸0.2g分别溶于2mL水中，然后用洗净的玻璃棒分别蘸取相应的酸液在同一条刚果红[1]试纸上画线，比较各线条的颜色和深浅程度。

② 成盐反应　取0.2g苯甲酸晶体放入盛有1mL水的试管中，加入10%的NaOH溶液数滴，振荡并观察现象。接着再加数滴10%盐酸，振荡并观察所发生的变化，解释原因。

③ 脱羧反应　在3支试管中分别加入1mL甲酸、1mL冰醋酸和1g草酸，装上带导气管的软木塞，导气管的末端伸入盛有1～2mL石灰水的试管中（导气管要插入石灰水中）。加热试样，当有连续气泡发生时观察现象，并解释原因。

④ 氧化反应　在3支试管中分别放置0.5mL甲酸、乙酸以及由0.2g草酸和1mL水所配成的溶液，然后分别加入1mL稀硫酸（1∶5）和2～3mL 0.5%的高锰酸钾溶液，加热至沸，观察现象，并解释原因。

⑤ 酯化反应　在干燥的试管中加入1mL无水乙醇和1mL冰醋酸，再加入0.2mL浓H_2SO_4，振荡均匀后浸在60～70℃的热水浴中约10min，然后将试管浸入冷水中冷却，加入3mL饱和氯化钠溶液[2]，观察溶液分层情况，并闻其味，解释原因。

（2）酰氯和酸酐的性质

① 水解反应　在试管中加入2mL蒸馏水，再加入数滴乙酰氯[3]，振荡，观察现象。反应结束后在溶液中滴加数滴2%的硝酸银溶液，观察有何现象？请说明原因。

② 醇解反应　在一干燥的小试管中放入1mL无水乙醇，慢慢滴加1mL乙酰氯，同时用冷水冷却试管并不断振荡。反应结束后先加入1mL水，然后小心地用20%的碳酸钠溶液中和反应液使之呈中性，即有一酯层浮于液面上。如果没有酯层浮起，可在溶液中加入粉状的氯化钠使溶液饱和为止，观察现象并闻气味。

③ 氨解反应　在一干燥的小试管中放入新蒸馏过的苯胺5滴，然后慢慢滴加乙酰氯8滴，待反应结束后再加入5mL水，并用玻璃棒搅匀，观察现象。

用醋酸酐代替乙酰氯重复做上述三个实验，注意反应较乙酰氯难进行，需要在水浴加热的情况下，较长时间才能完成上述反应。

（3）酰胺的水解反应

① 碱性水解　取0.1g乙酰胺和1mL 20%的氢氧化钠溶液一起放入一小试管中，混合均匀并用小火加热至沸。用湿润的红色石蕊试纸在试管口检验所产生的气体的性质，并说明原因。

② 酸性水解　取0.1g乙酰胺和2mL 10%的硫酸一起放入一小试管中，混合均匀，沸水浴加热沸腾2min，注意有醋酸味产生。放冷并加入20%的氢氧化钠溶液至反应液呈碱

性，再次加热。用湿润的红色石蕊试纸检验所产生的气体的性质，说明原因。

(4) 乙酰乙酸乙酯的性质

① 酮式反应　取 1 支试管，加入 2 滴 2,4-二硝基苯肼和 1 滴乙酰乙酸乙酯，观察有无浑浊现象。如没有，可滴加蒸馏水并观察现象。

② 烯醇式反应　取一支试管，加入 2 滴乙酰乙酸乙酯，再慢慢滴加饱和溴水 2～3 滴，观察现象。

③ 酮式与烯醇式互变异构　在 1 支试管里加入 10 滴蒸馏水和 1 滴乙酰乙酸乙酯，振荡，使之溶解。再加入 1 滴 1% $FeCl_3$ 溶液，摇匀，观察颜色变化。最后迅速滴加 2 滴饱和溴水，摇匀后再观察颜色的变化(4)。

【注意事项】

(1) 刚果红试纸变色范围 pH 为 3.0～5.0，pH 试纸也可以。

(2) 降低酯的溶解度，促进液体分层。

(3) 若乙酰氯纯度不够，则往往含有 $CH_3COOPCl_2$ 等磷化物。久置将产生浑浊或析出白色沉淀，从而影响到本实验的结果。因此，必须使用无色透明的乙酰氯进行有关的性质实验。

(4) 滴加溴水的速度要快，否则褪色现象不明显。另外溴水用量不可太多或太少，太多颜色重现，时间延长，太少则难以褪去与三氯化铁形成的颜色。

【思考题】

(1) 羧酸成酯反应为什么必须控制在 60～70℃？温度偏高或偏低会有什么影响？

(2) 比较酯、酰氯、酸酐和酰胺的反应活性，并说明原因。

实验 61　胺的性质（Properties of Amines）

【实验目的】

(1) 掌握脂肪胺和芳香胺的化学性质及其差异；

(2) 掌握胺类化合物的鉴别方法。

【实验原理】

胺是一类具有碱性的化合物，可以和大多数酸形成盐。在碱性条件下，伯胺、仲胺能与苯磺酰氯（或对甲苯磺酰氯）发生兴斯堡（Hinsberg）反应，根据实验现象不同可用于伯胺、仲胺、叔胺三类胺的鉴别。

伯胺、仲胺、叔胺还可以与亚硝酸反应，但反应产物不同，而且脂肪族胺和芳香胺也具有不同的实验现象，故可以利用此反应鉴别三类胺，但不如 Hinsberg 反应现象明显。芳香伯胺在低温下能发生重氮化反应，生成重氮盐。

芳香胺分子中由于氨基的存在，导致芳环的亲电取代反应易于进行，苯胺在室温下就能与溴水反应，生成 2,4,6-三溴苯胺白色沉淀。

【实验步骤】

(1) 碱性与成盐反应　取一支试管，加入 3 滴蒸馏水和 1 滴苯胺，观察溶解情况。向溶液中滴加浓盐酸 1～2 滴，摇动，再观察溶解情况。最后用水稀释，观察溶液澄清与否？

另取一支试管，加入二苯胺晶体少许（半个绿豆粒大小），再加入 3～5 滴乙醇使其溶解，向试管中滴加 3～5 滴蒸馏水，溶液呈乳白色。滴加浓盐酸使溶液刚好变为透明后，再向试管中滴加水，观察溶液是否变浑浊[1]？

(2) 与亚硝酸的反应

① 伯胺的反应

a. 脂肪族伯胺　取一支试管，加入 0.5mL 脂肪族伯胺，滴加盐酸使呈酸性，然后滴加 5%亚硝酸钠溶液，观察有无气泡放出？液体是否澄清？

b. 芳香族伯胺　取一支试管，加入 0.5mL 苯胺，再加入 2mL 浓盐酸和 3mL 水，摇匀后把试管放在冰水浴中冷却至 0℃。再取 0.5g 亚硝酸钠溶于 2.5mL 水中，用冰水浴冷却后，慢慢加入含有苯胺盐酸盐的试管中，边加边搅拌，直至溶液对碘化钾-淀粉试纸呈蓝色为止[2]，此为重氮盐溶液。

取 1mL 重氮盐溶液加热，观察有何现象？注意是否有气体产生？与脂肪族伯胺和亚硝酸的反应现象有何不同？

取 1mL 重氮盐溶液，加入数滴 β-萘酚溶液（0.4g β-萘酚溶于 4mL 5%氢氧化钠中），观察有无橙红色沉淀产生[3]？

② 仲胺的反应　将 1mL *N*-甲基苯胺及 1mL 二乙胺分别盛于试管中，各加 1mL 浓盐酸及 2.5mL 水。把试管浸在冰水中冷却至 0℃。再取两支试管，分别加入 0.75g 亚硝酸钠和 2.5mL 水溶解。把两支试管中的亚硝酸钠溶液分别慢慢加入上述盛有仲胺盐酸盐的溶液中，振荡，观察有无黄色物生成？

③ 叔胺的反应　取 *N*,*N*-二甲基苯胺及三乙胺重复②的实验，结果如何？

利用上述实验可以区别胺的类型[4]。

(3) Hinsberg 试验　在 3 支试管中，分别放入 0.1mL 液体胺或 0.1g 固体胺、5mL 10%NaOH 溶液及 3 滴苯磺酰氯，塞住试管口，剧烈振摇 3～5min，除去塞子，振摇下在水浴中温热 1min，冷却溶液，用试纸检验溶液是否呈碱性。若不呈碱性，应加氢氧化钠使之呈碱性。观察有无固体或油状物析出？确认胺的类型[5]。

试样：苯胺、*N*-甲基苯胺、*N*,*N*-二甲基苯胺。也可以用对甲基苯磺酰氯代替苯磺酰氯。

(4) 苯胺的溴代反应　在 1 支试管中加入 5 滴水和 1 滴苯胺，摇匀后加入 1 滴饱和溴水[6]，观察有无白色沉淀生成？

【注意事项】

(1) 苯胺在水中溶解度小，和盐酸反应成盐后溶解度增大。二苯胺不溶于水，它的盐酸盐只在过量酸存在时才溶于水。盐用水稀释，则水解又生成二苯胺。

(2) 过量的亚硝酸把碘化钾氧化成碘，碘遇淀粉试纸呈蓝色。

(3) 重氮盐在碱性条件下可与 β-萘酚溶液发生偶合反应生成橙红色染料。

(4) 利用胺类化合物和亚硝酸的反应可区别胺的类型：

① 放出氮气，得到澄清液体者为脂肪族伯胺；

② 溶液中有黄色油状物或固体析出，加碱后不变色者为仲胺，加碱至碱性时变为绿色固体者为芳香叔胺；

③ 加热放出氮气，得到澄清液体，加入数滴 β-萘酚溶液于 5%氢氧化钠溶液中，若出现橙红色沉淀者为芳香伯胺；无颜色者为脂肪族叔胺。

(5) 利用 Hinsberg 反应可区别胺的类型：

$$\left.\begin{matrix} RNH_2 \\ R_2NH \\ R_3N \end{matrix}\right\} \xrightarrow[\text{过量 NaOH}]{C_6H_5SO_2Cl} \left.\begin{matrix} C_6H_5SO_2\bar{N}RNa^+ \\ \text{溶于 NaOH} \\ C_6H_5SO_2NR_2\downarrow \\ \text{油状物} \\ \text{不反应} \end{matrix}\right\} \xrightarrow{HCl} \begin{matrix} C_6H_5SO_2NHR\downarrow \\ \text{白色沉淀} \\ C_6H_5SO_2NR_2\downarrow \\ \text{沉淀不变} \\ R_3N^+HCl^- \\ \text{溶解} \end{matrix}$$

（6）饱和溴水的配制方法见附录四。

【思考题】

（1）比较苯胺和二苯胺的碱性强弱，并用实验事实加以说明。

（2）用化学方法鉴别苯胺、环己基胺、苯酚、*N*-甲基苯甲胺。

（3）用碘化钾-淀粉试纸检验重氮化反应终点的根据是什么？

实验 62 糖类物质的性质（Properties of Saccharides）

【实验目的】

（1）验证糖类的化学性质，了解物质性质与结构之间的关系；

（2）熟悉糖类物质的一些鉴定方法。

【实验原理】

糖又称为碳水化合物，属于多羟基醛、多羟基酮或多羟基醛、酮的缩聚物，在生物体内担负着多种生理功能。根据水解情况，可将其分为单糖、低聚糖和多糖三类，根据有无还原性，又可分为还原糖和非还原糖。还原糖含有半缩醛（酮）羟基（苷羟基）的结构，能使 Fehling 试剂、Benedict 试剂和 Tollen 试剂还原，如单糖和二糖中的麦芽糖、乳糖等。非还原糖不含半缩醛（酮）羟基（苷羟基）结构，不具有还原性，不能发生上述还原反应，如二糖中的蔗糖，多糖有此结构，但无还原性。

鉴定糖类物质的定性反应是莫利希（Molisch）反应，即在浓硫酸作用下，大多数糖脱水生成糠醛或糠醛衍生物，这些糠醛类物质与 α-萘酚作用生成紫色物质。

谢里瓦诺夫（Seliwanoff）试剂（间苯二酚的浓盐酸溶液）与酮糖作用很快生成红色物质，醛糖在同一条件下反应较慢，2min 内无现象，据此可鉴别酮糖和醛糖。

还原糖与过量苯肼作用，生成糖脎。根据糖脎的形成速率、晶型和熔点可以鉴别不同的糖类。

蔗糖（二糖）和淀粉（多糖）在酸或酶的作用下可水解成单糖，从而显示单糖的性质。淀粉具有螺旋形分子结构，这种螺旋结构允许碘分子钻入而形成一种深蓝色包合物。因此，淀粉遇碘显蓝色，反应非常灵敏，常用于检验淀粉或碘的存在。加热时，蓝色包合物被破坏，蓝色随之消退，冷却后，这种包合物可恢复结构，蓝色重新显现。

【实验步骤】

（1）糖的颜色反应

① 莫利希（α-萘酚）反应[1] 取五支试管编号后，分别加入 2 滴 5%葡萄糖、果糖、麦芽糖、蔗糖和淀粉溶液，再取一支试管加入少量滤纸片及 2 滴水，六支试管中各滴入 1 滴 α-萘酚乙醇溶液[2]，振摇混合均匀后，将各支试管倾斜 45°，沿管壁徐徐加入 5 滴浓 H_2SO_4（勿摇动试管），小心竖起试管，静置片刻，硫酸在下层，试液在上层，若两层交界处出现紫色环，表示溶液含有糖类化合物。若数分钟内无颜色，可在水浴中温热，再观察结果。

② 谢里瓦诺夫反应[3]　取四支试管编号后，分别加入1滴5%的果糖、葡萄糖、麦芽糖和蔗糖溶液，再分别加入2滴谢里瓦诺夫试剂[4]，摇匀后把试管浸在沸水浴中加热1～2min，观察颜色有何变化？加热20min后，再观察，解释原因。

③ 淀粉与碘的反应　取1mL淀粉溶液于一支试管中，加入2滴碘-碘化钾溶液，有什么现象？将此溶液加热又有什么现象？冷却后，结果如何？请解释现象。

(2) 糖的还原性试验

① 与Tollen试剂的反应　取六支试管，各加入Tollen试剂1mL，再分别加入0.5mL 5%的葡萄糖、果糖、麦芽糖、乳糖、蔗糖和淀粉溶液。将六支试管放在60～80℃热水浴中加热数分钟。观察并比较结果，解释为什么？

② 与Fehling试剂的反应　取Fehling试剂A和B各3mL，混匀后，等分为6份于六支试管中，编号。加热煮沸后，分别滴加0.5mL 5%的葡萄糖、果糖、麦芽糖、乳糖、蔗糖和淀粉溶液。观察并比较结果，注意颜色变化及是否有沉淀生成。

③ 与Benedict试剂的反应　取六支试管编号后，分别加入Benedict试剂1mL。用小火微微加热至沸，分别加入0.5mL 5%的葡萄糖、果糖、麦芽糖、乳糖、蔗糖和淀粉溶液。在沸水中加热2～3min，放冷，观察有无红色或黄绿色沉淀产生？尤其注意蔗糖和淀粉的实验结果。解释观察到的实验现象。

(3) 糖脎的生成[5]　取五支试管编号后，分别加入1mL 5%的葡萄糖、果糖、乳糖、麦芽糖、蔗糖溶液，再分别加入2mL苯肼试剂[6]，充分振荡此溶液，将试管放在沸水浴中加热，并不断振荡，观察并记录试管中形成糖脎所需的时间[7]，若20min后无结晶析出，取出试管，放冷后再观察（双糖脎溶于热水，直到溶液冷却后才析出沉淀）。

为了观察糖脎的结晶，让溶液慢慢冷却到室温（迅速冷却可能引起脎的结晶变形）。用一宽口的滴管转移1滴含有脎的悬浮液到显微镜的载玻片上，用低倍显微镜（80～100倍）观察结晶，与已知糖脎的晶型比较。

(4) 糖类物质的水解反应

① 蔗糖的水解反应　在试管中加入5%的蔗糖溶液5滴和1∶5硫酸2滴，在沸水浴上加热8～10min，取出冷却后加入20% Na_2CO_3 溶液中和至呈碱性（用红色石蕊试纸检验），加入Benedict试剂4滴，放在水浴中加热，观察现象，解释原因。

② 淀粉的水解反应　在100mL小烧杯中，加30mL淀粉溶液[8]，加入4～5滴浓盐酸。在水浴上加热，每隔5min从小烧杯中取少量液体做碘实验，直到不再起碘反应为止（约30min）。先用10%氢氧化钠溶液中和，再用Tollen试剂实验，观察有何现象？并解释之。

【注意事项】

(1) 此颜色反应非常灵敏。如果操作不慎，甚至将滤纸毛或碎片落于试管中，都会得到正性结果。但正性结果不一定都是糖。例如甲酸、丙酮、乳酸、草酸、葡萄糖酸、没食子酸、苯三酚与α-萘酚试剂也能生成有色环。若为负性结果肯定不是糖。

(2) α-萘酚乙醇溶液的配制方法见附录四。

(3) 酮糖与间苯二酚溶液生成鲜红色沉淀。它溶于酒精呈鲜红色。但加热过久，葡萄糖、麦芽糖、蔗糖也呈正性反应。这是因为麦芽糖或蔗糖在酸性介质中水解，分别生成葡萄糖或葡萄糖和果糖。葡萄糖浓度高时，在酸存在下能部分地转化成果糖。本实验应注意的是盐酸和葡萄糖浓度不要超过12%，观察颜色反应时，加热不要超过20min。

(4) 谢里瓦诺夫试剂配制方法见附录四。

(5) 为了便于比较生成糖脎所需的时间，药品量要准确，并要同时进行。

(6) 苯肼试剂的配制方法见附录四。

(7) 蔗糖为非还原性糖，不与苯肼作用，但如果长时间加热，可能发生水解，导致有黄色晶体生成。几种糖脎的颜色、熔点（或分解温度）、糖脎析出时间和比旋光度如表 5-1 所示。

表 5-1　不同糖脎的析出时间及物理性质

糖的名称	析出糖脎的时间/min	糖脎的颜色	糖脎的熔点(或分解温度)/℃	比旋光度$[\alpha]_D^{20}$
果糖	2	深黄色结晶	204	－92
葡萄糖	4～5	深黄色结晶	204	＋47.7
麦芽糖	冷后析出	黄色结晶		＋129.0
蔗糖	30(转化生成)	黄色结晶		＋66.5
木糖	7	橙黄色结晶	160	＋18.7
半乳糖	15～19	橙黄色结晶	196	＋80.2

(8) 淀粉溶液的配制方法见附录四。

【思考题】

(1) 在糖类的还原性实验中，蔗糖与 Benedict 或 Tollen 试剂长时间加热时，有时也得到正性结果，试解释此现象。

(2) 从结构上说明本实验中所用的糖，哪些是还原糖？哪些是非还原糖？

实验 63　氨基酸和蛋白质的性质
(Properties of Amino Acids and Proteins)

【实验目的】

(1) 掌握蛋白质的主要化学性质；

(2) 掌握氨基酸和蛋白质的鉴别方法。

【实验原理】

氨基酸分子中同时含有氨基（$-NH_2$）和羧基（—COOH），它既有胺的性质，又具有羧酸的性质，还具有两基团共同作用形成的特殊性质。如酸碱两性、成肽反应、呈色反应等，它能与水合茚三酮反应生成蓝紫色化合物，此性质常用于 α-氨基酸的定性鉴定和定量分析。

蛋白质是存在于细胞中的一种含氮的生物高分子化合物，在酸、碱存在下，或受酶的作用，最终水解成各种氨基酸，其中以 α-氨基酸为主。

蛋白质溶液是一种胶体溶液，具有胶体溶液的性质。在一定的物理或化学因素影响下，蛋白质溶液可以发生沉淀作用，沉淀分为可逆沉淀和不可逆沉淀两种。

可逆沉淀中蛋白质分子的构象基本上没有发生改变，仍然保持原有的生物活性，只要除去沉淀因素，则蛋白质仍能保持原有的溶解状态。常用于分离提纯蛋白质的盐析法就属于可逆沉淀，即在蛋白质溶液中加入足量的中性盐溶液（如硫酸铵、硫酸镁、氯化钠等）后，蛋白质即从溶液中沉淀出来。

不可逆沉淀指沉淀出来的蛋白质分子构象已发生改变，并失去了原有的活性，即使除去沉淀因素，沉淀的蛋白质也不会重新溶解。许多物理或化学因素都能引起蛋白质的不可逆沉淀。如加热、重金属离子（Hg^{2+}、Ag^{+}、Pb^{2+}、Cu^{2+}等）、无机酸（硫酸、硝酸等）、生物碱试剂（如苦味酸、磷钨酸、鞣酸等）等都能与蛋白质结合成不溶物，发生不可逆沉淀。

蛋白质分子中含有一些特殊基团可以和某些试剂发生颜色反应，用于鉴别蛋白质。常见的显色反应有茚三酮反应、缩二脲反应和黄蛋白反应等。

【实验步骤】

(1) 蛋白质的可逆沉淀反应——蛋白质的盐析作用　取2mL清蛋白溶液[1]放在试管里，加入等体积的饱和硫酸铵溶液[2]（浓度约为43%），将混合物稍加振荡，析出蛋白质沉淀使溶液变浑浊或呈絮状沉淀。将1mL浑浊的液体倾入另一支试管中，加入1～3mL水，振荡，蛋白质沉淀是否溶解？

(2) 蛋白质的不可逆沉淀反应

① 重金属盐沉淀蛋白质[3]　取三支试管编号后，各加入1mL清蛋白溶液，分别逐滴加入饱和的硫酸铜、碱性醋酸铅、氯化汞（注意，有毒!）2～3滴，振荡，有何现象？各加入2～3mL水，沉淀是否溶解？

② 生物碱试剂沉淀蛋白质　取两支试管，各加0.5mL清蛋白溶液，并滴加5%的醋酸使之呈酸性（这个沉淀反应最好在弱酸性溶液中进行），然后分别滴加饱和的苦味酸溶液和饱和的鞣酸溶液。振荡混合，是否有沉淀生成？

(3) 氨基酸和蛋白质的颜色反应

① 茚三酮反应　取四支试管编号后，分别加入1%的甘氨酸、酪氨酸、色氨酸和清蛋白溶液各1mL，再分别滴加0.2%茚三酮溶液2～3滴，在沸水浴中加热10～15min，观察颜色的变化[4]。

② 黄蛋白反应[5]　于试管中加入1～2mL清蛋白溶液和1mL浓硝酸，观察有何现象？试管在沸水浴中加热，此时有何现象？说明原因。

③ 缩二脲反应[6]　取1～2mL清蛋白溶液于试管中，加入1mL 10%氢氧化钠溶液，再加几滴0.5%硫酸铜溶液共热，观察颜色变化。

取1mL 1%的甘氨酸溶液于试管中，代替清蛋白溶液重复上述操作，观察现象。

④ 米隆反应[7]　取2mL清蛋白溶液放入试管中，加米隆试剂（硝酸汞试剂）2～3滴，观察现象。小心加热，此时有何变化？

用酪氨酸重复上述过程，现象如何？

(4) 蛋白质的碱性分解反应　取1～2mL清蛋白溶液放在试管里，加两倍体积的30%氢氧化钠溶液，把混合物煮沸2～3min，有何现象？继续沸腾时，有何变化？在试管口放一张湿润红色石蕊试纸，有何现象？

在上述的热溶液中加入1mL 10%硝酸铅溶液，再将混合物煮沸，观察变化情况[8]。

【注意事项】

(1) 实验中所用的清蛋白溶液按以下方法制取：取鸡蛋一个，两头各钻一个小孔，竖立，让蛋清流到烧杯中，加水50mL，搅动。蛋清中的清蛋白溶解于水，而球蛋白则呈絮状沉淀析出。在漏斗上铺3～4层纱布，水润湿，将蛋白过滤。大部分球蛋白被滤出，滤液中主要是清蛋白，供实验用。

(2) 硫酸铵具有特别显著的盐析作用，不论在弱酸溶液中还是中性溶液中都能使蛋白质沉淀，其他的盐需要使溶液呈酸性反应才能盐析完全。

(3) 重金属在浓度很小时就能沉淀蛋白质，与蛋白质形成不溶于水的类似盐的化合物。因此蛋白质是许多重金属中毒时的解毒剂。

(4) 茚三酮对于含有游离氨基的蛋白质和 α-氨基酸均可发生显色反应，颜色有粉红色、紫色、蓝紫色。

(5) 蛋白质首先被硝酸沉淀（白色），若蛋白质含有苯环，则在加热时发生硝化反应，产生黄色的硝化产物，该产物在碱性溶液中可生成负离子使颜色加深而呈橙黄色。皮肤沾上硝酸变黄就是此道理。

(6) 分子中含有两个或两个以上肽键的有机物均可与硫酸铜的稀碱溶液反应，生成配合物而呈紫色或蓝紫色，即发生缩二脲反应。任何蛋白质或其水解中间产物均有缩二脲反应，氨基酸无此反应，加入硫酸铜的稀碱溶液仅有氢氧化铜沉淀析出。此反应可区别蛋白质和氨基酸。

操作过程中应防止加入过多的铜盐。否则，生成过多的氢氧化铜，有碍紫色或红色的观察。

(7) 只有组成中含有酚羟基的蛋白质，才能与硝酸汞试剂反应显砖红色。在氨基酸中只有酪氨酸含有酚羟基，所以凡能与硝酸汞试剂反应显砖红色的蛋白质，其组成中必含有酪氨酸残基。硝酸汞试剂配制方法见附录四。

(8) 最初生成的白色氢氧化铅沉淀溶解在过量的碱液中。如果蛋白质与碱作用有硫脱下，则生成硫化铅，结果清亮的液体逐渐变成棕色。若脱下的硫较多时，则析出暗棕色或黑色的硫化铅沉淀。

【思考题】

(1) 在蛋白质的缩二脲反应中，为什么要控制硫酸铜溶液的加入量？过量的硫酸铜会导致什么结果？

(2) 盐析作用的原理是什么？盐析在实际工作中有什么应用？

(3) 为什么鸡蛋可以作铅、汞盐中毒的解毒剂？

第6章 微型有机化学实验
（Microscale Experiments of Organic Chemistry）

6.1 微型化学实验技术简介（Introduction of Microscale Chemical Experiment Technology）

微型有机化学实验是微型化学实验（microscale chemical experiment，缩写为 M.C.E.）中的一类。微型化学实验是20世纪80年代经济发达国家的高等学校为解决化学专业耗资巨大的三废处理问题、实验安全问题及一些试剂价格昂贵而发展起来的一种新的实验方法。美国是最早开展微型化学实验的国家。1976年，美籍华裔学者马祖圣等人总结前人的大量经验，编写出版了《化学中的微型操作》一书，产生了很大的影响，并逐渐在美国高校中形成了实验微型化教学的强大潮流。到1989年底，美国已有400多所院校采用了微型化学实验。我国对微型化学实验的研究与应用始于1988年高等学校教育研究中心第二次学术会议上，杭州师范学院周宁怀教授做的国外微型化学实验的研究和发展报告。经过多年的研究发展，全国百余所院校在有关化学实验教学中，不同程度地采用了微型化学实验，受到师生的欢迎。

与常量实验相比，微型化学实验具有以下突出的优点。

（1）节省试剂　其试剂用量为常规实验的1/100～1/10，可在某种程度上缓解教学经费（或科研经费）的不足，也可使一些因试剂昂贵不能进行的实验在微型化的条件下得以进行。

（2）节省时间　微型实验所需时间一般为相应常规实验的1/4～1/2。对于教学实验来说，这意味着在有限的学时之内可以做更多的实验。

（3）减少事故　当试剂的用量大幅度降低时，实验事故的发生率也会相应降低，从而使一些危险性较大的实验可以进行。

（4）对环境的污染轻微得多　微型实验产生的废气、废液、废渣要比常规实验少得多，对环境的污染微不足道。

（5）有利于培养学生认真思考，谨慎操作的作风　微型有机化学实验所用的玻璃仪器和常量实验玻璃仪器存在着一定差异，且仪器相对规格较小，这些要求学生在实验操作过程中要更加小心谨慎，这在客观上培养了学生严谨的作风，实验过程中要注意观察实验现象以及对现象的分析，也督促学生进行自主思考，培养了他们独立思考的能力。

因此，开发和推广微型化学实验是节省试剂、缩短教学学时、增强学生环保意识、改善实验环境的方向性改革。

6.2 微型有机化学实验的玻璃仪器（Glassware of Microscale Experiments in Organic Chemistry）

微型化学实验是一项正在发展中的技术，所用仪器也正在开发过程中。目前国内已有几

种成套的微型实验仪器研制成功，并投入了批量生产。例如，由杭州师范学院研制，南京金正教学仪器有限公司（原名南京十四中玻璃仪器厂）生产的微型化学实验仪器；由山东大学设计和生产的微型玻璃仪器；中国科学仪器设备上海公司生产的微型实验仪器；云南大学研制的“便携式微型玻璃实验仪器”等。这几套微型实验仪器虽然所包含的品种和部件不尽相同，但都是根据微型有机实验的特点研制，且玻璃仪器均采用磨砂标准10#口径，组装、拆卸都很灵活、方便。

由南京金正教学仪器有限公司生产的微型化学实验仪器由23种、34个部件组成，其中具有特征性的仪器有三件，如图6-1中(a)～(c)所示：(a)为微型蒸馏头，可用于4mL以下的液体的常压和减压蒸馏；(b)为微型分馏头，它与(a)的区别在于在馏出液承接阱下面的柱身上有数排呈螺旋状排列的向心刺，可用于相应的简单分馏；(c)为指形真空冷凝器，简称真空冷凝指。山东大学设计的一套微型仪器共26个品种、35个部件，其中最具特色的有两件。一是H形分馏头，如图6-1(d)所示，可用于常压或减压下的蒸馏和分馏，另一件是多功能梨形漏斗，如图6-1(e)所示，兼有分液、滴液和恒压滴液的功能。

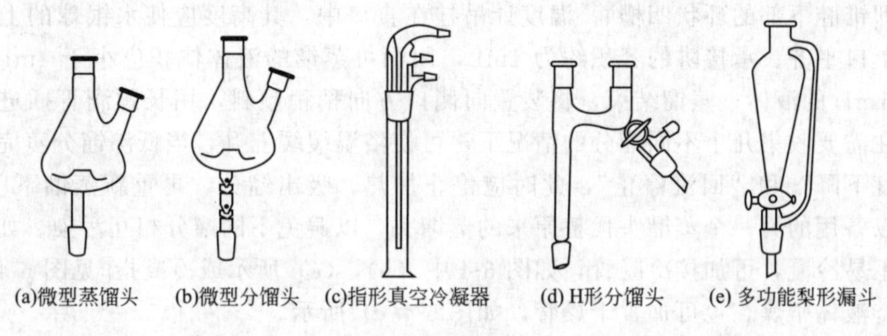

图6-1 国产微型玻璃仪器中的特征性仪器

中国教学仪器设备上海公司所经营的微型实验仪器包括“基本仪器盒”和“配件”两部分。基本仪器盒内装有实验操作台1件及通用仪器48件（见图6-2），配件（见图6-3）包括无机配件10件、有机配件8件及分析配件6件，这套仪器是通用的，并非专为有机实验设计。

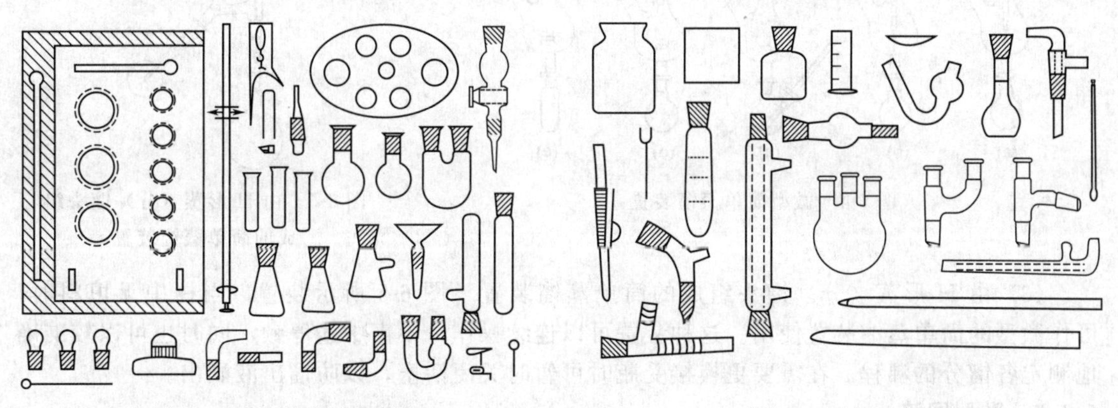

图6-2 基本仪器盒内仪器

图6-3 配件仪器

云南大学研制的“便携式微型玻璃实验仪器”由1个操作平台、46个品种和61个部件构成。与常规仪器相比，该套玻璃仪器容量明显缩微，所有的仪器装置均可在同一操作平台(25cm×35cm)上组装并完成实验操作，可减少试剂用量70%～90%，缩短实验时间1/5～

1/3。该仪器的设计、组装和操作方式既做了大胆的改革创新，又继承了传统装置的基本特征和优点。

6.3 微型有机化学实验的常用装置和基本操作（Devices and Operations of Microscale Experiments in Organic Chemistry）

6.3.1 微型简单蒸馏

（1）缩微的简单蒸馏装置　由缩微仪器组成的微型简单蒸馏装置，其组装和操作方法与常规方法相同，只是需更仔细地控制加热强度。

（2）由微型蒸馏头组成的简单蒸馏装置　由微型蒸馏头与其他仪器配合组成的微型蒸馏装置如图 6-4 中(a)～(e)所示，其中，(a) 为最基本的装置，被蒸馏液体在蒸馏瓶中受热气化，气雾升入蒸馏头的锥状腹腔，体积膨胀并受到大面积冷却，冷凝下来的液体顺内壁流入承接阱（即锥腔下部的环状凹槽）。温度计吊挂在直口中，其高度应使水银球的上沿与气雾升腾管的上口平齐。承接阱的容积约为 4mL，因而可蒸馏的液体体积应小于 4mL，通常用来蒸馏约 1mL 的液体。蒸馏结束，将装置向侧口方向稍稍倾斜，用长颈滴管插进侧口吸出馏出液。在需要收集几个不同馏分的情况下，可使浴温缓缓上升，当低沸馏分蒸完后会有短暂的“温度下降”和“回流停止”，此时应停止加热，吸出馏分，再重新蒸馏下一个馏分。但最好是以备用的另一个蒸馏头代替原来的蒸馏头，以避免不同馏分相互污染。如果液体沸点较低，不易冷凝，可加接冷凝管，如图 6-4 中 (b)，(e) 所示或冷凝指[见图 6-4(d)]；如果需要保持液体干燥，也可加置干燥管，如图 6-4(c) 所示。

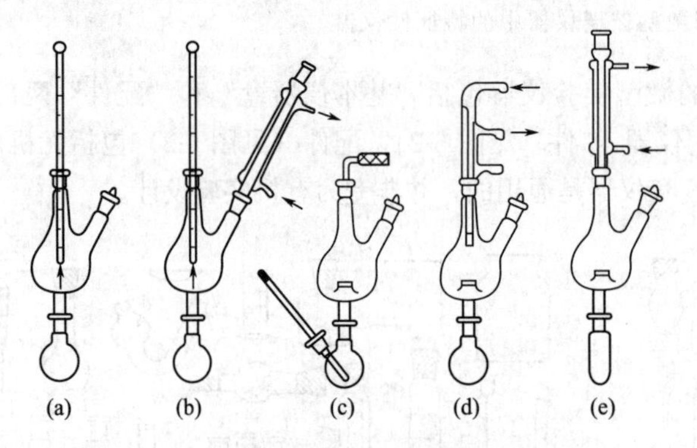

图 6-4　微型简单蒸馏装置

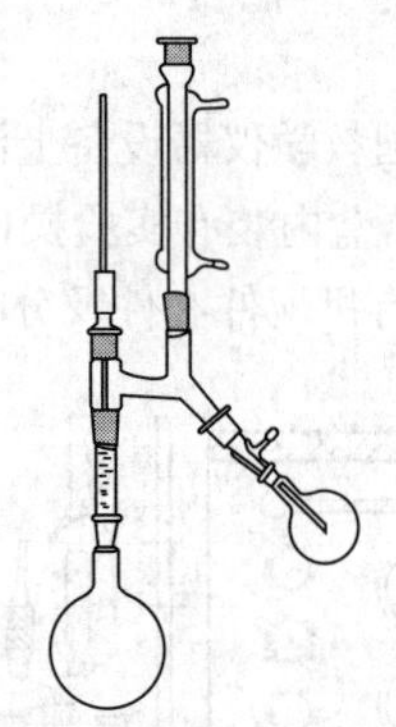

图 6-5　由 H 形蒸（分）馏头组成的简单蒸馏装置

（3）由 H 形蒸（分）馏头组成的简单蒸馏装置　图 6-5 所示装置，当柱中无填料时，可作微型的简单蒸馏装置使用。这种装置可以连续操作，不需中途停顿，同时也可以较准确地测定各馏分的沸程。在需要更换接受瓶时可暂时关闭活塞，以防馏出液洒出。

6.3.2 微型回流

（1）缩微的回流装置　用缩微仪器组成的回流装置，其组装和操作方法与常规方法相同。

（2）冷凝指回流　真空冷凝指如图 6-1(c) 所示，与磨口试管或磨口离心管可组成冷凝指回流装置。该装置可处理液体量为 0.5～2mL。

6.3.3　微型分馏

（1）缩微的分馏装置　由缩微仪器组成的微型分馏装置如图 6-6(c) 所示，其组装和操作方法与常规方法相同，但需要更仔细地控制加热强度。

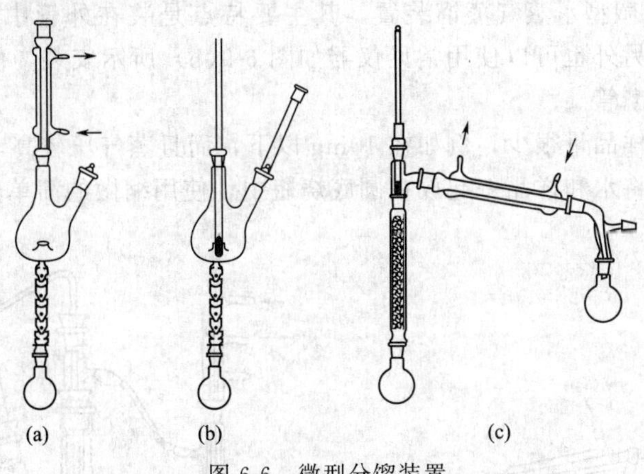

图 6-6　微型分馏装置

（2）微型分馏头法　由微型分馏头构成的简单分馏装置如图 6-6(a) 和 (b) 所示，其操作方法与常规分馏相似，区别在于它是间歇性的。此外，由于尺寸限制，柱身上的向心刺不可能很多，通常为五组，所以分馏效果有限，而且需要十分注意加热的强度和稳定性，否则起不到分馏作用。这种装置可以分馏的液体量约为 2mL。

（3）由 H 形蒸（分）馏头组成的微型分馏装置　在图 6-5 所示装置中，若柱内装有填料，即可用于微型分馏。这种分馏装置的操作是连续性的，对各馏分的馏程测定亦较准确。

6.3.4　微型减压蒸馏和减压分馏

（1）由 H 形蒸（分）馏头组成的减压蒸（分）馏装置　这类在减压下操作的装置如图 6-7 所示，当柱中无填料时为减压蒸馏装置，有填料时为减压分馏装置。操作可连续进行，各馏分沸程亦可准确测定和控制，只是填料中会有一定量的滞留。

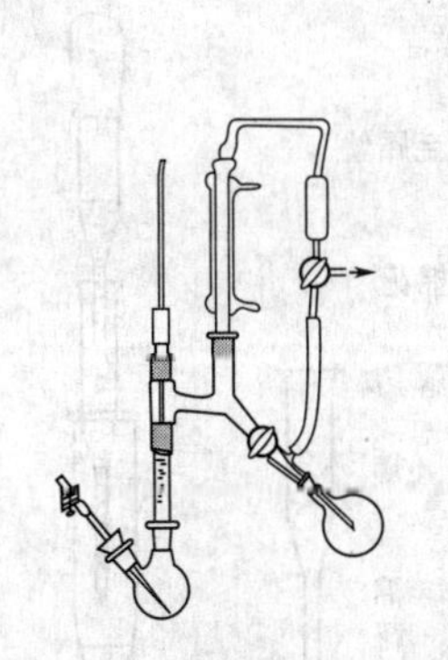

图 6-7　由 H 形蒸（分）馏头组成的减压蒸（分）馏装置

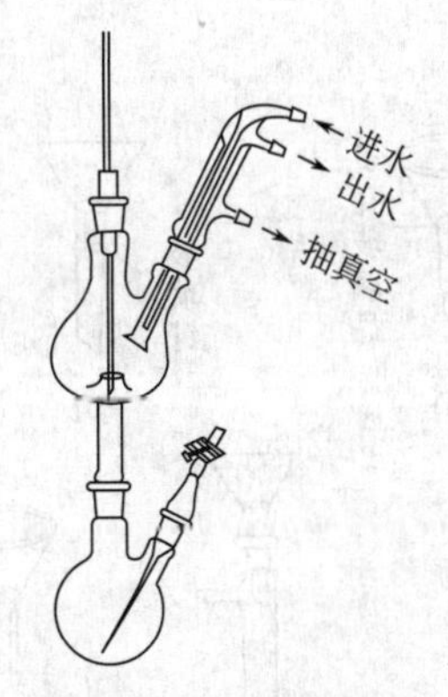

图 6-8　由微型蒸馏头组成的减压蒸馏装置

（2）微型蒸馏头法　由微型蒸馏头组成的减压蒸馏装置如图 6-8 所示，使用两口烧瓶作为蒸馏瓶，用毛细管从侧口导入空气或惰性气体助沸，其操作是间歇性的。若不使用两口烧瓶，可在蒸馏瓶中放入玻璃毛来助沸。

如果将装置中的微型蒸馏头换成微型分馏头，则可进行相应的减压分馏。

6.3.5 微型水蒸气蒸馏

图 6-9 中（a）为微型水蒸气蒸馏装置，其主要特点是装在外管中的水既是蒸气来源，也是蒸气管的热浴。另外也可以使用常见仪器如图 6-9(b) 所示安装，但一般都需要一个冷凝指或者是缩微的冷凝管。

如果需要处理的样品量很少，例如在 10mg 以下，而且蒸气压较高，则水蒸气蒸馏中所需的水量不大，可以将水和样品一起放在圆底烧瓶中，使用缩微的简单蒸馏装置进行直接水蒸气蒸馏。

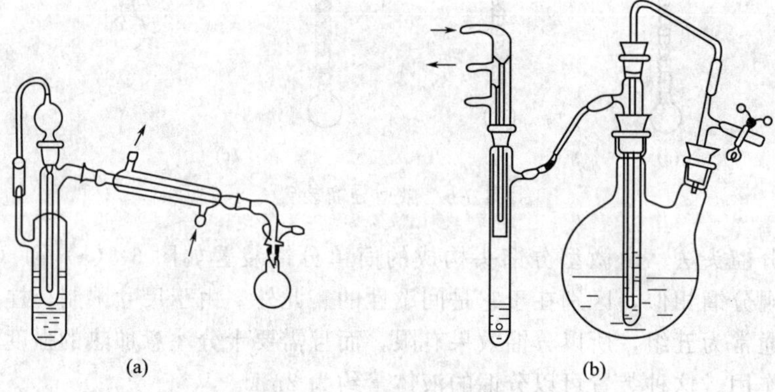

图 6-9 水蒸气蒸馏装置

6.3.6 微型过滤

（1）缩微抽滤　缩微抽滤的仪器和装置如图 6-10 所示。其中（a）为赫尔什漏斗，它是普通小三角漏斗中熔焊进一个多孔玻璃盘，因而兼具普通三角漏斗和布氏漏斗的功能。赫尔什漏斗和缩微的抽滤瓶或一支试管相配合，即构成微型抽滤装置，如图 6-10(c) 和（d）所示。另外，在普通三角漏斗中放进一个玻璃钉也可代替赫尔什漏斗，如图 6-10(b) 所示。改进型的赫尔什漏斗如图 6-10(e) 所示，是在漏斗颈侧加置抽气嘴，因而可与普通烧瓶或试管配合使用。

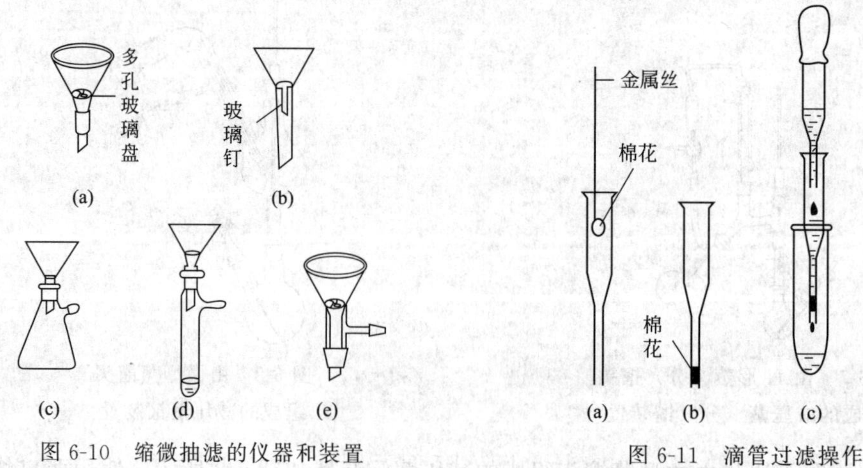

图 6-10 缩微抽滤的仪器和装置

图 6-11 滴管过滤操作

（2）滴管过滤　用滴管过滤少量悬浊液的操作过程如图 6-11 所示，先将滴管的细端

在火焰的边缘上烧软，使之稍稍收缩，但不能熔封。冷却后用一根金属细丝将少许脱脂棉从管内推至管尖，如图 6-11(a) 和 (b) 所示。用另一支滴管吸取悬浮液滴入原滴管中过滤，如图 6-11(c) 所示，滤完后将原滴管套上橡皮头轻轻挤压，使棉花中吸留的液体全部滴下，如图 6-11(d) 所示。这种方法一般用于保留滤液的过滤。因速率较慢，不用于热过滤。

6.3.7　微型萃取

(1) 液-固萃取　如需从少许固态物质中提取某种含量较高的成分，可采用图 6-12(a) 所示的装置，将固体置于折叠滤纸中萃取；也可将被萃取固体包在滤纸篮（见图中Ⅰ）或滤纸卷（见图中Ⅱ）内，挂在冷凝管下萃取，如图 6-12(b) 所示。

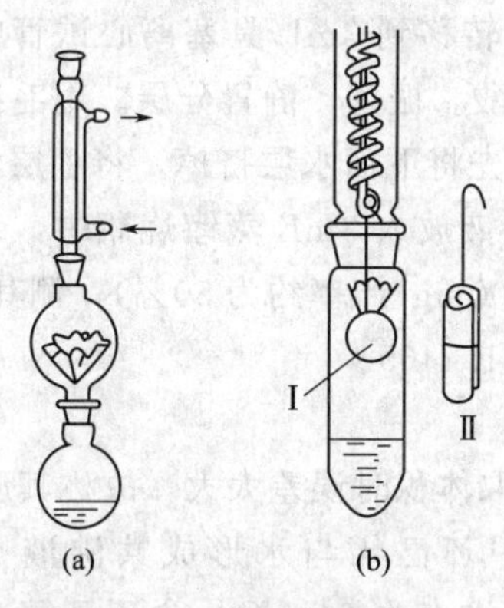

图 6-12　微型液-固萃取

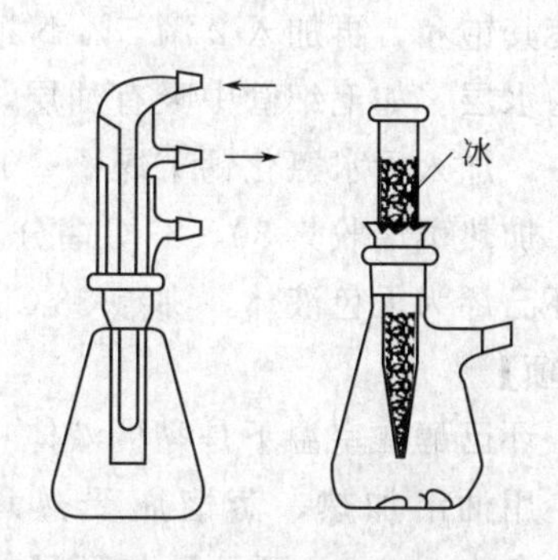

图 6-13　微型升华装置

(2) 液-液萃取　缩微的液-液萃取一般是在普通试管或离心管中进行，将被萃取（洗涤）的液体连同萃取溶剂（洗涤剂）一起加入试管中，若振摇时不产生大量气体，可加塞振摇，使两种液体充分混合。若被萃取的液体体积很小（<1mL），需要避免黏附损失时，可用一支长颈滴管插入试管底，向其中吹气鼓泡使之充分混合。

6.3.8　微型升华

少量固体的升华可采用图 6-13 所示的装置，操作方法与常规操作相同。

6.4　有机化合物的微型制备实验（Miniature Synthesis of Organic Compounds）

实验 64　环己烯的制备（Synthesis of Cyclohexene）

【实验目的】

(1) 学习用醇类催化脱水制备烯烃的原理和方法；

(2) 学习微型蒸馏、微型分馏及微量液体干燥等操作。

【实验原理】

烯烃是重要的有机化工原料。工业上主要通过石油裂解的方法制备烯烃，有时也利用醇在氧化铝等催化剂存在下进行高温催化脱水来制取；实验室里则主要用浓硫酸、浓磷酸作催化剂，使醇脱水或卤代烃在醇钠作用下脱卤化氢来制备烯烃。

本实验采用浓硫酸作催化剂使环己醇脱水制备环己烯，反应式如下：

$$\text{环己醇(OH)} \xrightarrow[\triangle]{\text{浓}\ H_2SO_4} \text{环己烯} + H_2O$$

【实验步骤】

在 5mL 圆底烧瓶中加入 500mg 环己醇（5.0mmol）(1)。用毛细滴管加入浓硫酸 1～2 滴，振荡均匀，加入沸石，装上微型分馏头。分馏头上插一支 100℃温度计，如图 6-4(b) 所示。在油浴上加热(2)，控制加热速率，缓慢地蒸出生成的环己烯和水，使温度计读数不超过 90℃。当烧瓶中只剩下黑色残渣，并出现阵阵白雾时可停止蒸馏。

馏出液用毛细滴管从微型分馏头的支管口吸出，并转移到 3mL 具塞离心试管中，加入氯化钠使其饱和，再加入 2 滴 5% Na_2CO_3 中和微量的酸。振荡，静置分层。用毛细滴管吸出下面的水层。如毛细管中吸有油层，待静置分层后，先将下面水层挤掉，将上层液体放回原试管中，加入无水氯化钙干燥(3)。用干燥滴管吸出清液放入 3mL 蒸馏烧瓶中，装上微型蒸馏头，加热蒸馏收集 80～83℃馏分。产品质量约为 200mg(产率约为 50%)，测其折射率。

纯环己烯为无色液体，沸点 83℃，d_4^{20} 0.8102，n_D^{20} 1.4465。

【注意事项】

(1) 环己醇在室温下是黏稠液体（熔点 24℃），量取体积时误差太大，故称其质量。

(2) 用油浴加热，蒸馏瓶受热均匀。由于反应中环己烯与水形成共沸液（沸点为 70.8℃，含水 10%）、环己醇与环己烯也形成共沸液（沸点为 64.9℃，含环己醇 30.5%）、环己醇与水形成共沸液（沸点 97.8℃，含水 80%），因此，在加热时温度不可过高，蒸馏速率不宜过快，以减少未反应的环己醇蒸出。

(3) 加入氯化钙放置 20min 后形成澄清液体，就可达到干燥要求。用无水氯化钙还可除去少量环己醇。

【思考题】

(1) 醇类的酸催化脱水的反应机理是怎样的？

(2) 在粗产品环己烯中，加入氯化钠使水层饱和的目的是什么？

(3) 在制备环己烯时反应后期出现的阵阵白雾是什么？

实验 65　二苯亚甲基丙酮的制备

(Synthesis of Dibenzylidene Acetone)

【实验目的】

(1) 学习利用羟醛缩合反应增长碳链的原理和方法；

(2) 学习利用反应物的投料比控制反应产物。

【实验原理】

两分子具有 α-活泼氢的醛、酮在稀酸或稀碱催化下发生分子间缩合反应生成 β-羟基醛、酮；若提高反应温度则进一步失水生成 α,β-不饱和醛、酮，这种反应称为羟醛缩合反应。这是合成 α,β-不饱和羰基化合物的重要方法，也是有机合成中增长碳链的重要方法。

$$CH_3COCH_3 \xrightarrow{OH^-} {}^-CH_2COCH_2^- \xrightarrow{2\ C_6H_5CHO} C_6H_5-CH(OH)-CH_2-CO-CH_2-CH(OH)-C_6H_5$$

$$\xrightarrow{-2H_2O} C_6H_5-CH{=}CH-CO-CH{=}CH-C_6H_5$$

【实验步骤】

在10mL锥形瓶中小心放入搅拌磁子，用移液管加入新蒸苯甲醛0.8mL(0.84g，7.9mmol)、丙酮0.3mL(0.24g，4.1mmol)[1]，摇匀。将锥形瓶安置在磁力搅拌器上[2]，在瓶口安装缩微的空气冷凝管，启动搅拌器。

在试管中加入1mL 8%的氢氧化钠水溶液和4mL 95%乙醇，摇匀后用移液管取出3mL，在持续搅拌下自冷凝管顶部注入反应瓶中，塞住冷凝管上口[3]，室温搅拌反应40min[4]。随着反应的进行，反应瓶中有越来越多的黄色固体生成，以致磁子转动困难，此时可从冷凝管口补加少许95%乙醇以使其能够灵活运转。

反应结束后拆去冷凝管，向反应混合物中加入0.5mL 10%盐酸，再加入2mL水，混合均匀后用赫尔什漏斗抽滤。用0.5mL水分三次洗涤固体。将所得淡黄色固体转移到干净的表面皿上，在红外灯下干燥。称重，测定熔点并计算粗品收率，必要时可用95%乙醇重结晶。

制得的二苯亚甲基丙酮粗品为淡黄色松散的粒状晶体，产量约0.820～0.865g(产率约88%～93%)。

纯二苯亚甲基丙酮反-反式为结晶固体，熔点110～111℃；顺-反式为淡黄色针状结晶，熔点60℃；顺-顺式为黄色油状液体，沸点130℃(2.7Pa)。

【注意事项】

(1) 本实验原料计量宜准确，最好以称量法计量。若苯甲醛过量，则产物分离纯化较困难；若丙酮稍过量，则有利于反应，但若过量较多，则会生成较多的一苯亚甲基丙酮。一苯亚甲基丙酮易溶于乙醇，因而分离并不困难，但会影响收率。

(2) 若无磁力搅拌器，可用手振摇反应瓶至有固体析出时，再在室温放置反应1h以上并间歇振摇，最后收率无明显影响。

(3) 反应无明显热效应，塞住冷凝管口可防止丙酮挥发损失。

(4) 延长反应时间可稍提高收率。

【思考题】

(1) 本实验中可能会产生哪些副反应，产生哪些副产物？

(2) 若碱的浓度偏高有何不好？

实验66　苯甲醇和苯甲酸的制备
(Synthesis of Benzyl Alcohol and Benzoic Acid)

【实验目的】

(1) 了解Cannizzaro反应的原理与应用，掌握苯甲酸和苯甲醇的制备方法；

(2) 进一步熟练掌握微型蒸馏及重结晶的操作。

【实验原理】

$$2\ C_6H_5CHO + KOH \longrightarrow C_6H_5CH_2OH + C_6H_5COOK$$

$$C_6H_5COOK \xrightarrow{H^+} C_6H_5COOH$$

【实验步骤】

在 5mL 锥形瓶中称取氢氧化钾 0.5～0.6g，加水 0.6mL，摇动溶解并冷至室温。用移液管吸取新蒸苯甲醛 0.81mL(0.84g，8mmol) 加入瓶中(1)，塞住瓶口振摇，使呈均一的乳白色糊状物(2)，此后每隔五六分钟振摇一次，经历三四次后，在室温放置 24h 以上。

在摇动下向反应混合物中滴加清水至固体全部溶解（约需水 1.2～1.6mL)，将该溶液倒入离心管（或小试管）中。用 2～3 滴清水荡洗锥形瓶，洗出液一并加入离心管中。每次用约 1.5mL 乙醚萃取，共萃取 4 次。将各次萃取液合并于另一干净的试管中，依次用 1mL 饱和亚硫酸氢钠溶液、1mL 10%碳酸钠溶液、1mL 水洗涤。最后将水层吸干净，向剩下的醚层中加入适量无水硫酸镁，塞住管口干燥 0.5h 以上。

用滴管过滤法将干燥后的乙醚溶液滤入 5mL 圆底烧瓶中，约 3mL，安装缩微的简单蒸馏装置，水浴加热蒸出乙醚。然后改装成微型蒸馏装置[见图 6-4(a)]，隔着石棉网小心加热蒸馏，收集 200～206℃馏分，称重并计算苯甲醇的收率。产量约 0.25g(产率约 55.5%)。

纯苯甲醇为无色液体，沸点 205.2℃，d_4^{20} 1.0419，n_D^{20} 1.5396。

向乙醚萃取后的水溶液中滴加浓盐酸，并不断摇动，至 pH 约为 2。用冷水冷却，以赫尔什漏斗抽滤，将所得白色晶体转移到表面皿上，放在红外灯下干燥。称重，计算收率并测定熔点。必要时可以水为溶剂，用缩微方法重结晶。所得苯甲酸粗品 0.410～0.425g(产率约为 83.9%～87.1%)，熔点 121～122℃。

纯的苯甲酸为无色小叶片状或针状晶体，熔点 122.4℃。

【注意事项】

(1) 苯甲醛容易被空气氧化，所以使用前应重新蒸馏，收集 179℃的馏分。最好采用减压蒸馏，收集 62℃/1.333kPa(10mmHg) 的馏分或者 90.1℃/5.332kPa(40mmHg) 的馏分。

(2) 充分振摇是反应成功的关键。如混合充分，放置 24h 后，混合物通常在瓶内固化，苯甲醛气味消失。

【思考题】

(1) 本实验中两种产物是根据什么原理分离提纯的？用饱和的亚硫酸氢钠及 10%碳酸钠溶液洗涤的目的是什么？

(2) 乙醚萃取后的水溶液，用浓盐酸酸化到中性是否合适？为什么？不用试纸或者试剂检验，怎么知道酸化程度已经足够？

实验 67 甲基橙的制备（Synthesis of Methyl Orange)

【实验目的】

(1) 通过甲基橙的制备学习重氮化反应和偶合反应的实验操作；

(2) 进一步练习微型过滤、洗涤、重结晶等基本操作。

【实验原理】

芳香族伯胺在酸性介质中和亚硝酸钠作用下生成重氮盐，重氮盐与芳香叔胺偶联，生成偶氮染料：

$$H_2N-C_6H_4-SO_3H + NaOH \longrightarrow H_2N-C_6H_4-SO_3Na + H_2O$$

$$H_2N-C_6H_4-SO_3Na \xrightarrow[HCl]{NaNO_2} \left[HO_3S-C_6H_4-\overset{+}{N}\equiv N\right]Cl^- \xrightarrow[NaOH]{C_6H_5N(CH_3)_2}$$

$$NaO_3S-C_6H_4-N=N-C_6H_4-N(CH_3)_2$$

【实验步骤】

准确称取无水对氨基苯磺酸120mg(0.69mmol) 于5mL锥形瓶中，加入0.5mL水，再加入10%氢氧化钠溶液5滴，振摇至全溶。若不能全溶，可稍加热溶解后再冷至室温。在小试管中放置亚硝酸钠60mg(0.87mmol)，加水0.5mL，摇动溶解后倾入前面制备的对氨基苯磺酸溶液里。将锥形瓶置于冰水浴中冷却至0～5℃。

将装有0.5mL 6mol/L盐酸的小锥形瓶放在冰浴中冷却10min左右，把前面配制的已经冷却的混合溶液倒入冷的盐酸溶液中，继续在冰浴中反应，可观察到白色针状的重氮盐析出。经15～20min后加入7～8mg尿素，间歇旋摇5min以消除过量的亚硝酸。

在另一支5mL锥形瓶中，将95mg *N*,*N*-二甲基苯胺（0.78mmol）溶于1.5mL 95%乙醇中，以冰浴冷却到5℃以下，然后将其加到重氮盐的冷溶液中。将反应混合物轻轻旋摇10min，在继续旋摇下滴加10%氢氧化钠溶液，直到有橙色沉淀析出（约需氢氧化钠溶液1.2mL)，再在冰浴中维持5min。

用赫尔什漏斗抽滤产物，以数滴乙醇洗涤，抽干。迅速将产物转移到表面皿上，置于60～65℃真空干燥箱中干燥(1)，称重并计算收率。产量约为130～150mg(产率约为57.6%～66.4%)。

纯的甲基橙为橙红色鳞状晶体或粉末，熔点300℃。

【注意事项】

(1) 湿润的甲基橙在阳光作用下颜色会迅速变深，呈紫红或暗红色。所以抽滤、转移及干燥的过程应尽可能迅速，干燥的温度也不宜过高，干燥后应装入棕色玻璃瓶中密封保存。

【思考题】

(1) 在本实验中，制备重氮盐时为什么要把对氨基苯磺酸变为钠盐？

(2) 试解释甲基橙在酸碱介质中的变色原因，并用反应式表示。

第 7 章 文献设计性实验
（Designing Experiments）

科学技术的高速发展对人的创新能力的要求越来越高，加强对学生创新能力的培养，已成为高等教育改革的重要任务。为了培养高素质的具有创新能力的科学研究与应用人才，必须让学生学会从实践中发现问题，并将已有的知识运用到实际中，从而解决问题，这也正是增加文献设计性实验的目的。

文献设计性实验是在选定某题目后在教师指导下，学生自己查阅有关文献资料，运用所学的理论知识和实验技术，独立设计实验方案，完成包括实验目的、实验原理、实验仪器与药品、操作步骤、实验报告等一整套方案的制定。实验方案确定后，经指导教师审核或讨论进一步完善，然后由学生独立完成全部实验内容。实验完成后，学生根据所得的实验结果写出实验报告。教师根据学生的理论知识、设计水平、操作技能的高低及实验数据误差的大小，按照评分标准认真评定学生的成绩，作为考核学生综合能力的依据之一。

实验 68 稠杂环化合物苯并呋咱的制备
（Synthesis of Benzofuroxan）

【实验目的】

（1）掌握选择性氧化反应的原理；

（2）掌握缓慢氧化的操作技术和真空干燥技术。

【实验提示】

（1）邻硝基苯胺在碱性条件下被次氯酸钠缓慢氧化成苯并呋咱。

（2）主要化学试剂　邻硝基苯胺，异丙醇，氢氧化钠（固体），PEG 600，次氯酸钠。

（3）主要实验仪器　电磁搅拌器，250mL 四口瓶，温度计，球形冷凝管，滴液漏斗，布氏漏斗，抽滤瓶，水浴锅，加热套，真空干燥箱等。

（4）预习思考题

① 实验过程中学到了用哪些措施来控制反应速率？

② 具有哪些性质的物质需要真空干燥？

【设计要求】

（1）查阅相关文献，用给定的化学试剂设计一种可行的合成实验方案，包括对产物的制备、分离、提纯、鉴定的全过程。

（2）实验方案分为以下几个部分：目的要求、实验原理以及有关化学反应式、实验仪器、操作步骤和预期结果。

（3）拟订的实验方案经教师审查合格后，独立完成实验后，写出规范的实验报告，上交

2g 产品。

实验 69　*o*-甲基异脲醋酸盐的制备
(Synthesis of *o*-Methylisourea Acetate)

【实验目的】

(1) 掌握用硫酸二甲酯进行甲基化的原理；

(2) 掌握脲异构甲基化的操作技术。

【实验提示】

(1) 尿素异构化以后被硫酸二甲酯甲基化，继而与乙酸反应生成相应的醋酸盐。

(2) 主要化学试剂　尿素，甲醇，丙酮，冰醋酸，氢氧化钠（固体），硫酸二甲酯。

(3) 主要实验仪器　电动搅拌器，250mL 三口瓶，温度计，球形冷凝管，水浴锅，托盘天平，抽滤瓶，滤纸，剪刀，加热套，真空干燥箱。

(4) 预习思考题　具有哪些性质的物质需要真空干燥？

【设计要求】

(1) 查阅相关文献，用给定的化学试剂设计一种可行的合成实验方案，包括对原料的处理、产物的制备、分离、提纯、鉴定的全过程。

(2) 实验方案内容包括目的要求、实验原理以及有关化学反应式、实验仪器、操作步骤和预期结果。

(3) 拟订的实验方案经教师审查合格后，独立完成实验，写出规范的实验报告，上交 2g 产品。

实验 70　汽油抗震剂甲基叔丁基醚的制备
(Synthesis of Methyl *tert*-Butyl Ether for Gasoline Antidetonator)

【实验目的】

(1) 通过自行设计实验掌握甲基叔丁基醚的制备原理和方法；

(2) 熟悉和掌握分馏和蒸馏等操作；

(3) 通过本实验学习合成实验中提高产率的方法。

【实验提示】

(1) 甲基叔丁基醚　主要用作汽油添加剂，具有优良的抗震性能，毒性小，是汽油中用于增强汽车抗震性能的四乙基铅的绿色替代品。在实验室中甲基叔丁基醚既可用醇钠和卤代烷反应制备，也可用醇分子间脱水法制备。

(2) 主要化学试剂　正丁醇，甲醇，硫酸，碳酸钠。

(3) 主要实验仪器　滴液漏斗，搅拌装置，分馏柱，三口瓶，分液漏斗，蒸馏装置。

(4) 预习思考题

① 醚化时能否用浓硫酸？

② 如何提高可逆反应的产率？

【设计要求】

(1) 查阅相关文献，用给定的化学试剂设计一种可行的合成实验方案，实验方案主要可分为目的要求、实验原理以及有关化学反应式、实验仪器、操作步骤和预期结果几个部分，包括对产物的制备、分离、提纯以及鉴定，要求制得的产品约3g，产率达到50%。

(2) 列出实验所需要的仪器，列出实验中可能出现的问题及对应的处理方法。对某些特殊药品的使用和保管方法应在实验前特别注意，试剂的配制方法应查阅有关手册。

(3) 拟订的实验方案经教师审查合格后，独立完成实验，写出规范的实验报告。

实验71　葡萄糖酸钙的制备（Synthesis of Calcium Gluconate）

【实验目的】

(1) 通过自行设计实验掌握葡萄糖酸钙的实验室制法和原理；

(2) 了解葡萄糖酸钙的生理作用及在医学上的应用。

【实验提示】

(1) 葡萄糖酸钙　可促进骨骼及牙齿钙化，维持神经和肌肉正常兴奋，降低毛细血管渗透性，可用于因血钙低引起的手足抽搐及麻痹、渗出性水肿、瘙痒性皮肤病等疾病的治疗。

(2) 主要化学试剂　葡萄糖，去离子水，1%溴水，碳酸钙，乙醇。

(3) 主要实验仪器　电子天平，水浴装置，离心机，离心试管，过滤装置。

(4) 预习思考题　如何检测Br^-？

【设计要求】

(1) 查阅相关文献，用给定的化学试剂设计出可行的实验方案，包括葡萄糖酸钙制备的原理、分离、鉴定的全过程。

(2) 拟订的实验方案经教师审查合格后，独立完成实验。

(3) 对实验中观察到的现象做出解释，写出规范的实验报告，上交1g产品。

实验72　从奶粉中分离酪蛋白和乳糖（Isolation of Casein and Lactose from Milk Powder）

【实验目的】

(1) 通过自行设计实验掌握从奶粉中分离酪蛋白、乳糖的原理和方法；

(2) 巩固结晶、减压过滤等操作。

【实验提示】

(1) 奶粉中主要的蛋白质是酪蛋白，是含磷蛋白质的复杂混合物。蛋白质中的酪蛋白可通过等电点沉淀。当调节奶液的pH达到酪蛋白的等电点（pI)4.8左右时，酪蛋白将以沉淀的形式从奶粉溶液中析出。乳糖仍留在溶液中，通过减压过滤的方法能使酪蛋白和乳糖分离。根据乳糖不溶于乙醇的性质，加入乙醇可使乳糖结晶析出并进行初步提纯。

(2) 主要化学试剂　脱脂奶粉，冰醋酸，碳酸钙，活性炭，二氯甲烷，乙醇（95%），精密pH试纸。

(3) 主要实验仪器　烧杯，水浴，循环水泵，布氏漏斗，回流装置。

(4) 预习思考题

① 沉淀酪蛋白时，加酸为何不宜过多或过少？

② 除去酪蛋白后的溶液中为何加入碳酸钙？

【设计要求】

（1）查阅相关文献，用给定的化学试剂设计一种可行的分离、分析实验方案（包括目的要求、实验原理、实验仪器、操作步骤和预期结果）。

（2）拟订的实验方案经教师审查合格后，独立完成实验。

（3）对实验中观察到的现象做出解释，写出规范的实验报告。

实验 73　从番茄中提取番茄红素及 β-胡萝卜素
(Isolation of Lycopene and β-Carotene from Tomatoes)

【实验目的】

（1）通过自行设计实验掌握从番茄中提取番茄红素的原理和方法；

（2）巩固柱色谱分离、薄层色谱检验有机化合物的实验技术。

【实验提示】

（1）类胡萝卜素是一类天然色素，广泛分布于植物、动物和海洋生物中。番茄红素和 β-胡萝卜素是其中的两种重要成分，具有增强免疫功能、抗氧化、抗癌和预防心血管疾病等作用。类胡萝卜素不溶于水、乙醇，而易溶于石油醚、苯、二氯甲烷、氯仿等有机溶剂。利用此性质，实验中先用 95％的乙醇将番茄中的水脱去，再用有机溶剂萃取番茄红素和 β-胡萝卜素。然后使用柱色谱进行分离，薄层色谱检验分离效果。

（2）主要化学试剂　新鲜番茄（市售），95％乙醇，二氯甲烷，硅胶 GF_{254}，石油醚，丙酮，无水硫酸镁，中性 Al_2O_3。

（3）主要实验仪器　分液漏斗，载玻片，层析缸，漏斗，锥形瓶，色谱柱，旋转蒸发仪，回流装置。

（4）预习思考题

① 柱色谱和薄层色谱分离色素在原理上有何异同？在方法上各有何优缺点？

② 为何能用柱色谱方法分离番茄红素和 β-胡萝卜素？

【设计要求】

（1）查阅相关文献，用给定的化学试剂设计出可行的实验方案，包括提取方法的原理、分离、鉴定的全过程。

（2）拟订的实验方案经教师审查合格后，独立完成实验。

（3）对实验中观察到的现象做出解释，写出规范的实验报告。

实验 74　固体酸 $SnCl_4 \cdot 5H_2O/C$ 合成香料乙酸异戊酯
(Synthesis of Isoamyl Acetate Using $SnCl_4 \cdot 5H_2O/C$)

【实验目的】

（1）了解绿色化学的概念并掌握一种固体酸催化剂的制备方法。

（2）了解固体酸对酯化反应的催化作用。

【实验提示】

(1) 固体酸 $SnCl_4 \cdot 5H_2O/C$ 催化下，乙酸和异戊醇发生酯化反应可生成乙酸异戊酯。

(2) 主要化学试剂 $SnCl_4 \cdot 5H_2O$，活性炭，乙酸，异戊醇，苯。

(3) 主要实验仪器 电动搅拌器，三口烧瓶，温度计，球形冷凝管，分液漏斗，分水器，电热套，常压蒸馏装置等。

【设计要求】

(1) 查阅相关文献，写出固体酸催化合成香料乙酸异戊酯的研究综述。包括各种不同的固体酸催化酯化反应的效果。

(2) 查阅文献确定固体酸 $SnCl_4 \cdot 5H_2O/C$ 合成实验方案。

(3) 查阅文献确定固体酸 $SnCl_4 \cdot 5H_2O/C$ 催化合成香料乙酸异戊酯实验方案。

(4) 实验过程中研究催化剂用量、原料比和时间对乙酸异戊酯产率的影响，确定最佳反应条件。

(5) 报告按小论文的形式进行撰写，以一般化学杂志发表的化学论文为借鉴，由题目、作者、摘要、前言、实验部分、结果与讨论、参考文献等组成。

(6) 思考在酯化反应中，固体酸催化与传统的硫酸催化相比有哪些优点？

附　录

附录1　常用酸碱溶液的浓度

溶液名称	相对密度 (d_4^{20})	质量分数/%	物质的量浓度/(mol/L)	溶液名称	相对密度 (d_4^{20})	质量分数/%	物质的量浓度/(mol/L)
盐酸	1.179～1.185	36.0～38.0	11.65～12.38	冰醋酸	≤1.050	≥99.8	≥17.45
硝酸	1.391～1.405	65.0～68.0	14.36～15.16	氢氟酸	1.128	≥40.0	≥22.55
硫酸	1.830～1.840	95.0～98.0	17.80～18.50	氢溴酸	1.490	47.0	8.60
磷酸	≥1.680	≥85.0	≥14.60	浓氨水	0.900～0.907	25.0～28.0	13.32～14.44

附录2　有机化学实验常用名词术语英汉对照表

英　语	汉　语	英　语	汉　语
adapter	接引管	Abbé refractometer	阿贝折射仪
beaker	烧杯	Buchner funnel	布氏漏斗
alcohol blast burner	酒精喷灯	suction flask	抽滤瓶
anti-bumping stone	沸石	Claisen distillation head	克氏蒸馏头
clamp	夹子	conical flask	锥形瓶
capillary tube	毛细管	graduated cylinder	量筒
drying tube	干燥管	graduated pipette	移液管
stopper	玻璃塞	three-necked flask	三口烧瓶
separatory funnel	分液漏斗	thermometer	温度计
filtrate	滤液	fractional distillation	分馏
oil bath	油浴	rotatory evaporator	旋转蒸发器
vacuum distillation	减压蒸馏	heat filtration	热过滤
alkane	烷烃	alkene	烯烃
alcohol	醇	aldehyde	醛
amine	胺	acylation	酰化
carboxylic acid	羧酸	concentration	浓缩
column chromatography	柱色谱	crystal	晶体
extraction	萃取	ether	醚
hydrocarbon	烃	ester	酯
impurity	杂质	ketone	酮
melting point	熔点	mixture	混合物
oxidation	氧化	organic phase	有机相
purification	纯化	reduction	还原
recrystallization	重结晶	stationary phase	固定相
phase transfer catalysis	相转移催化	thin-layer chromatography	薄层色谱
vapour pressure	蒸气压	washing	洗涤
acetone	丙酮	adipic acid	己二酸
aniline	苯胺	anhydrous calcium chloride	无水氯化钙
benzoic acid	苯甲酸	benzyl alcohol	苯甲醇
benzene	苯	Infrared spectrum	红外光谱
ethyl acetate	乙酸乙酯	ethanol	乙醇
ethyl benzoate	苯甲酸乙酯	ethyl acetoacetate	乙酰乙酸乙酯
glacial acetic acid	冰醋酸	hydrochloric acid	盐酸
methanol	甲醇	magnesium sulfate	硫酸镁
nitric acid	硝酸	phenol	苯酚
petroleum ether	石油醚	phosphoric acid	磷酸
potassium hydroxide	氢氧化钾	sulfuric acid	硫酸

附录3 常见共沸物的组成

二元体系

共沸物		各组分沸点/℃		共沸物性质	
A组分	B组分	A组分	B组分	沸点/℃	A组分质量分数/%
水	甲苯	100.0	110.8	84.1	19.6
水	苯	100.0	80.1	69.4	8.9
水	乙酸乙酯	100.0	77.1	70.4	8.2
水	正丁酸甲酯	100.0	102.7	82.7	11.5
水	异丁酸乙酯	100.0	110.1	85.2	15.2
水	苯甲酸乙酯	100.0	212.4	99.4	84.0
水	2-戊酮	100.0	102.5	82.9	13.5
水	乙醇	100.0	78.5	78.1	4.5
水	正丁醇	100.0	117.3	93.0	44.5
水	异丁醇	100.0	108.1	90	33.2
水	仲丁醇	100.0	99.5	88.5	32.1
水	叔丁醇	100.0	82.5	79.9	11.7
水	苄醇	100.0	205.2	99.9	91.0
水	烯丙醇	100.0	97.0	88.2	27.1
水	甲酸	100.0	100.8	107.3	22.5
水	硝酸	100.0	86.0	120.5	32.0
水	氢碘酸	100.0	−34.0	127.0	43.0
水	氢溴酸	100.0	−66.8	126.0	52.5
水	氢氯酸	100.0	−84.0	110.0	79.8
水	乙醚	100.0	34.5	34.2	1.3
水	丁醛	100.0	75.7	68.0	6.0
乙酸乙酯	二硫化碳	77.1	46.3	46.1	7.3
己烷	苯	68.9	80.1	68.8	95.0
己烷	氯仿	68.9	61.2	60.0	28.0
丙酮	二硫化碳	56.2	46.3	39.2	34.0
丙酮	异丙醚	56.2	68.5	54.2	61.0
丙酮	氯仿	56.2	61.2	64.7	20
四氯化碳	乙酸乙酯	76.5	77.1	74.8	57
环己烷	苯	80.7	80.1	77.8	45.0
乙醇	苯	78.5	80.1	67.8	32.4
乙醇	甲苯	78.5	110.8	76.7	68.0
乙醇	乙酸乙酯	78.5	77.1	71.8	30.8

三元体系

共沸物			各组分沸点/℃			共沸物性质			
							质量分数/%		
A组分	B组分	C组分	A组分	B组分	C组分	沸点/℃	A组分	B组分	C组分
水	乙醇	苯	100.0	78.5	80.1	64.6	7.4	18.5	74.1
水	乙醇	乙酸乙酯	100.0	78.5	77.1	70.2	9.0	8.4	82.6
水	丙醇	乙酸丙酯	100.0	97.2	101.6	82.2	21.0	19.5	59.5
水	丙醇	丙醚	100.0	97.2	91.0	74.8	11.7	20.2	68.1
水	异丙醇	甲苯	100.0	82.4	110.8	76.3	13.1	38.2	48.7
水	丁醇	乙酸丁酯	100.0	117.7	126.5	90.7	29.0	8.0	63.0
水	丁醇	丁醚	100.0	117.7	142.2	90.6	29.9	34.6	34.5
水	丙酮	氯仿	100.0	56.2	61.2	60.4	4.0	38.4	57.6
水	乙醇	四氯化碳	100.0	78.5	76.5	61.8	3.4	10.3	86.3
水	乙醇	氯仿	100.0	78.5	61.2	55.2	3.5	4.0	92.5

附录4　常用试剂的配制方法

1. Benedict 试剂

溶解20g柠檬酸钠和11.5g无水碳酸钠于100mL热水中，在不断搅拌下，把含有2g $CuSO_4 \cdot 5H_2O$ 的20mL水溶液慢慢加入到此溶液中，此混合溶液应十分清澈，否则应过滤。Benedict试剂在放置时不易变质，不像Fehling试剂那样需要配制成Ⅰ、Ⅱ两种溶液分别保存，所以比Fehling试剂使用方便。

2. Fehling 试剂

Fehling试剂由试剂A和试剂B组成，使用时将二者等体积混合。

Fehling试剂A：溶解3.5g $CuSO_4 \cdot 5H_2O$ 于100mL水中，得淡蓝色Fehling试剂A。若浑浊，应过滤后使用。

Fehling试剂B：溶解酒石酸钾钠晶体17g于20mL热水中，加入含5g氢氧化钠水溶液20mL，稀释至100mL，即得Fehling试剂B。

3. KI-I_2 溶液

20g碘化钾溶于100mL蒸馏水中，然后加入10g研细的碘粉，搅动至全溶，得深红色溶液。

4. Lucas 试剂

称取34g无水氯化锌，放在蒸发皿中强热熔融，稍冷后放入干燥器中冷却至室温。取出捣碎，加入23mL浓盐酸溶解（溶解时应不断搅拌，并将容器放在冷水浴中冷却，以防氯化氢逸出）。配好的试剂存放在玻璃瓶中。此试剂一般在用前现配。

5. Schiff 试剂

（1）在100mL热水里，溶解0.2g品红盐酸盐，冷却后，加入2g亚硫酸氢钠和2mL浓盐酸，再用水稀释至200mL。

（2）溶解 0.5g 品红盐酸盐于 100mL 热水中，冷却后，通入二氧化硫达到饱和，加入 0.5g 活性炭，振荡，过滤再用蒸馏水稀释至 500mL。

6. Tollen 试剂

在洁净的试管中加入 20mL 5%硝酸银溶液，1～2 滴 10%的氢氧化钠溶液，振荡下滴加稀氨水（1mL 浓氨水用 9mL 水稀释），直到析出的氧化银沉淀恰好溶解为止，此即为 Tollen 试剂。

7. 饱和溴水

溶解 15g 溴化钾于 100mL 水中，加入 10g 溴，振荡。

8. 饱和 $NaHSO_3$ 溶液

在 40%的 100mL 亚硫酸钠溶液中，加入 25mL 不含醛的无水乙醇。混合后，如有少量的亚硫酸氢钠固体析出则需过滤。此溶液不稳定，一般在实验前随配随用。

9. 铬酸试剂

用重铬酸钾 20g 溶于 40mL 水中，加热溶解，冷却，缓慢加入 320mL 浓硫酸即成，储于磨口细口瓶中。

10. 刚果红试纸

将 0.5g 刚果红溶于 1000mL 水中，加 5 滴醋酸。将滤纸条在此温热溶液中浸湿后，取出晾干，裁成纸条，试纸呈鲜红色。

11. 2,4-二硝基苯肼试剂

取 3g 2,4-二硝基苯肼溶于 15mL 浓硫酸中，所得到的溶液在搅拌下缓缓加入 70mL 95%乙醇和 20mL 水的混合液中，过滤，将滤液保存在棕色瓶中备用。

2,4-二硝基苯肼有毒！使用时切勿让它与皮肤接触，如不慎触及，应立即用 5%醋酸冲洗，再用肥皂洗涤。

12. 苯肼试剂

（1）将 5mL 苯肼溶于 50mL 10%的乙酸溶液中，加入活性炭 0.5g，过滤，装入棕色瓶中储存备用。

（2）溶解 5g 苯肼盐酸盐于 160mL 水中（必要时可微热助溶），加 0.5g 活性炭脱色，过滤。在滤液中加 9g 结晶醋酸钠，搅拌溶解，储存在棕色瓶中备用。

（3）将 2 份质量的苯肼盐酸盐与 3 份质量的无水醋酸钠混合均匀，研磨成粉末，储存在棕色瓶中。用时可取适量混合物溶于水，直接使用。

13. 淀粉溶液的配制

用 7.5mL 冷水和 0.5g 淀粉充分混合成一均匀的悬浮物，勿使块状物存在。将此悬浮物倒入 67mL 沸水中，继续加热几分钟即得淀粉溶液。

14. α-萘酚乙醇溶液

取 2g α-萘酚溶于 20mL 95%乙醇中，用 95%乙醇稀释至 100mL，储于棕色瓶中，一般现用现配。

15. 谢里瓦诺夫试剂

0.05g 间苯二酚溶于 50mL 浓盐酸中，再用水稀释至 100mL。

16. 硝酸汞试剂（米隆试剂）

将 1g 金属汞溶于 2mL 浓硝酸中，用两倍水稀释，放置过夜，过滤即得。它主要含有汞或亚汞的硝酸盐和亚硝酸盐，此外，还含有过量的硝酸和少量的亚硝酸。

附录5 常见有机化合物的物理常数

名称	相对分子质量	折射率 (n_D^{20})	相对密度 (d_4^{20})	熔点/℃	沸点/℃	溶解度	
						水中	乙醚中
环己烷	84.16	1.4266	0.7786	6.5	80.7	i	∞
乙烯	28.05	—	0.5699(−103.7℃)	−169.2	−103.7	i	s
乙炔	26.04	—	0.6181(−82℃)	−80.8	−84.0	i	s
环己烯	82.15	1.4465	0.8102	−103.5	83.0	i	∞
苯	78.12	1.5011	0.8787	5.5	80.1	sl	∞
甲苯	92.15	1.4961	0.8669	−95	110.8	i	∞
硝基苯	123.11	1.5562	1.2037	5.7	210.8	sl	∞
萘	128.17	—	1.1623	80.5	217.9	i	s
一氯甲烷	50.49	1.3389	0.9159	−97.7	−24.2	i	∞
二氯甲烷	84.93	1.4242	1.3266	−95.1	39.7	sl	∞
氯仿	119.38	1.4459	1.4832	−63.5	61.2	sl	∞
四氯化碳	153.82	1.4601	1.5940	−23	76.5	i	∞
1,2-二氯乙烷	98.96	1.4448	1.2569	−35.4	83.5	i	∞
氯苯	112.56	1.5241	1.1058	−45.6	132.2	i	∞
苄氯	126.59	1.5391	1.1002	−39	179.3	i	∞
1-溴丁烷	137.07	1.4401	1.2758	−112.4	101.6	i	∞
溴苯	157.02	1.5597	1.4950	−30.8	156.4	i	∞
碘乙烷	155.97	1.5133	1.9358	−108	72.3	i	∞
甲醇	32.04	1.3288	0.7914	−93.9	64.7	∞	∞
乙醇	46.07	1.3611	0.7893	−117.3	78.5	∞	∞
正丙醇	60.11	1.3850	0.8035	−126.5	97.2	∞	∞
异丙醇	60.11	1.3776	0.7855	−89.5	82.4	∞	∞
正丁醇	74.12	1.3993	0.8098	−89.5	117.3	s	∞
异丁醇	74.12	1.3968	0.8018	−108	108.1	s	∞
仲丁醇	74.12	1.3978	0.8063	−114.7	99.5	s	∞
叔丁醇	74.12	1.3878	0.7887	25.5	82.5	∞	∞
异戊醇	88.15	1.4053	0.8092	−117.2	128.5	sl	∞
2-甲基-2-己醇	116.20	1.4175	0.8119	87.4	143	sl	∞
正辛醇	130.23	1.4295	0.8270	−16.7	194.4	i	∞
环己醇	100.16	1.4641	0.9624	25.1	161.1	s	s
苯甲醇	108.15	1.5396	1.0419	−15.3	205.2	s	s
甘油	92.11	1.4746	1.2613	20	290	∞	i
三苯甲醇	260.33	—	1.199	162.5	380	i	∞
苯酚	94.11	—	1.0576	43	181.8	sl	∞
对苯二酚	110.11	—	1.328	170.5	285	s	s
乙醚	74.12	1.3526	0.7138	−116.2	34.5	s	∞
正丁醚	130.23	1.3992	0.7689	−95.3	142.2	i	∞
甲基叔丁基醚	88.15	1.3690	0.7405	−109	55.2	s	s
苯乙醚	122.17	1.5076	0.9702	−29.5	172	i	s
甲醛	30.03	1.3755	0.815^{-20}	−92	−21	∞	∞
乙醛	44.05	1.3316	0.7834^{18}	−121	20.8	∞	∞
正丁醛	72.12	1.3843	0.817	−99	75.7	s	∞
苯甲醛	106.13	1.5463	1.0415	−26	178.1	sl	∞
丙酮	58.08	1.3588	0.7899	−94.8	56.2	∞	∞
环己酮	98.15	1.4507	0.9478	−16.4	155.6	s	s
苯乙酮	120.16	1.5372	1.0281	20.5	202.2	sl	s
二苯酮	182.21	$1.6077^{19}(\alpha)$ $1.6059^{23}(\beta)$	1.1146	48.1(α) 26.1(β)	305.9	i	s
苯亚甲基丙酮	146.19	1.5836^{50}	1.0377^{15}	42	262	sl	s

续表

名称	相对分子质量	折射率(n_D^{20})	相对密度(d_4^{20})	熔点/℃	沸点/℃	溶解度	
						水中	乙醚中
苯亚甲基苯乙酮	208.26	1.6458	1.0712	58	219 (2.4kPa)	i	s
甲酸	46.03	1.3714	1.220	8.4	100.8	∞	∞
乙酸	60.05	1.3716	1.0415	16.6	117.9	∞	∞
丁酸	88.11	1.3984	0.959	−7.9	162.5	∞	∞
苯甲酸	122.12	1.504^{32}	1.2659^{15}	122.4	249.6	sl	∞
水杨酸	138.12	1.565	1.443	159 升华	211 (2.67kPa)	sl	s
乙酰水杨酸	180.16	—	1.35	135	—	i	s
肉桂酸	148.17	—	1.245	133	300	sl	∞
草酸	90.04	1.540	1.900	189.5 (分解)	—	s	s
丁二酸	118.18	—	1.572	185	235 (分解)	s	sl
酒石酸	150.09	1.4955	1.7598	1702	分解	s	sl
乙酰氯	78.50	1.3898	1.105	−112	50.9	—	∞
苯甲酰氯	140.57	1.5537	1.2120	−1.0	197.2	—	∞
乙酸酐	102.09	1.3901	1.0828	−73.1	139.6	—	∞
顺丁烯二酸酐	98.06	—	1.314	52.8	202.2	—	s
丁二酸酐	100.07	—	1.2340	119.6	261	sl	sl
乙酸乙酯	88.12	1.3723	0.9003	−83.6	77.1	sl	∞
乙酸正丁酯	116.16	1.3941	0.8825	−77.9	126.5	sl	∞
乙酸异戊酯	130.19	1.4003	0.867	−78.5	142	sl	∞
丙二酸二乙酯	160.17	1.4139	1.0551	−48.9	199.3	s	∞
乙酰乙酸乙酯	130.15	1.4194	1.0282	<−45	180.4	s	∞
甲胺	31.06	1.351	0.699^{-11}	−93.9	−6.7	∞	s
三乙胺	101.19	1.4010	0.7275	−114.7	89.3	sl	s
苯胺	93.12	1.5863	1.0217	−6.3	184.1	sl	∞
对硝基苯胺	138.13	—	1.424	148.5	331.7	sl	s
邻硝基苯胺	138.13	—	1.442^{15}	71.5	284.5	sl	s
N-甲基苯胺	107.16	1.5684	0.9891	−57	196.3	sl	∞
N,*N* 二甲基苯胺	121.18	1.5582	0.9557	2.5	194.2	i	s
乙酰胺	59.07	1.4278	1.159	82.3	221.2	s	i
N,*N* 二甲基甲酰胺	73.09	1.4305	0.9487	−60.5	152.8	∞	∞
乙酰苯胺	135.17	—	1.2105	114.3	304	sl	s
对硝基乙酰苯胺	180.16	—	—	216	100℃(1.1Pa)	i	s
尿素	60.06	1.484	1.335	132.7	分解	∞	i
2,4-二硝基苯肼	198.14	—	—	198	分解	sl	sl
环氧乙烷	44.05	1.3597	0.8694	−111.3	10.7	s	s
呋喃	68.08	1.4214	0.9514	−85.6	31.4	i	s
呋喃甲醛	96.09	1.5261	1.1594	−38.7	161.7	s	∞
呋喃甲醇	98.10	1.4868	1.1285	−14.6	171(100kPa)	∞	s
呋喃甲酸	112.09	—	—	133	230	s	s
四氢呋喃	72.12	1.4073	0.8892	−108.6	67	∞	∞

注：1. 折射率：如未特别说明，一般表示为 n_D^{20}，即以钠光灯为光源，20℃时所测得的 n 值。

2. 相对密度：如未特别说明，一般表示为 d_4^{20}，即表示物质在 20℃时相对于 4℃水的密度。气体的相对密度表示对空气的相对密度。

3. 沸点：如未注明压力，一般指常压（101.3kPa）下的沸点。

4. 溶解度：s 为可溶，i 为不溶，sl 为微溶，∞为混溶。

附录6　常用溶剂和特殊试剂的纯化

市售试剂规格一般分为一级（G.R.）保证试剂；二级（A.R.）分析纯试剂；三级（C.P.）化学纯试剂；四级（L.R.）实验试剂。按照实验要求购买某一规格试剂与溶剂是化学工作者必须具备的基本知识。大多有机试剂与溶剂性质不稳定，久储易变色、变质，而化学试剂和溶剂的纯度直接关系到反应速率、反应产率及产物的纯度。为合成某一目标分子，选择什么规格的试剂以及为满足合成反应的特殊要求，对试剂与溶剂进行纯化处理，这些都是有机合成的基本知识与基本操作内容。以下将介绍一些常用试剂和某些溶剂在实验室条件下的纯化方法及相关性质。

1. 正己烷（hexane）

沸点68.7℃，n_D^{20}0.6378，d_4^{20}1.3723。

用35%发烟硫酸分次振摇至酸层无色，再顺次用蒸馏水、10%碳酸氢钠溶液、少量水洗涤两次，以无水硫酸钙或硫酸镁干燥，加入金属钠，放置，蒸馏。

2. 石油醚（petroleum）

石油醚为轻质石油产品，是低分子质量烃类（主要是戊烷和己烷）的混合物。其沸程为30～150℃，收集的温度区间一般为30℃左右，如有30～60℃（d_4^{20}0.59～0.62），60～90℃（d_4^{20}0.64～0.66），90～120℃（d_4^{20}0.67～0.72），120～150℃（d_4^{20}0.72～0.75）等沸程规格的石油醚。石油醚中含有少量不饱和烃，沸点与烷烃相近，不能用蒸馏法分离，必要时可用浓硫酸和高锰酸钾把它除去。通常将石油醚用其体积1/10的浓硫酸洗涤两三次，再用10%的浓硫酸加入高锰酸钾配成的饱和溶液洗涤，直至水层中的紫色不再消失为止，然后再用水洗，经无水氯化钙干燥后蒸馏。如需要绝对干燥的石油醚，则需加入钠丝（见无水乙醚处理）。

使用石油醚作溶剂时，由于轻组分挥发快，溶解能力降低，通常在其中加入苯、氯仿、乙醚等增加其溶解能力。

3. 苯（benzene）

沸点80.1℃，n_D^{20}1.5011，d_4^{20}0.8787。

普通苯可能含有少量噻吩。

(1) 噻吩的检验　取5滴苯于小试管中，加入5滴浓硫酸及1～2滴1% α,β-吲哚醌的浓硫酸溶液，振摇后呈墨绿色或蓝色，说明含有噻吩。

(2) 除去噻吩　可用相当于苯体积15%的浓硫酸洗涤数次，直至酸层呈无色或浅黄色；然后再分别用水、10%碳酸钠水溶液和水洗涤，用无水氯化钙干燥过夜，过滤后进行蒸馏，收集纯品。若要进一步除水，可在上述的苯中加入钠丝去水，再经蒸馏。

4. 甲苯（toluene）

沸点110.8℃，n_D^{20}1.4961，d_4^{20}0.8669。

用无水氯化钙将甲苯进行干燥，过滤后加入少量金属钠片，再进行蒸馏，即得无水甲苯。普通甲苯中可能含有少量甲基噻吩。

除去甲基噻吩的方法：在1000mL甲苯中加入100mL浓硫酸，摇荡约30min（温度不要超过30℃），除去酸层；然后再分别用水、10%碳酸钠水溶液和水洗涤，以无水氯化钙干燥过夜；过滤后进行蒸馏，收集纯品。

5. 二甲苯（xylene）

用浓硫酸振摇两次，顺次用蒸馏水、5%碳酸氢钠溶液或氢氧化钠溶液洗涤一次，再用蒸馏水洗，然后以无水硫酸钙与五氧化二磷干燥，蒸馏。

6. 氯仿（chloroform）

沸点 61.2℃，n_D^{20} 1.4459，d_4^{20} 1.4832。

普通用的氯仿含有1%乙醇（它是作为稳定剂加入的，以防止氯仿分解为有害的光气）。除去乙醇的方法：用其体积一半的水洗涤氯仿5～6次，分出氯仿层，无水氯化钙干燥24h，进行蒸馏，收集的纯品要储于棕色瓶中，放置于暗处，以免受光分解而形成光气。

氯仿不能用金属钠干燥，否则会发生爆炸。

7. 二氯甲烷（dichloromethane）

沸点 39.7℃，n_D^{20} 1.4242，d_4^{20} 1.3266。

二氯甲烷为无色挥发性液体，蒸气不燃烧，与空气混合也不发生爆炸，微溶于水，能与醇、醚混合。它可以代替醚作萃取溶剂用。

二氯甲烷纯化可用浓硫酸振荡数次，至酸层无色为止。水洗后，用5%的碳酸钠洗涤，然后再用水洗。以无水氯化钙干燥，蒸馏，收集39.5～41℃的馏分。二氯甲烷不能用金属钠干燥，因其会发生爆炸。同时注意不要在空气中久置，以免氧化，应储存于棕色瓶内。

8. 四氯化碳（tetrachloromethane）

沸点 76.5℃，n_D^{20} 1.4601，d_4^{20} 1.5940。

普通四氯化碳中含二硫化碳约4%。纯化时，可将1L四氯化碳与60g氢氧化钾溶于60mL水和100mL乙醇配成的溶液，在50～60℃时剧烈振荡0.5h，然后水洗。再将此四氯化碳按上述方法重复操作一次（氢氧化钾的用量减半），分出四氯化碳。再用少量浓硫酸洗至无色，然后再用水洗，用无水氯化钙干燥，蒸馏即得。

四氯化碳不能用金属钠干燥，否则会发生爆炸。

9. 1,2-二氯乙烷（1,2-dichloroethane）

沸点 83.5℃，n_D^{20} 1.4448，d_4^{20} 1.2569。

1,2-二氯乙烷是无色液体，有芳香气味，溶于120份水中可与水形成恒沸物（含水18.5%，沸点72℃），可与乙醇、乙醚和氯仿相混合。在重结晶和萃取时是很有用的溶剂。一般纯化可依次用浓硫酸、水、稀碱溶液和水洗涤，然后用无水氯化钙干燥，或加入五氧化二磷（20g/L），加热回流2h，常压蒸馏即可。

10. 碘甲烷（iodomethane）

沸点 42.5℃，n_D^{20} 1.5380，d_4^{20} 2.2790。

无色液体，见光变褐色，游离出碘。

纯化方法：用硫代硫酸钠或亚硫酸钠的稀溶液反复洗至无色，然后用水洗，用无水氯化钙干燥，蒸馏。碘甲烷应盛于棕色瓶中，避光保存。

11. 无水甲醇（absolute methyl alcohol）

沸点 64.7℃，n_D^{20} 1.3288，d_4^{20} 0.7914。

市售的甲醇大多数通过合成法制备。一般纯度能达到99.85%，其中可能含有极少量的杂质，如水和丙酮。由于甲醇和水不能形成恒沸点混合物，故可以通过高效精馏柱分馏将少量的水除去。精制的甲醇含有0.02%的丙酮和0.1%的水，一般亦可使用。如要制无水甲醇，也可使用镁制无水乙醇的方法。若含水量低于0.1%，也可用3A或4A分子筛干燥。甲醇有毒，处理时应避免吸入其蒸气。

12. 无水乙醇（absolute ethyl alcohol）

沸点 78.5℃，n_D^{20} 1.3611，d_4^{20} 0.7893。

市售的无水乙醇一般只能达到99.5%的纯度。许多反应中则需用纯度更高的乙醇，因此在工作中经常需自己制备绝对乙醇。通常工业用的95.5%的乙醇不能直接用蒸馏法制取无水乙醇，因95.5%的乙醇和4.5%的水可形成恒沸点混合物。要把水除去，第一步是加入氧化钙（生石灰）煮沸回流，使乙醇中的水与生石灰作用生成氢氧化钙，然后再将无水乙醇蒸出。这样得到的无水乙醇，纯度最高约为99.5%。如用纯度更高的无水乙醇，可用金属镁或金属钠进行处理。

(1) 无水乙醇的制备　在250mL的圆底烧瓶中放入45g生石灰、100mL 95.5%乙醇，装上带有无水氯化钙干燥管的回流冷凝管，在水浴上回流2～3h，然后改装成蒸馏装置，进行蒸馏，收集产品70～80mL，这样制备的乙醇纯度达到99.5%。

(2) 绝对乙醇的制备　在250mL的圆底烧瓶中放置0.60g干燥纯净的镁条、10mL 99.5%乙醇，装上回流冷凝管，并在冷凝管上端安装一支无水氯化钙干燥管（以上所用仪器都必须是干燥的)，在沸水浴上或用小火直接加热达微沸。移去热源，立即加入几粒碘片(此时注意不要振荡)，顷刻即在碘粒附近发生作用，最后可以达到相当剧烈的程度，有时作用太慢则需加热，如果在加碘之后，作用仍不开始，可再加入数粒碘（一般讲，乙醇与镁的作用是缓慢的，如所用乙醇含水量超过0.5%时，作用尤其困难)。待全部镁已经作用完毕后，加入100mL 99.5%乙醇和几粒沸石。回流1h，蒸馏，收集产品并保存于玻璃瓶中，用一橡皮塞塞住，这样制备的乙醇纯度超过99.99%。

13. 异丙醇（isopropanol）

沸点82.4℃，n_D^{20}1.3776，d_4^{20}0.7855。

化学纯或分析纯的异丙醇作为一般溶剂使用并不需要作纯化处理，只有在要求较高的情况下（如制异丙醇铝）才需要纯化。纯化的方法因试剂的规格不同而不同。化学纯或更高规格的异丙醇可直接用3A或4A分子筛干燥后使用。含量91%左右的异丙醇可与氧化钙回流5h左右，然后用高效精馏柱分馏，收集82～83℃馏分，用无水硫酸铜干燥数天，再次分馏至沸点恒定，含水量可低于0.01%。

14. 正丁醇（*n*-butyl alcohol）

沸点117.3℃，n_D^{20}1.3993，d_4^{20}0.8098。

用无水碳酸钾或无水硫酸钙进行干燥，过滤后，将滤液进行分馏，收集纯品。

15. 乙二醇（ethandiol）

沸点197.9℃，n_D^{20} 1.4306，d_4^{20}1.1155。

乙二醇很容易潮解，精制时用氧化钙、硫酸钙、硫酸镁或氢氧化钠干燥后减压蒸馏。蒸馏液通过4A分子筛，再在氮气流中加入分子筛蒸馏。

16. 无水乙醚（absolute ether）

沸点34.5℃，n_D^{20}1.3526，d_4^{20}0.7138。

市售的乙醚中常含有一定量的水、乙醇和少量其他杂质，如储藏不当还容易产生少量的过氧化物，对于一些要求以无水乙醚作为介质的反应，实验室中常常需要把普通乙醚提纯为无水乙醚。制备无水乙醚时首先要检验有无过氧化物。

(1) 过氧化物的检验与除去　取0.5mL乙醚，加入0.5mL 2%碘化钾溶液和几滴稀盐酸（2mol/L）一起振荡，再加几滴淀粉溶液。若溶液显蓝色或紫色，即证明乙醚中有过氧化物存在。除去的方法是：在分液漏斗中加入普通乙醚和相当于乙醚体积20%的新配制的硫酸亚铁溶液，剧烈振荡后分去水层，将乙醚按下述方法精制。

(2) 无水乙醚的制备　在250mL圆底烧瓶中，放置100mL除去过氧化物的普通乙醚和几粒沸石，装上冷凝管。冷凝管上端通过一带有侧槽的橡皮塞，插入盛有10mL浓硫酸的滴液漏斗，通入冷凝水，将浓硫酸慢慢滴入乙醚中。由于脱水作用所产生的热，使乙醚自行沸腾，加完后振荡反应物。

待乙醚停止沸腾后，拆下冷凝管，改成蒸馏装置。在接收乙醚的接引管支管上连一氯化钙干燥管，并用橡皮管将乙醚蒸气引入水槽。向蒸馏瓶中加入沸石后，用水浴加热（禁止明火）蒸馏。蒸馏速率不宜太快，以免冷凝管不能冷凝全部的乙醚蒸气。当蒸馏速率显著下降时（收集到70～80mL），即可停止蒸馏。瓶内所剩残液，倒入指定的回收瓶中（切记：不能向残余液内加水）。

将蒸馏收集到的乙醚倒入干燥的锥形瓶中，加入少量的钠丝或钠片，然后使用一个带有干燥管的软木塞塞住，放置48h，使乙醚中残余的少量水和乙醇转变成氢氧化钠和乙醇钠。如不再有气泡逸出，同时钠的表面较好，则可储存备用。如放置后，金属钠的表面全部被氢氧化钠所覆盖，就需要再加入少量的钠丝或钠片，放置无气泡发生。这种无水乙醚可符合一般无水要求。

17. 丙酮（acetone）

沸点56.2℃，n_D^{20}1.3588，d_4^{20}0.7899。

市售丙酮往往含有甲醇、乙醛、水等杂质，利用简单的蒸馏方法，不能把丙酮和这些杂质分离开。含有上述杂质的丙酮，不能作为某些反应（如Grignard反应）的合适原料，需经过处理后才能使用。两种处理方法如下。

（1）于100mL丙酮中，加入0.50g高锰酸钾进行回流，以除去还原性杂质。若高锰酸钾的紫色很快褪去，需再加入少量高锰酸钾继续回流，直至紫色不再消退时，停止回流，将丙酮蒸出。用无水碳酸钾或无水硫酸钙干燥1h。过滤后蒸馏，收集55～56.5℃的蒸出液。

（2）将100mL丙酮装入分液漏斗中，先加入4mL 10%的硝酸银溶液，再加入3.5mL 0.1mol/L的氢氧化钠溶液，振荡10min，分出丙酮层。用无水碳酸钾或无水硫酸钙干燥1h。过滤后蒸馏，收集55～56.5℃的蒸出液。此法比（1）快，但硝酸银较贵，只宜作少量纯化用。

18. 苯甲醛（benzaldehyde）

沸点178.1℃，n_D^{20}1.5463，d_4^{20}1.0415。

带有苦杏仁味的无色液体，能与乙醇、乙醚、氯仿相混溶，微溶于水。由于在空气中易氧化成苯甲酸，使用前需经蒸馏，沸点64～65℃/1.60kPa(12mmHg)。低毒，但对皮肤有刺激，触及皮肤可用水洗。

19. 二硫化碳（carbon disulfide）

沸点46.3℃，n_D^{20}1.631 9，d_4^{20}1.2661。

二硫化碳是有毒的化合物（可使血液和神经组织中毒），又具有高度的挥发性和易燃性，使用时必须注意，尽量避免接触其蒸气。普通二硫化碳中常含有硫化氢和硫黄等杂质，故其味很难闻，久置后颜色变黄。

一般二硫化碳要求不高的实验，可在二硫化碳中加入少量无水氯化钙干燥数小时，然后在水浴中蒸馏收集。

制备较纯的二硫化碳，则需将试剂级的二硫化碳用0.5%的高锰酸钾水溶液洗涤3次，除去硫化氢；再用汞不断振荡除去硫，用2.5%硫酸汞溶液洗涤，除去所有恶臭（剩余的硫化氢），再经无水氯化钙干燥，蒸馏收集。纯化过程反应式如下：

$$3H_2S + 2KMnO_4 \longrightarrow 2MnO_2\downarrow + 3S\downarrow + 2H_2O + 2KOH$$

$$Hg + S \longrightarrow HgS\downarrow \qquad HgSO_4 + H_2S \longrightarrow HgS\downarrow + H_2SO_4$$

20. 醋酸（acetic acid）

沸点 117.9℃，n_{D}^{20}1.3716，d_{4}^{20}1.0415。

将市售醋酸在 4℃下慢慢结晶，并在冷却下迅速过滤，压干。少量的水可用五氧化二磷（10g/L）回流干燥几小时除去。

冰醋酸对皮肤有腐蚀作用，接触到皮肤或溅到眼睛里时，要用大量水冲洗。

21. 醋酸酐（acetic anhydride）

沸点 139.6℃，n_{D}^{20}1.3901，d_{4}^{20}1.0828。

加入无水醋酸钠（20g/L）回流并蒸馏，醋酸酐对皮肤有严重腐蚀作用，使用时需戴防护眼镜及手套。

22. 乙酸乙酯（ethyl acetate）

沸点 77.1℃，n_{D}^{20}1.3723，d_{4}^{20}0.9003。

分析纯的乙酸乙酯含量为 99.5%，可满足一般使用要求。工业乙酸乙酯含量为 95%～98%，含有少量水、乙醇和醋酸，可用下列方法提纯。

(1) 用等体积的 5%碳酸钠水溶液洗涤后，再用饱和氯化钙水溶液洗涤，以无水碳酸钾或无水硫酸镁进行干燥，过滤后蒸馏，收集 77℃馏分。

(2) 于 100mL 乙酸乙酯中加入 10mL 醋酸酐、1 滴浓硫酸，加热回流 4h，除去乙醇和水等杂质，然后进行分馏。馏液用 2～3g 无水碳酸钾振荡，干燥后再蒸馏，纯度可达 99.7%。

23. 亚硫酰氯（thionyl chloride）

沸点 75.8℃，n_{D}^{20}1.5170，d_{4}^{20}1.656。

亚硫酰氯又称氯化亚砜，为无色或微黄色液体，有刺激性，遇水强烈分解。工业品常含有氯化砜、一氯化硫、二氯化硫，一般经蒸馏纯化，但经常仍有黄色。需要更高纯度的试剂时，可用喹啉和亚麻油依次重蒸纯化，但处理手续麻烦。收率低，剩余残渣难以洗净。使用硫黄处理，操作较为方便，效果较好。搅拌下将硫黄（20g/L）加入亚硫酰氯中，加热，回流 4.5h。用分馏柱分馏，得无色纯品。

操作中要小心，本品对皮肤与眼睛有刺激性。

24. 苯胺（aniline）

沸点 184.1℃，n_{D}^{20}1.5863，d_{4}^{20}1.0217。

因在空气中或光照下苯胺颜色变深，故应密封储存于避光处。苯胺稍溶于水，能与乙醇、氯仿和大多数有机溶剂互溶。可与酸成盐，苯胺盐酸盐的熔点 198℃。

纯化方法：为除去含硫的杂质，可在少量氯化锌存在下，用氮气保护，减压蒸馏，沸点 77～78℃/2.0kPa(5mmHg)。

吸入苯胺蒸气或经皮肤吸收会引起中毒症状。

25. *N*,*N*-二甲基甲酰胺（*N*,*N*-dimethyl formamide，DMF）

沸点 152.8℃，n_{D}^{20}1.4305，d_{4}^{20}0.9487。

市售三级纯以上 *N*,*N*-二甲基甲酰胺含量不低于 95%，主要杂质为胺、氨、甲醛和水。常压蒸馏时会有部分分解，产生二甲胺和一氧化碳，若有酸、碱存在，分解加快。

纯化方法：先用无水硫酸镁干燥 24h，再加固体氢氧化钾振摇干燥，然后减压蒸馏，收集 76℃/4.79kPa(36mmHg) 的馏分。如其中含水较多时，可加入 1/10 体积的苯，在常压蒸去苯、水、氨和胺，再进行蒸馏。若含水量较低时（低于 0.05%），可用 4A 型分子筛干燥 12h 以上，再减压蒸馏。

N,N-二甲基甲酰胺见光可慢慢分解为二甲胺和甲醛，故宜避光储存。

26. 乙腈（acetonitrile）

沸点 81.6℃，n_D^{20} 1.3442，d_4^{20} 0.7857。

乙腈是惰性溶剂，可用于反应及重结晶。乙腈与水、醇、醚可任意混溶，与水生成共沸物（含乙腈 84.2%，沸点 76.7℃），市售乙腈常含有水、不饱和腈、醛和胺等杂质，化学纯以上的乙腈含量高于 95%。

纯化方法：可将试剂乙腈用无水碳酸钾干燥，过滤，再与五氧化二磷（20g/L）加热回流，直至无色，用分馏柱分馏。乙腈可储存于放有分子筛的棕色瓶中。乙腈有毒，常含有游离氢氰酸。

27. 吡啶（pyridine）

沸点 115.5℃，n_D^{20} 1.5095，d_4^{20} 0.9819。

分析纯的吡啶含有少量的水，但可供一般应用。如要制备无水吡啶，可与粒状氢氧化钠或氢氧化钾回流，然后进行蒸馏，即得无水吡啶。吡啶容易吸水，蒸馏时要注意防潮。

28. 四氢呋喃（tetrahydrofuran，THF）

沸点 67℃，n_D^{20} 1.4073，d_4^{20} 0.8892。

四氢呋喃是具有乙醚气味的无色透明液体。市售的四氢呋喃含有少量水和过氧化物（过氧化物的检验和除去方法同乙醚）。可将市售无水四氢呋喃用粒状氢氧化钾干燥，放置 1～2 天。若干燥剂变形，产生棕色糊状物，说明含有较多水和过氧化物。经上述方法处理后，可用氢化锂铝（$AlLiH_4$）在隔绝潮气下回流（通常 1000mL 四氢呋喃约需 2～4g 氢化锂铝），以除去其中的水和过氧化物，然后蒸馏，收集 66～67℃的馏分。蒸馏时不宜蒸干，防止残余过氧化物爆炸。

精制后的四氢呋喃应在氮气中保存，如需久置，应加入 0.025%的抗氧剂 2,6-二叔丁基-4-甲基苯酚。

29. 二甲亚砜（dimethyl sulfone，DMSO）

沸点 189℃，n_D^{20} 1.4783，d_4^{20} 1.0954。

二甲亚砜为无色、无味、微带苦味的吸湿性液体，是一种优异的非质子极性溶剂，常压下加热至沸腾可部分分解。市售试剂级二甲亚砜含水量约为 1%。纯化时，通常先减压蒸馏，然后用 4A 型分子筛干燥，或用氢化钙粉末搅拌 48h，再减压蒸馏，收集 64～65℃/533Pa(4mmHg) 的馏分。蒸馏时，温度不宜高于 90℃，否则会发生歧化反应生成二甲砜和二甲硫醚。二甲亚砜与某些物质（如氢化钠、高碘酸或高氯酸镁等）混合时可发生爆炸，应注意安全。

30. 二氧六环（dioxane）

沸点 101.5℃（熔点 12℃），n_D^{20} 1.4224，d_4^{20} 1.0337。

又称 1,4-二氧六环，与水互溶，无色，易燃，能与水形成共沸物（含量为 81.6%，沸点 87.8℃），普通品中含有少量二乙醇缩醛与水。

纯化方法：500mL 二氧六环中加入 8mL 浓盐酸和 50mL 水的溶液，回流 6～10h，回流过程中，慢慢通入氮气，以除去生成的乙醛。冷却后，加入粒状氢氧化钾，直到不能再溶解为止，分去水层，再用粒状氢氧化钾干燥 24h。过滤，在其中加入金属钠回流 8～12h，蒸馏，加入钠丝密封保存。

长久储存的二氧六环中可能含有过氧化物，要注意除去，然后再处理。

附录7 危险化学试剂的使用和保存

化学工作者每天都要接触各种化学药品，因为很多化学药品是剧毒、可燃和易爆炸的，所以必须正确使用和保管，应严格遵守操作规程，方可避免事故发生。

根据常用的一些化学药品的危险性质，可以将其大致分为易燃品、易爆品和有毒品三类，现分析如下。

1. 易燃化学药品

分类	举例
可燃气体	煤气、氢气、硫化氢、二氧化硫、甲烷、乙烷、乙烯、氯甲烷等
易燃液体	石油醚、汽油、苯、甲苯、二甲苯、乙醚、二硫化碳、甲醇、乙醇、乙醛、丙酮、乙酸乙酯、苯胺等
易燃固体	红磷、萘、镁、铝等
自燃物质	黄磷等

实验室保存和使用易燃、有毒药品应注意以下几点。

(1) 实验室内不要保存大量易燃溶剂，少量的也需密封，切不可放在开口容器内，需放在阴凉背光和通风处并远离火源，不能接近电源及暖气等。腐蚀橡皮的药品不能用橡皮塞。

(2) 蒸馏、回流易燃液体时，不能直接用火加热，必须用水浴、油浴或加热套。

(3) 易燃蒸气密度大多比空气小，能在工作台面流动，故即使在较远处的火焰也有可能使其着火。尤其处理较大量乙醚时，必须在没有火源且通风的实验室中进行。

(4) 用过的溶剂不得倒入下水道中，必须设法回收。含有机溶剂的滤渣不能丢入敞口的废物缸内，燃着的火柴头切不能丢入废物缸内。

(5) 某些易燃物质，如黄磷在空气中能自燃，必须保存在盛水玻璃瓶中，再放在金属筒中，绝不能直接放在金属筒中，以免腐蚀。自水中取出后，立即使用，不得露置在空气中过久。用过后必须采取适当方法销毁残余部分，并仔细检查有无散失在桌面或地面上。

2. 易爆化学药品

某些以较高速率进行的放热反应，因生成大量气体会引起爆炸并伴随燃烧，一般来说，易爆物质的化学结构中，大多是含有以下基团的物质，见下表。

易爆物质中常见的基团	易爆物质举例	易爆物质中常见的基团	易爆物质举例
—O—O—	臭氧，过氧化物	—N≡N—	重氮及叠氮化合物
$—O—ClO_2$	氯酸盐，高氯酸盐	—ON≡C	雷酸盐
=N—Cl	氮的氯化物	$—NO_2$	硝基化合物(三硝基甲苯、苦味酸盐)
—N=O	亚硝基化合物	—C≡C—	乙炔化合物(乙炔金属盐)

(1) 能自行爆炸的化学药品 高氯酸铵、硝酸铵、浓高氯酸、雷酸汞、三硝基甲苯等。

(2) 能混合发生爆炸的药品

①高氯酸＋酒精或其他有机物；②高锰酸钾＋甘油或其他有机物；③高锰酸钾＋硫酸或硫；④硝酸＋镁或碘化氢；⑤硝酸铵＋酯类或其他有机物；⑥硝酸铵＋锌粉＋水滴；⑦硝酸盐＋氯化亚锡；⑧过氧化物＋铝＋水；⑨硫＋氧化汞；⑩金属钠或钾。

此外氧化物与有机物接触，极易引起爆炸。在使用浓硝酸、高氯酸、过氧化氢等时，应特别注意。使用可能发生爆炸的化学药品时应注意以下几点：

① 必须做好个人防护，戴面罩或防护眼镜，并在通风橱中进行操作；

② 要设法减少药品用量或浓度，进行少量试验；

③ 平时危险药品要妥善保存，如苦味酸需存在水中，某些过氧化物（过氧化苯甲酸）必须加水保存；

④ 易爆炸残渣必须妥善处理，不得随意乱丢。

3. 有毒化学药品

我们日常所接触的化学药品中，少数是剧毒药品，使用时必须十分谨慎；很多药品是经长期接触或接触量过大，产生急性或慢性中毒。但只要掌握使用毒品的规则和防范措施，即可避免或把中毒的机会减少到最低程度。以下对毒品进行分类介绍，以加强防护措施，避免药品对人体的伤害。

（1）有毒气体　溴、氯、氟、氢氰酸、氟化物、溴化物、氯化物、二氧化硫、硫化氢、光气、氨、一氧化碳等均为窒息或具刺激性气体。在使用以上气体进行实验时，应在通风良好的通风橱中进行，并设法吸收有毒气体，减少环境污染。如遇大量有毒气体逸至室内，应关闭气体发生装置，迅速停止试验，关闭火源、电源，离开现场。如发生中毒事故，应视情况及时采取措施，妥善处理。

（2）强酸或强碱　硝酸、硫酸、盐酸、氢氧化钠、氢氧化钾均刺激皮肤，有腐蚀作用，造成化学烧伤。吸入强酸烟雾，会刺激呼吸道，使用时加倍小心，严格按操作过程进行。

取碱时必须戴防护眼镜及手套。配制碱液时，应在烧杯中进行，不能在小口瓶或量筒中进行，以防容器受热破裂造成事故。开启氨水瓶时，必须事先冷却，瓶口朝无人处，最好在通风橱中进行。

如遇皮肤或眼睛受伤，应迅速冲洗。如果被酸损伤，立即用3%碳酸氢钠冲洗；如果被碱损伤，立即用1%～2%醋酸冲洗；眼睛则用饱和硼酸溶液冲洗。

（3）无机药品

① 氰化物及氢氰酸　毒性极强，致毒作用极快，空气中氰化氢含量达到万分之三，即可在数分钟内致人死亡；内服少量氰化物，亦可很快中毒死亡。取用时，必须特别注意，氰化物必须密封保存。

氰化物要有严格的领用保管制度，取用时必须戴厚口罩、防护眼镜及手套，手上有伤口时不得进行该项实验。使用过的仪器、桌面均亲自收拾，用水冲净，手及脸亦应仔细洗净。氰化物的销毁方法是使其与亚铁盐在碱性介质中作用生成亚铁氰酸盐。

② 汞　在室温下即能蒸发，毒性极强，能致急性中毒或慢性中毒。使用时须注意室内通风；提纯或处理时，必须在通风橱中进行。

若有汞撒落时，要用滴管收起，分散的小颗粒也要尽量汇拢收集，然后再用硫黄粉、锌粉或三氯化铁溶液清除。

③ 溴　溴液可致皮肤烧伤，其蒸气刺激黏膜，甚至使眼睛失明。使用时应在通风橱内进行。当溴液洒落时，要立即用砂掩埋。如皮肤烧伤，应立即用稀乙醇洗或甘油按摩，然后涂以硼酸凡士林软膏。

④ 黄磷　极毒，切不能用手直接取用，否则会引起严重持久烫伤。

（4）有机药品

① 有机溶剂　有机溶剂大多为脂溶性液体，对皮肤黏膜有刺激作用。例如：苯不但刺激皮肤，易引起顽固湿疹，对造血系统及中枢神经均有严重损害；甲醇对视觉神经特别有害。在条件允许的情况下，最好用毒性较低的石油醚、醚、丙酮，二甲苯代替二硫化碳、苯

和氯代烷类。

② 芳香硝基化合物　化合物中硝基愈多毒性就愈大，在硝基化合物中增加氯原子，亦可增加毒性。这类化合物的特点是能迅速被皮肤吸收，中毒后引起顽固性贫血及黄疸病，刺激皮肤引起湿疹。

③ 苯酚　苯酚能够烧伤皮肤，引起坏死或皮炎，皮肤被沾染应立即用温水及稀酒精清洗。

④ 致癌物　国际癌症研究结构（IARC）1994 年公布了对人体肯定有致癌作用的几十种化学物质，其中主要有多环芳烃类、芳香胺类、氨基偶氮染料类、天然致癌物等。如 3,4-苯并芘、1,2,5,6-二苯并蒽、2-萘胺、亚硝基二甲胺、联苯胺、4-二甲氨基偶氮苯、煤焦油、硫酸二甲酯、黄曲霉素等。

参 考 文 献

[1] 兰州大学，复旦大学有机化学教研室. 有机化学实验. 第2版. 北京：高等教育出版社，1994.
[2] 黄涛. 有机化学实验. 北京：高等教育出版社，1998.
[3] 周宁怀，王德琳. 微型有机化学实验. 北京：科学出版社，1999.
[4] 曾昭琼. 有机化实验. 第3版. 北京：高等教育出版社，2000.
[5] 周宁怀，王德琳. 微型有机化学实验. 北京：科学出版社，2000.
[6] 王福来. 有机化学实验. 武汉：武汉大学出版社，2001.
[7] 李兆陇，阴金香，林天舒. 有机化学实验. 北京：清华大学出版社，2001.
[8] 北京大学化学学院有机化学研究所. 有机化学实验. 第2版. 北京：北京大学出版社，2002.
[9] 李霁良. 微型半微型有机化学实验. 北京：高等教育出版社，2003.
[10] 高占先. 有机化学实验. 第4版. 北京：高等教育出版社，2004.
[11] 武汉大学化学与分子科学学院实验中心. 有机化学实验. 武汉：武汉大学出版社，2004.
[12] 丁长江. 有机化学实验. 北京：科学出版社，2006.
[13] 徐家宁，张锁泰，张寒琦. 基础化学实验（中册）. 北京：高等教育出版社，2006.
[14] 郭书好. 有机化学实验. 第2版. 武汉：华中科技大学出版社，2006.
[15] 王俊儒，马柏林，李炳奇. 有机化学实验. 北京：高等教育出版社，2007.
[16] 曲宝涵. 基础化学实验. 北京：中国农业大学出版社，2007.
[17] 马军营. 有机化学实验. 北京：化学工业出版社，2007.
[18] 刘湘，刘士荣. 有机化学实验. 第2版. 北京：化学工业出版社，2013.
[19] 朱红军. 有机化学微型实验. 第2版. 北京：化学工业出版社，2007.
[20] 龙盛京. 有机化学实验教程. 北京：高等教育出版社，2007.
[21] 任玉杰. 绿色有机化学实验. 北京：化学工业出版社，2007.
[22] 匡华. 综合化学实验. 成都：西安交通大学出版社，2008.
[23] 袁华，尹传奇. 有机化学实验. 北京：化学工业出版社，2008.
[24] 林深，王世铭. 大学化学实验. 北京：化学工业出版社，2009.
[25] 崔玉. 有机化学实验. 北京：科学出版社，2009.
[26] 孟长功，辛剑. 基础化学实验. 第2版. 北京：高等教育出版社，2009.
[27] 孙世清，王铁成. 有机化学实验. 北京：化学工业出版社，2010.
[28] 赵建庄，梁丹. 有机化学实验. 北京：中国林业出版社，2013.
[29] 叶非，徐宝荣. 基础化学实验. 北京：中国农业出版社，2015.